JN014601

第一種電気工事士

2024年版

項目別 過去問題集

学科試験

2024年版 第一種電気工事士 項目別過去問題集 もくじ

11　制御回路図

12　配線図

第一種電気工事士試験
2024年度 受験の手引き

第一種電気工事士試験は，電気工事士法に基づく国家試験です．試験に関する事務は，経済産業大臣指定の一般財団法人電気技術者試験センター（指定試験機関）が行います．

本年度（2024 年）の試験に関する日程は下記の通りです．

🖊 試験実施日程（2024 年度）

学科試験

【CBT 方式】

上期：4/1（月）～5/9（木）

下期：9/2（月）～9/19（木）

【筆記方式】

上期：なし

下期：10/6（日）

技能試験

上期：7/6（土）

下期：11/24（日）

■過去 10 年間の合格状況

年　　度	筆記試験			技能試験		
	受験者数	合格者数	合格率	受験者数※	合格者数	合格率
2023 年度	33,035	20,361	61.6%	26,143	15,834	60.6%
2022 年度	37,247	21,686	58.2%	26,578	16,672	62.7%
2021 年度	40,244	20,350	54.1%	25,751	17,260	67.0%
2020 年度	30,520	15,876	52.0%	21,162	13,558	64.1%
2019 年度	37,610	20,350	54.1%	23,816	15,410	64.7%
2018 年度	36,048	14,598	40.5%	19,815	12,434	62.8%
2017 年度	38,427	18,076	47.0%	24,188	15,368	63.5%
2016 年度	39,013	19,627	50.3%	23,677	14,602	61.7%
2015 年度	37,808	16,153	42.7%	21,739	15,419	70.9%
2014 年度	38,776	16,649	42.9%	19,645	11,404	58.1%

※筆記免除者 ＋ 筆記合格者

第一種電気工事試験
申込みから資格取得までの流れ

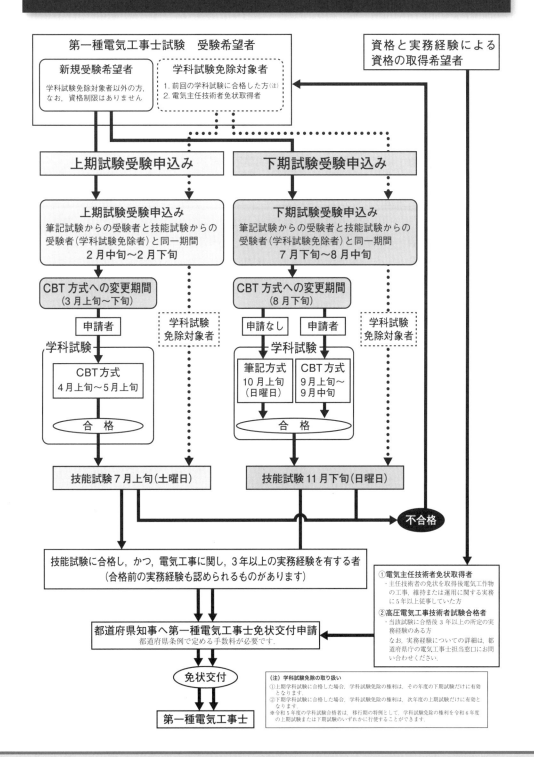

第一種電気工事士試験
試験概要と電気工作物の範囲

■筆記試験

次に掲げる内容について試験を行い，解答はマークシートに記入（筆記方式）又はパソコンで解答（CBT方式）する四肢択一方式により行います．

- ⑴　電気に関する基礎理論
- ⑵　配電理論及び配線設計
- ⑶　電気応用
- ⑷　電気機器・蓄電池・配線器具・電気工事用の材料及び工具並びに受電設備
- ⑸　電気工事の施工方法
- ⑹　自家用電気工作物の検査方法
- ⑺　配線図
- ⑻　発電施設・送電施設及び変電施設の基礎的な構造及び特性
- ⑼　一般用電気工作物及び自家用電気工作物の保安に関する法令

■技能試験

学科試験の合格者と学科試験免除者に対して，次に掲げる事項のうちから，持参した作業用工具により，配線図で与えられた問題を支給される材料で，一定時間内に完成させる方法で行います．

- ⑴　電線の接続
- ⑵　配線工事
- ⑶　電気機器・蓄電池及び配線器具の設置
- ⑷　電気機器・蓄電池・配線器具並びに電気工事用の材料及び工具の使用方法
- ⑸　コード及びキャブタイヤケーブルの取付け
- ⑹　接地工事
- ⑺　電流・電圧・電力及び電気抵抗の測定
- ⑻　自家用電気工作物の検査
- ⑼　自家用電気工作物の操作及び故障箇所の修理

第一種電気工事士試験
試験科目別 出題の推移

●過去 10 年間に出題された問題を出題科目別に表に示しました．出題傾向を把握してから学習に取り組むと効率的です．

1　電気に関する基礎理論

内　容	'23AM	'23PM	'22AM	'22PM	'21AM	'21PM	'20	'19	'18	'17	'16	'15	'14	出題数合計
電気抵抗の性質・抵抗の直並列回路		1										2		3
直流回路の計算	2			2	2	1	1	1	2	1	1	1	1	**15**
電流と磁界		1	1						1		1		1	5
静電気・コンデンサ回路			1			1	1			1				4
単相交流回路	1	2	1	2	1	1	1	2	2	2	1	1	1	**18**
単相交流の電力・電力量	1		1					1			1		1	5
三相交流回路(デルタ結線)						1				1			1	3
三相交流回路(スター結線)	1	1	1	2		1	1	2			1	1		**11**
三相交流回路・等価変換		1			1				1					3
年度別出題数	5	6	5	6	4	5	5	6	5	5	5	5	5	67

2　配電理論および配線設計

内　容	'23AM	'23PM	'22AM	'22PM	'21AM	'21PM	'20	'19	'18	'17	'16	'15	'14	出題数合計
電圧降下	1		1	1		1	1		1	1		1	1	9
電力損失		1					1	1	1	1	1		1	7
負荷の変動と設備容量			1				1					2		4
配電線の力率改善	1				1	1				1			1	5
配電線の施設					2							1		3
短絡電流と遮断容量		1	1		2	1		1		1	1	1		9
低圧屋内配線の設計								1		1	1	1		4
単相3線式電路	1	1	1	1	1				1			1		7
年度別出題数	3	3	4	2	6	3	4	2	4	4	2	7	4	48

3 電気応用

内容	年度													出題数合計
	'23AM	'23PM	'22AM	'22PM	'21AM	'21PM	'20	'19	'18	'17	'16	'15	'14	
照明・照度	1	1	1		1	1	1				1	1	1	9
電熱				1	1	1		1				1		5
電動力応用	1						1		1					3
年度別出題数	2	1	1	1	2	2	2	1	1		1	2	1	17

4 電気機器および材料器具

内容	年度													出題数合計
	'23AM	'23PM	'22AM	'22PM	'21AM	'21PM	'20	'19	'18	'17	'16	'15	'14	
変圧器	1	1		3	1	1	1	2	1	2	1		1	**15**
同期機・誘導電動機		1	1	2	1	2	1	1	1	2	1	1	1	**15**
整流回路・蓄電池・電源装置			1	1	1		1	1	1	1	1		2	**10**
電気工事材料・工具	1	1	1	3	2			5	1		1	2	1	**18**
年度別出題数	2	3	3	9	5	3	3	9	4	5	4	3	5	58

5 送電・変電・受電設備

内容	年度													出題数合計
	'23AM	'23PM	'22AM	'22PM	'21AM	'21PM	'20	'19	'18	'17	'16	'15	'14	
水力・風力発電	1	1	1	1		1		2	1		1	1		**10**
汽力・ディーゼル発電 コージェネレーションシステム	1	1	1	1	1	1	1		2			1	2	**12**
太陽電池・燃料電池発電										2		1		3
送電・配電設備	3	1	2	1	1	1	2	1	1	2	2		2	**19**
高圧受電設備	2	1		1	1	1	3		1	1	2		1	**14**
高調波対策	1				1				1					3
年度別出題数	8	4	4	4	4	4	6	3	6	5	5	3	5	61

6 電気工事施工方法

内 容	年 度													出題数合計
	'23AM	'23PM	'22AM	'22PM	'21AM	'21PM	'20	'19	'18	'17	'16	'15	'14	
低圧屋内配線	2	3	3	2	3	2	1	2	3	1	3	1	1	**27**
電気設備・配線器具の設置方法						1					1	1		3
高圧屋内配線・引込線	1	1		1			3			2	1	1	2	**12**
接地工事	1	2	1	1	1	2	1	2	2	1	1	1	2	**18**
年度別出題数	4	6	4	4	4	5	5	4	5	4	6	4	5	60

7 検査方法

内 容	年 度													出題数合計
	'23AM	'23PM	'22AM	'22PM	'21AM	'21PM	'20	'19	'18	'17	'16	'15	'14	
電気計器の種類・接続			1								1			2
絶縁抵抗・接地抵抗の測定			2	1	1	1		1	1	1	2	1	1	**12**
絶縁耐力試験	1	1			1					1			1	5
高圧受電設備・高圧機器検査	1	1	1	2		2	2	1	1	1		1		**13**
年度別出題数	2	2	4	3	2	3	2	2	2	3	3	2	2	32

8 保安に関する法令

内 容	年 度													出題数合計
	'23AM	'23PM	'22AM	'22PM	'21AM	'21PM	'20	'19	'18	'17	'16	'15	'14	
電気事業法			1		1				1	1			1	5
電気工事業法	1	1	1		1	1	1	1	1		1	1	1	**11**
電気工事士法	1	1	1	1	1	1	1	1	1	1	1	1		**12**
電気用品安全法	1			1		1	1	1		1	1	1	1	9
年度別出題数	3	2	3	2	3	3	3	3	3	3	3	3	3	37

9 鑑別

内 容	年 度													出題数合計
	'23AM	'23PM	'22AM	'22PM	'21AM	'21PM	'20	'19	'18	'17	'16	'15	'14	
機器・材料等	5	6	5	5	5	6	4	5	5	5	6	5	4	**66**
工具	1			1			1			1		1	1	6
年度別出題数	6	6	5	6	5	6	5	5	5	6	6	6	5	72

10 施工方法（施工図からの問題）

内 容	年 度													出題数合計
	'23AM	'23PM	'22AM	'22PM	'21AM	'21PM	'20	'19	'18	'17	'16	'15	'14	
高圧受電設備	3	2	2	3	2	3	4	3	3	2	3	2	3	**35**
電線路	2	3	3	2	3	2	1	2	2	3	2	3	2	**30**
年度別出題数	5	5	5	5	5	5	5	5	5	5	5	5	5	65

11 制御回路図

内 容	年 度													出題数合計
	'23AM	'23PM	'22AM	'22PM	'21AM	'21PM	'20	'19	'18	'17	'16	'15	'14	
写真による鑑別		1		1			1	1			1		1	6
図記号		3		2			3	1			3			**12**
結線図		1		2			1	3			1		3	11
ランプ表示													1	1
年度別出題数		5		5			5	5			5		5	30

12 配線図

内 容	年 度													出題数合計
	'23AM	'23PM	'22AM	'22PM	'21AM	'21PM	'20	'19	'18	'17	'16	'15	'14	
図記号	1	2	2	2	2	1	1		2	3	1	1	1	**19**
写真からの選択 (機器, 使用工具, 付属品)	2	2	2	2	3	2	2	2	3	1	2	2	2	**27**
結線図	1		3			2		1					1	8
機器の名称・用途	5	1	2		1	2	2	1	3	3	2	3	1	**26**
機器の略号					1			1		1				3
接地工事				1	1				1	1		1		5
機器, ケーブルの構造	1		1		2	3			1	1		3		**12**
年度別出題数	10	5	10	5	10	10	5	5	10	10	5	10	5	100

■呼称変更について

2016年4月1日施行の電気事業法一部改正により、「電気事業者」は「小売電気事業者、一般送配電事業者、送電事業者、特定送配電事業者および発電事業者」と呼称が変更されました。本書においては、過去に出題された問題をそのまま掲載しておりますが、「電気事業者」を「小売電気事業者」とみなし、読み替えてご使用ください。

本書の学び方

◎解答をすぐに確認できる見開き形式になっています

① ix～xiiiページにある「試験科目別 出題推移」を確認しながら、過去10年間で出題数が多いテーマを優先的に解いていきましょう。

② 解けなかった問題は、解説をよく読み、くり返し解いてみましょう。

③ 頻出テーマが解けるようになったら、それ以外のテーマにも挑戦してみましょう。

問 題 ↓　　　　　　　　　　　解 答 ↓

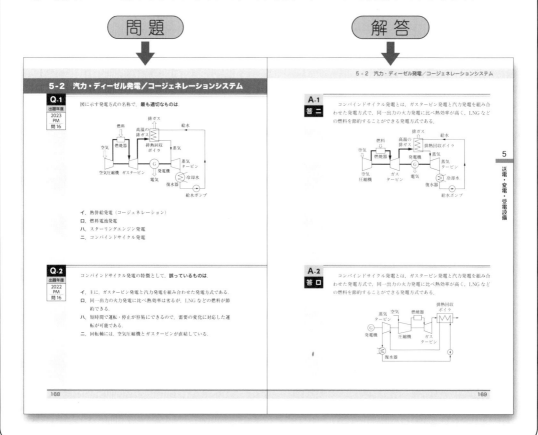

••• 第 **1** 章 •••

電気に関する基礎理論

平均出題数 5 問

Q-1

出題年度
2015
問1

電線の抵抗値に関する記述として，**誤っているものは**．

イ．周囲温度が上昇すると，電線の抵抗値は小さくなる．

ロ．抵抗値は，電線の長さに比例し，導体の断面積に反比例する．

ハ．電線の長さと導体の断面積が同じ場合，アルミニウム電線の抵抗値は，軟銅線の抵抗値より大きい．

ニ．軟銅線では，電線の長さと断面積が同じであれば，より線も単線も抵抗値はほぼ同じである．

Q-2

出題年度
2023
PM
問2
2015
問2

図のような回路において，抵抗は，—□— すべて2Ωである．a-b間の合成抵抗値〔Ω〕は．

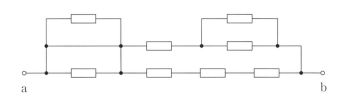

イ．1　　**ロ**．2　　**ハ**．3　　**ニ**．4

A-1
答 イ

温度が1℃上昇したとき，電線の抵抗値が変化するので，その割合を温度係数といい，α_1 で表す．

温度 t_1［℃］の抵抗を R_1［Ω］とし，その温度係数を α_1 とすると，$\alpha_1 \times R_1$ は1［℃］当たりの増加抵抗を表すから，t_2［℃］における抵抗 R_2 は次式で求められる．

$$R_2 = R_1\{1 + \alpha_1(t_2 - t_1)\}\ [\Omega]$$

α_1 は正なので，R_2 は R_1 より大きくなる．

したがって，周囲温度が上昇すると電線の抵抗値は大きくなる．なお，**ロ**，**ハ**，**ニ**の記述はそれぞれ正しい．

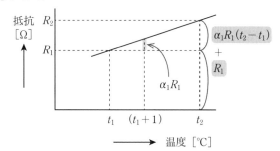

A-2
答 ロ

a より抵抗2個の並列回路は導線（抵抗0Ω）で短絡されているので，短絡部分を整理すると図1のようになる．図1のc–b間の合成抵抗 R_{cb} は，

$$R_{cb} = \frac{2 \times 2}{2 + 2} = 1\ \Omega$$

この結果を図1に当てはめると図2のようになる．図2より，a–b間の合成抵抗 R_{ab} を求めると次のようになる．

$$R_{ab} = \frac{(2 + 1) \times (2 + 2 + 2)}{(2 + 1) + (2 + 2 + 2)} = \frac{3 \times 6}{3 + 6} = \frac{18}{9} = 2\ \Omega$$

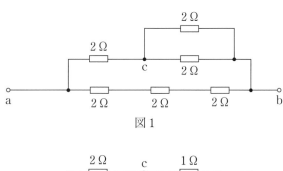

図1

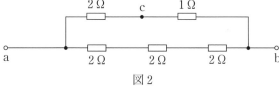

図2

Q-1

　図のような直流回路において，電源電圧 20 V，$R = 2\,\Omega$，$L = 4\,\text{mH}$ 及び $C = 2\,\text{mF}$ で，R と L に電流 10 A が流れている．L に蓄えられているエネルギー W_L [J] の値と，C に蓄えられているエネルギー W_C [J] の値の組合せとして，**正しいものは**．

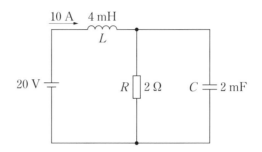

イ． $W_\text{L} = 0.2$　　**ロ．** $W_\text{L} = 0.4$　　**ハ．** $W_\text{L} = 0.6$　　**ニ．** $W_\text{L} = 0.8$

　　　$W_\text{C} = 0.4$　　　　　$W_\text{C} = 0.2$　　　　　$W_\text{C} = 0.8$　　　　　$W_\text{C} = 0.6$

Q-2

　図のような直流回路において，電流計に流れる電流 [A] は．

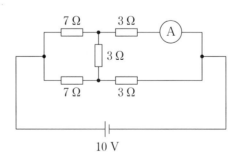

イ． 0.1　　**ロ．** 0.5　　**ハ．** 1.0　　**ニ．** 2.0

A-1
答 イ

コイルに蓄えられるエネルギーW_L [J] は，インダクタンスL [H]，コイルを流れる電流I [A] から次のように求まる．

$$W_L = \frac{1}{2}LI^2 = \frac{1}{2} \times 4 \times 10^{-3} \times 10^2$$

$$= 2 \times 10^{-3} \times 10^2 = 2 \times 10^{-1} = 0.2 \text{ J}$$

また，コンデンサCの端子電圧V_C [V] は，抵抗R [Ω] の電圧V_R [V] と等しい，

$$V_C = V_R = IR = 10 \times 2 = 20 \text{ V}$$

このため，コンデンサCに蓄えられるエネルギーW_C [J] は，静電容量C [F]，コンデンサの端子電圧V_C [V] から次のように求まる．

$$W_C = \frac{1}{2}CV^2 = \frac{1}{2} \times 2 \times 10^{-3} \times 20^2$$

$$= 1 \times 10^{-3} \times 400 = 0.4 \text{ J}$$

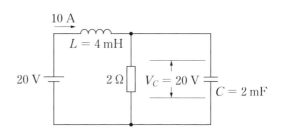

A-2
答 ハ

図のブリッジ回路は，相対する抵抗の積が等しく，平衡条件を満たしている．このため，3 Ω のブリッジ抵抗は無視できるので，下図のように表せる．

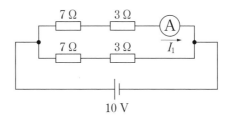

これより，電流計に流れる電流I_1 [A] は次のように求まる．

$$I_1 = \frac{10}{7 + 3} = \frac{10}{10} = 1.0 \text{ A}$$

　図のような直流回路において，4つの抵抗 R は同じ抵抗値である．回路の電流 I_3 が12 A であるとき，抵抗 R の抵抗値 $[\Omega]$ は．

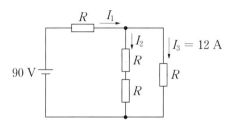

イ. 2　　**ロ.** 3　　**ハ.** 4　　**ニ.** 5

A-3
答　ロ

図のように端子電圧と電流を定める．並列回路に加わる電圧 V_3 [V] は，

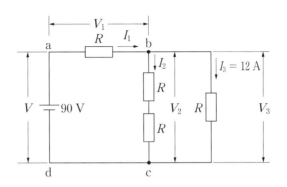

$$V_3 = I_3 R = 12R \text{ [V]}$$

並列回路の電圧 V_2 と V_3 は等しいので，I_2 [A] は，

$$I_2 = \frac{V_2}{R + R} = \frac{12R}{R + R} = \frac{12R}{2R} = 6 \text{ A}$$

合成電流 I_1 [A] は，

$$I_1 = I_2 + I_3 = 6 + 12 = 18 \text{ A}$$

電圧 V_1 [V]，V_2 [V] は，

$$V_1 = I_1 \times R = 18 \times R = 18R \text{ [V]}$$

$$V_2 = I_2 \times 2R = 6 \times 2R = 12R \text{ [V]}$$

電源電圧 V [V] と a—c 間の電圧 $V_1 + V_2$ [V] は等しいので，抵抗 R [Ω] は次のように求まる．

$$V = V_1 + V_2$$

$$90 = 18R + 12R$$

$$R = \frac{90}{30} = 3 \text{ Ω}$$

図のような直流回路において，a–b 間の電圧 [V] は.

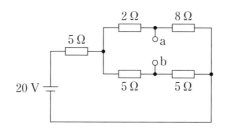

イ. 2   **ロ.** 3   **ハ.** 4   **ニ.** 5

A-4

答 ロ

問題図の回路の合成抵抗 R [Ω] は，

$$R = 5 + \frac{(2 + 8) \times (5 + 5)}{(2 + 8) + (5 + 5)}$$

$$= 5 + \frac{10 \times 10}{10 + 10}$$

$$= 5 + \frac{100}{20} = 5 + 5 = 10 \,\Omega$$

回路に流れる電流 I [A] は，

$$I = \frac{V}{R} = \frac{20}{10} = 2 \,\text{A}$$

並列回路に流れる電流 I_1 [A]，I_2 [A] は，

$$I_1 = 2 \times \frac{(5 + 5)}{(2 + 8) + (5 + 5)} = 2 \times \frac{10}{10 + 10} = 1 \,\text{A}$$

$$I_2 = 2 \times \frac{(2 + 8)}{(2 + 8) + (5 + 5)} = 2 \times \frac{10}{10 + 10} = 1 \,\text{A}$$

これより，V_a [V]，V_b [V] は $V = IR$ の式から，

$$V_a = I_1 \times 8 = 1 \times 8 = 8 \,\text{V}$$

$$V_b = I_2 \times 5 = 1 \times 5 = 5 \,\text{V}$$

よって，a–b 間の電圧 V_{ab} [V] は次のように求まる．

$$V_{ab} = V_a - V_b = 8 - 5 = 3 \,\text{V}$$

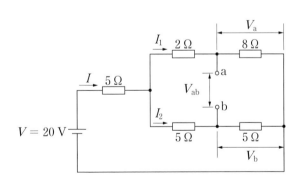

Q-5

出題年度

2022
PM
問2

2019
問2

図の直流回路において，抵抗 $3\,\Omega$ に流れる電流 I_3 の値〔A〕は．

イ． 3   **ロ．** 9

ハ． 12   **二．** 18

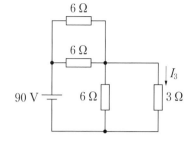

A-5

答　ハ

　図より a–o 間の合成抵抗 R_{ao}〔Ω〕と o–b 間の合成抵抗 R_{ob}〔Ω〕を求め，回路全体の合成抵抗 R_{ab}〔Ω〕を求めると，

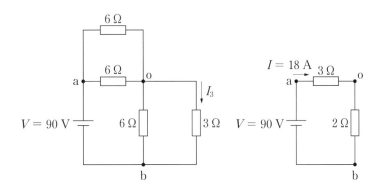

$$R_{\mathrm{ao}} = \frac{6 \times 6}{6 + 6} = \frac{36}{12} = 3 \ \Omega$$

$$R_{\mathrm{ob}} = \frac{6 \times 3}{6 + 3} = \frac{18}{9} = 2 \ \Omega$$

$$R_{\mathrm{ab}} = R_{\mathrm{ao}} + R_{\mathrm{ob}} = 3 + 2 = 5 \ \Omega$$

回路に流れる電流 I〔A〕は，

$$I = \frac{V}{R_{\mathrm{ab}}} = \frac{90}{5} = 18 \ \mathrm{A}$$

　この電流は，6 Ω と 3 Ω の抵抗に分流するので，3 Ω の抵抗に流れる電流 I_3〔A〕は，

$$I_3 = 18 \times \frac{6}{6 + 3} = 18 \times \frac{6}{9} = 12 \ \mathrm{A}$$

Q-6

出題年度

2022
PM
問1

2018
問1

図のような直流回路において，電源電圧 100 V，$R = 10\ \Omega$，$C = 20\ \mu F$ 及び $L = 2\ mH$ で，L には電流 10 A が流れている．C に蓄えられているエネルギー W_C [J] の値と，L に蓄えられているエネルギー W_L [J] の値の組合せとして，**正しいものは**．

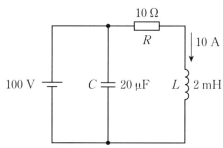

イ．$W_C = 0.001$ 　**ロ**．$W_C = 0.2$ 　**ハ**．$W_C = 0.1$ 　**ニ**．$W_C = 0.2$
　　$W_L = 0.01$ 　　　　$W_L = 0.01$ 　　　$W_L = 0.1$ 　　　$W_L = 0.2$

Q-7

出題年度

2018
問2

図のような直流回路において，電源から流れる電流は 20 A である．図中の抵抗 R に流れる電流 I_R [A] は．

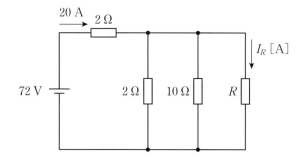

イ．0.8 　　**ロ**．1.6 　　**ハ**．3.2 　　**ニ**．16

A-6
答 ハ

コンデンサに蓄えられるエネルギー W_C [J] は，静電容量 C [F]，コンデンサの端子電圧 V [V] から，次のように求まる．

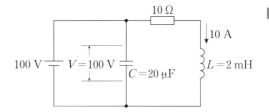

$$W_C = \frac{1}{2}CV^2 = \frac{1}{2} \times 20 \times 10^{-6} \times 100^2$$

$$= 10 \times 10^{-6} \times 100^2 = 10^{-1} = 0.1 \text{ [J]}$$

コイルに蓄えられるエネルギー W_L [J] は，インダクタンス L [H]，コイルを流れる電流 I [A] から，次のように求まる．

$$W_L = \frac{1}{2}LI^2 = \frac{1}{2} \times 2 \times 10^{-3} \times 10^2$$

$$= 1 \times 10^{-3} \times 10^2 = 10^{-1} = 0.1 \text{ [J]}$$

A-7
答 イ

下図のように抵抗の端子電圧と分岐回路の電流を定める．

2 Ω の抵抗に加わる電圧 V_1 [V] は，

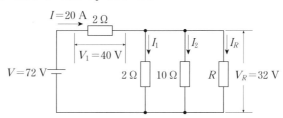

$$V_1 = I \times 2 = 20 \times 2 = 40 \text{ V}$$

抵抗 R に加わる電圧 V_R [V] は，

$$V_R = V - V_1 = 72 - 40 = 32 \text{ V}$$

次に，並列接続されている 2 Ω と 10 Ω の抵抗に流れる電流 I_1 [A]，I_2 [A] は，

$$I_1 = \frac{V_R}{2} = \frac{32}{2} = 16 \text{ A}$$

$$I_2 = \frac{V_R}{10} = \frac{32}{10} = 3.2 \text{ A}$$

$I = I_1 + I_2 + I_R$ であるから，I_R [A] は次のように求まる．

$$I_R = I - (I_1 + I_2)$$

$$= 20 - (16 + 3.2) = 20 - 19.2 = 0.8 \text{ A}$$

Q-8

出題年度

2017

問2

図のような直流回路において，スイッチSが開いているとき，抵抗Rの両端の電圧は36 Vであった．スイッチSを閉じたときの抵抗Rの両端の電圧〔V〕は．

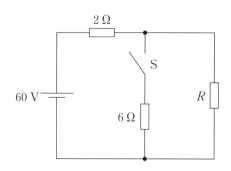

イ. 3 　　　**ロ.** 12 　　　**ハ.** 24 　　　**ニ.** 30

Q-9

出題年度

2016

問2

図のような直流回路において，抵抗2Ωに流れる電流I〔A〕は．
ただし，電池の内部抵抗は無視する．

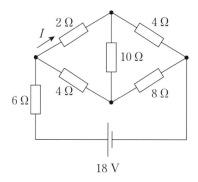

イ. 0.6 　　　**ロ.** 1.2 　　　**ハ.** 1.8 　　　**ニ.** 3.0

A-8
答 ニ

スイッチ S が開いているとき，2 Ω の抵抗に加わる電圧 V_2 は，

$$V_2 = V - V_1 = 60 - 36 = 24 \text{ V}$$

これより，回路を流れる電流 I と抵抗 R の値は，

$$I = \frac{V_2}{2} = \frac{24}{2} = 12 \text{ A}$$

$$\therefore R = \frac{V_1}{I} = \frac{36}{12} = 3 \text{ Ω}$$

次にスイッチ S が閉じているとき，
回路の合成抵抗 R' は，

$$R' = 2 + \frac{6 \times 3}{6 + 3} = 2 + 2 = 4 \text{ Ω}$$

これより，回路を流れる電流 I' は

$$I' = V/R = 60/4 = 15 \text{ A}$$

抵抗 R の両端の電圧 V_1' は次のように求まる．

$$V_1' = I' \times (R' - 2) = 15 \times (4 - 2) = 30 \text{ V}$$

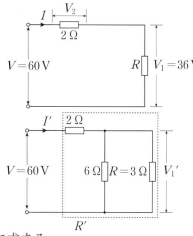

A-9
答 ロ

ブリッジ回路の相対している抵抗 2 Ω と 8 Ω，4 Ω と 4 Ω のそれぞれの積は
$2 \text{ Ω} \times 8 \text{ Ω} = 16 \text{ Ω}$，$4 \text{ Ω} \times 4 \text{ Ω} = 16 \text{ Ω}$ と等しいので，ブリッジ回路は平衡している．このとき，抵抗 10 Ω の両端の電位は等しく，電流は流れないため，抵抗 10 Ω は短絡（0 Ω）しても，開放（抵抗を外す）しても，回路に流れる電流に変化はない．したがって，図のように回路を描き換えることができる．

回路の合成抵抗 R_0 は，

$$R_0 = 6 + \frac{2 \times 4}{2 + 4} + \frac{4 \times 8}{4 + 8}$$

$$= 6 + 4 = 10 \text{ Ω}$$

抵抗 6 Ω に流れる電流 I_0 は，

$$I_0 = \frac{V}{R_0} = \frac{18}{10} = 1.8 \text{ A}$$

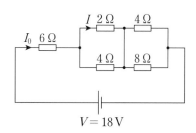

また，並列回路の抵抗 2 Ω と 4 Ω の両端の電圧は等しいので次式が成り立つ．

$$I \times 2 = (I_0 - I) \times 4$$

I_0 は 1.8 A であるから，電流 I [A] は次のように求められる．

$$2I = 1.8 \times 4 - 4I$$

$$2I + 4I = 1.8 \times 4$$

$$I = \frac{1.8 \times 4}{6} = 1.2 \text{ A}$$

図のような直流回路において，抵抗 $R = 3.4\,\Omega$ に流れる電流が $30\,\mathrm{A}$ であるとき，図中の電流 I_1 ［A］は．

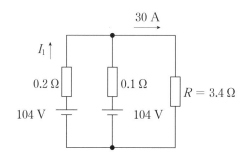

イ. 5 **ロ.** 10 **ハ.** 20 **ニ.** 30

図のような直流回路において，抵抗 $3\,\Omega$ には $4\,\mathrm{A}$ の電流が流れている．抵抗 R における消費電力 ［W］は．

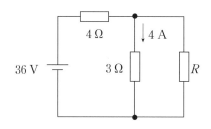

イ. 6 **ロ.** 12 **ハ.** 24 **ニ.** 36

A-10
答 ロ

キルヒホッフの第2法則（電圧の法則：閉回路において電圧降下の和は，起電力の和に等しい）を用いる．

abcd の閉回路において，電源電圧はこの回路中の電圧降下の代数和に等しいから，

$$104 = 0.2I_1 + 3.4 \times 30$$

I_1 を求めると次のようになる．

$$I_1 = \frac{104 - 3.4 \times 30}{0.2} = \frac{2}{0.2} = 10 \text{ A}$$

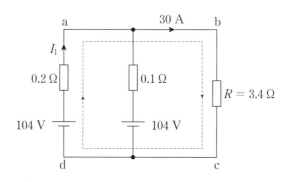

A-11
答 ハ

図のように岐路の電流と端子電圧を考える．

V_2，V_1 をそれぞれ求めると，

$$V_2 = I_2R_2 = 4 \times 3 = 12 \text{ V}$$

$$V_1 = E - V_2 = 36 - 12 = 24 \text{ V}$$

I_1 を求めると，

$$I_1 = \frac{V_1}{R_1} = \frac{24}{4} = 6 \text{ A}$$

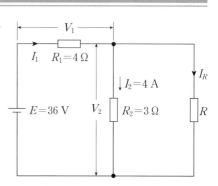

I_R を求めると，$I_R = I_1 - I_2 = 6 - 4 = 2 \text{ A}$

抵抗 R における消費電力 P_R は次式により求められる．

$$P_R = V_2 \times I_R = 12 \times 2 = 24 \text{ W}$$

Q-1

出題年度

2023
PM
問1

　図のような鉄心にコイルを巻き付けたエアギャップのある磁気回路の磁束 ϕ を 2×10^{-3} Wb にするために必要な起磁力 F_m [A] は.

　ただし，鉄心の磁気抵抗 $R_1 = 8 \times 10^5$ H^{-1}，エアギャップの磁気抵抗 $R_2 = 6 \times 10^5$ H^{-1} とする.

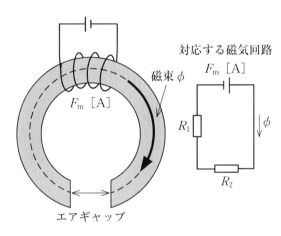

イ. 1 400　　　ロ. 2 000　　　ハ. 2 800　　　ニ. 3 000

A-1
答 ハ

磁気回路を電気回路で表すと図のようになる.

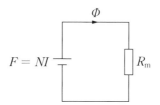

電気回路と磁気回路は次表のように対応しており，この関係性を利用して磁気回路の計算を行うことができる.

電気回路と磁気回路の対応関係

電気回路		磁気回路	
起電力	E [V]	起磁力	NI [A]
電流	I [A]	磁束	$\varPhi$ [Wb]
電気抵抗	$R = \dfrac{1}{\sigma} \cdot \dfrac{l}{A}$ [Ω]	磁気抵抗	$R_{\mathrm{m}} = \dfrac{1}{\mu} \cdot \dfrac{l}{A}$ [H^{-1}]
導電率	σ [S/m]	透磁率	μ [H/m]

これより，磁気回路の起磁力 F_{m}，磁束 $\varPhi$，磁気抵抗 R_{m} の関係は次のようになる.

$$F_{\mathrm{m}} = \varPhi R_{\mathrm{m}} \ [\mathrm{A}]$$

よって，磁束 $\varPhi$ [Wb]，磁気抵抗 R_1 [H^{-1}]，R_2 [H^{-1}] から，起磁力 F_{m} は次のように求まる.

$$F_{\mathrm{m}} = \varPhi(R_1 + R_2) = 2 \times 10^{-3}(8 \times 10^5 + 6 \times 10^5)$$
$$= 2 \times 10^{-3} \times 14 \times 10^5 = 28 \times 10^2 = 2\,800 \ \mathrm{A}$$

図のように，2本の長い電線が，電線間の
距離 d [m] で平行に置かれている．両電線
に直流電流 I [A] が互いに逆方向に流れて
いる場合，これらの電線間に働く電磁力は．

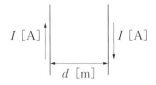

イ. $\dfrac{I}{d}$ に比例する吸引力

ロ. $\dfrac{I}{d^2}$ に比例する反発力

ハ. $\dfrac{I^2}{d}$ に比例する反発力

ニ. $\dfrac{I^3}{d^2}$ に比例する吸引力

図のように，巻数 n のコイルに周波数 f の交流電圧 V を加え，電流 I を
流す場合に，電流 I に関する説明として，**誤っているもの**は．

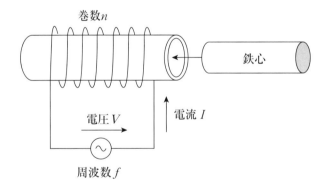

巻数 n

鉄心

電圧 V　　　電流 I

周波数 f

イ. 巻数 n を増加すると，電流 I は減少する．
ロ. コイルに鉄心を入れると，電流 I は減少する．
ハ. 周波数 f を高くすると，電流 I は増加する．
ニ. 電圧 V を上げると，電流 I は増加する．

A-2 答 ハ

2本の電線が平行に置かれているとき，電線に直流電流を流すと電流がつくる磁界によって，電線に力が働く．この力の方向は，同じ方向に流れるときは互いに引き合い，逆方向に流れるときは互いに反発する．

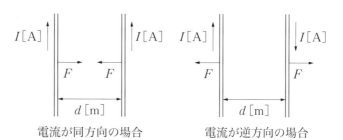

電流が同方向の場合　　　　　電流が逆方向の場合

この電線間に働く力の大きさ F[N/m] は，電線に流れる電流が同じ大きさなので，電流 I[A] の2乗に比例し，電線間の距離 d[m] に反比例する．

$$F = \frac{\mu}{2\pi} \cdot \frac{I \times I}{d} = \frac{\mu}{2\pi} \cdot \frac{I^2}{d} \ [\text{N/m}]$$

ここで μ は透磁率といい，磁束の通しやすさを表す定数で，単位は[H/m]で表される．

A-3 答 ハ

コイルのインダクタンス L は，定数を k，巻数を n[回]，真空の透磁率を μ_0[H/m]，物質の比透磁率を μ_s[H/m] とすると，

$$L = k\mu_0\mu_s n^2 \ [\text{H}] \tag{1}$$

また，リアクタンス X_L[Ω]，電流 I[A] は，周波数を f[Hz]，電圧を V[V] とすると，

$$X_L = 2\pi f L \ [\Omega] \tag{2}$$

$$I = \frac{V}{X_L} \ [\text{A}] \tag{3}$$

(2)，(3)式より周波数 f を高くするとリアクタンス X_L は大きくなり，電流 I は減少するので，**ハ**が誤りである．なお，(1)式よりインダクタンス L は巻数 n を増加したり，コイルに鉄心を挿入すると（挿入前 $\mu_s = 1$，挿入後 $\mu_s \gg 1$）大きくなる．(3)式より電流 I は電圧 V に比例し，リアクタンス X_L に反比例する．

Q-4

出題年度
2014
問1

図のように，鉄心に巻かれた巻数 N のコイルに，電流 I が流れている．鉄心内の磁束 ϕ は．

ただし，漏れ磁束及び磁束の飽和は無視するものとする．

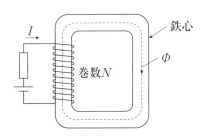

鉄心

ϕ

I

巻数 N

イ．NI に比例する．　　**ロ**．N^2I に比例する．

ハ．NI^2 に比例する．　　**ニ**．N^2I^2 に比例する．

1-4　静電気・コンデンサ回路

Q-1

出題年度
2021
PM
問1

図のように，空気中に距離 r [m] 離れて，2つの点電荷 $+Q$ [C] と $-Q$ [C] があるとき，これらの点電荷間に働く力 F [N] は．

$+Q$ [C]　　　　　$-Q$ [C]

F [N]　　F [N]

r [m]

イ．$\dfrac{Q}{r^2}$ に比例する

ロ．$\dfrac{Q}{r}$ に比例する

ハ．$\dfrac{Q^2}{r^2}$ に比例する

ニ．$\dfrac{Q^3}{r}$ に比例する

A-4　答 イ

電気回路のオームの法則と磁気回路のオームの法則は次のとおり.

電気回路のオームの法則

$$電流\ I\ [A] = \frac{電源電圧\ V\ [V]}{電気抵抗\ R\ [\Omega]}$$

磁気回路のオームの法則

$$磁束\ \Phi\ [Wb] = \frac{起磁力\ I \times N\ [A]}{磁気抵抗\ R_m\ [A/Wb]}$$

したがって，鉄心内の磁束 Φ は NI に比例する.

A-1　答 ハ

空気中に距離 r [m] 離れて，2つの点電荷 $+Q$ [C] と $-Q$ [C] があるとき，これらの点電荷に力 F [N] が働く．この力の大きさは，それぞれの電荷の積に比例し，距離の2乗に反比例する．この関係をクーロンの法則といい，比例定数 k とすると次式で表される.

$$F = k \times \frac{Q \times Q}{r^2} = k \times \frac{Q^2}{r^2}\ [N]$$

この力の方向は，プラスの電荷どうし，マイナスの電荷どうしは反発力，プラスとマイナスの電荷どうしは引き合う力が働く性質がある.

Q-2

出題年度
2020
問1

図のように，静電容量 6 μF のコンデンサ 3 個を接続して，直流電圧 120 V を加えたとき，図中の電圧 V_1 の値［V］は．

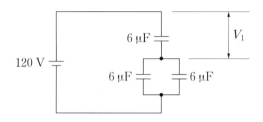

イ. 10　　ロ. 30　　ハ. 50　　ニ. 80

Q-3

出題年度
2022
AM
問1
2016
問1

図のように，面積 A の平板電極間に，厚さが d で誘電率 ε の絶縁物が入っている平行平板コンデンサがあり，直流電圧 V が加わっている．このコンデンサの静電エネルギーに関する記述として，**正しいものは**．

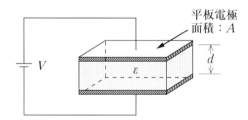

イ. 電圧 V の 2 乗に比例する．

ロ. 電極の面積 A に反比例する．

ハ. 電極間の距離 d に比例する．

ニ. 誘電率 ε に反比例する．

A-2
答 二

並列に接続したコンデンサの合成静電容量 C_2 [μF] は,

$$C_2 = 6 + 6 = 12\ \mu\mathrm{F}$$

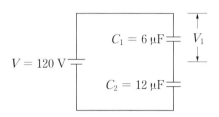

この回路に直流電圧 V を加えると, 各コンデンサの電圧分担は静電容量に反比例するので, V_1 [V] は次のように求まる.

$$V_1 = \frac{C_2}{C_1 + C_2} V = \frac{12}{6 + 12} \times 120 = 80\ \mathrm{V}$$

A-3
答 イ

コンデンサに加える電圧を V, 平行板電極の面積を A, 電極間の距離を d, 誘電率 ε とすると, コンデンサの静電容量は, 次のように求まる.

$$C = \frac{\varepsilon A}{d}\ [\mathrm{F}]$$

この式をコンデンサの静電エネルギーを求める式に代入すると, 次式のようになる.

$$W = \frac{1}{2} CV^2 = \frac{1}{2} \times \frac{\varepsilon A}{d} \times V^2 = \frac{\varepsilon A}{2d} V^2\ [\mathrm{J}]$$

したがって, 静電エネルギー W は, 電圧 V の 2 乗に比例するので, **イ**が正しい.

> **！重要** 静電容量 C [F] のコンデンサに, V [V] の電圧を加えた場合
>
> ・蓄えられる電荷 Q [C]　　　　・蓄えられるエネルギー W [J]
>
> $$Q = CV\ [\mathrm{C}]\qquad\qquad W = \frac{1}{2} QV = \frac{1}{2} CV^2\ [\mathrm{J}]$$

1

電気に関する基礎理論

Q-1

出題年度

2021
AM
問4

図のような交流回路の力率〔%〕は.

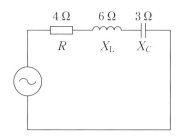

イ. 50　　ロ. 60　　ハ. 70　　ニ. 80

Q-2

出題年度

2023
PM
問3

2021
PM
問3

図のような交流回路において，電源電圧は 120 V，抵抗は 8 Ω，リアクタンスは 15 Ω，回路電流は 17 A である．この回路の力率〔%〕は.

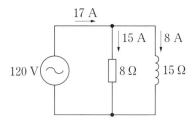

イ. 38　　ロ. 68　　ハ. 88　　ニ. 98

A-1
答 二

図の RLC 直列回路のインピーダンス Z [Ω] は,

$$Z = \sqrt{R^2 + (X_L - X_C)^2}$$
$$= \sqrt{4^2 + (6 - 3)^2} = \sqrt{25} = 5\ \Omega$$

これより力率 $\cos\theta$ は, 次のように求まる.

$$\cos\theta = \frac{R}{Z} = \frac{4}{5} = 0.8 = 80\ \%$$

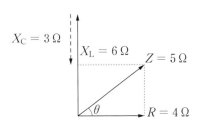

A-2
答 ハ

図のように RL 並列回路の電流を定めると, この回路の力率は次のように求まる.

$$\cos\theta = \frac{I_R}{\sqrt{I_R^2 + I_L^2}} \times 100$$

$$= \frac{I_R}{I} \times 100 = \frac{15}{17} \times 100 \fallingdotseq 88\ [\%]$$

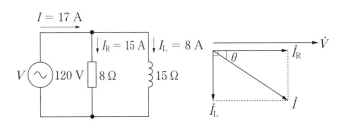

Q-3

図に示す交流回路において，回路電流 I の値が最も小さくなる I_R, I_L, I_C の値の組合せとして，**正しいものは**.

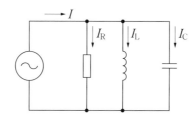

イ. $I_R = 8\,\mathrm{A}$
　 $I_L = 9\,\mathrm{A}$
　 $I_C = 3\,\mathrm{A}$

ロ. $I_R = 8\,\mathrm{A}$
　 $I_L = 2\,\mathrm{A}$
　 $I_C = 8\,\mathrm{A}$

ハ. $I_R = 8\,\mathrm{A}$
　 $I_L = 10\,\mathrm{A}$
　 $I_C = 2\,\mathrm{A}$

ニ. $I_R = 8\,\mathrm{A}$
　 $I_L = 10\,\mathrm{A}$
　 $I_C = 10\,\mathrm{A}$

Q-4

図のように，角周波数が $\omega = 500\,\mathrm{rad/s}$，電圧 $100\,\mathrm{V}$ の交流電源に，抵抗 $R = 3\,\Omega$ とインダクタンス $L = 8\,\mathrm{mH}$ が接続されている．回路に流れる電流 I の値〔A〕は.

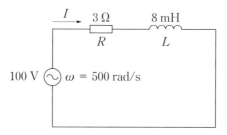

イ. 9　　ロ. 14　　ハ. 20　　ニ. 33

A-3
答 二

　図の交流回路で，電流 I が最小になるのは，ベクトル図に示すように，I_L と I_C の大きさが等しくなったときに $I = I_\mathrm{R}$ [A] となり，I は最小となる．この条件を満たしている（$I_\mathrm{L} = I_\mathrm{C} = 10$ A），二が正しい．なお，この状態を並列共振という．

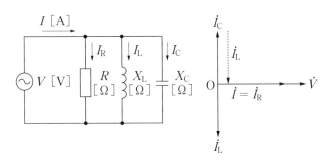

A-4
答 ハ

　回路の誘導性リアクタンス X_L [Ω] は，
$$X_L = \omega L = 500 \times 8 \times 10^{-3} = 4\ \Omega$$

これより，回路のインピーダンス Z [Ω] は，
$$Z = \sqrt{R^2 + X_L{}^2} = \sqrt{3^2 + 4^2} = 5\ \Omega$$

よって，回路に流れる電流 I [A] は次のように求まる．

$$I = \frac{V}{Z} = \frac{100}{5} = 20\ \mathrm{A}$$

Q-5

出題年度

2019

問3

図のような交流回路において，電源が電圧 100 V，周波数が 50 Hz のとき，誘導性リアクタンス $X_L = 0.6\,\Omega$，容量性リアクタンス $X_C = 12\,\Omega$ である．この回路の電源を電圧 100 V，周波数 60 Hz に変更した場合，回路のインピーダンス〔Ω〕の値は．

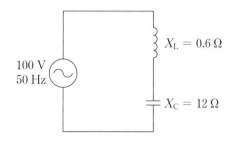

イ. 9.28　　**ロ.** 11.7　　**ハ.** 16.9　　**ニ.** 19.9

Q-6

出題年度

2019

問4

図のような回路において，直流電圧 80 V を加えたとき，20 A の電流が流れた．次に正弦波交流電圧 100 V を加えても，20 A の電流が流れた．リアクタンス X〔Ω〕の値は．

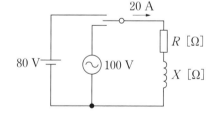

イ. 2　　**ロ.** 3　　**ハ.** 4　　**ニ.** 5

A-5
答 イ

交流回路の誘導性リアクタンス X_L [Ω] は周波数 f に比例し，容量性リアクタンス X_C [Ω] は周波数 f に反比例する．

$$X_L = 2\pi fL \ [\Omega] \qquad X_C = \frac{1}{2\pi fC} \ [\Omega]$$

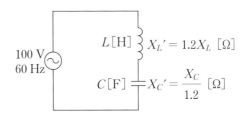

電源周波数を 50 Hz から 60 Hz に変更すると，周波数は 1.2 倍となる．このため，周波数 60 Hz のときの誘導性リアクタンス X_L' [Ω]，容量性リアクタンス X_C' [Ω] は，

$$X_L = X_L \times 1.2 = 0.6 \times 1.2 = 0.72 \ \Omega$$

$$X_C = X_C \times \frac{1}{1.2} = 12 \times \frac{1}{1.2} = 10 \ \Omega$$

回路のインピーダンス Z [Ω] は，

$$Z = X_C - X_L = 10 - 0.72 = 9.28 \ \Omega$$

A-6
答 ロ

直流電圧 80 V を回路に加えたとき 20 A の電流が流れた．リアクタンス X は回路に影響しないので R [Ω] は，

$$R = 80/20 = 4 \ \Omega$$

次に，交流電圧 100 V を回路に加えたときも 20 A の電流が流れた．回路のインピーダンス Z [Ω] は，

$$Z = 100/20 = 5 \ \Omega$$

これより，リアクタンス X [Ω] は，

$$X = \sqrt{Z^2 - R^2}$$
$$= \sqrt{5^2 - 4^2} = \sqrt{25 - 16} = \sqrt{9} = 3 \ \Omega$$

図のように，誘導性リアクタンス $X_L = 10\ \Omega$ に，次式で示す交流電圧 v [V] が加えられている．

$$v\ [\mathrm{V}] = 100\sqrt{2}\sin(2\pi ft)\ [\mathrm{V}]$$

この回路に流れる電流の瞬時値 i [A] を表す式は．

ただし，式において t [s] は時間，f [Hz] は周波数である．

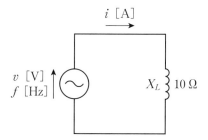

イ. $i = 10\sqrt{2}\sin\left(2\pi ft - \dfrac{\pi}{2}\right)$ **ロ.** $i = 10\sin\left(\pi ft + \dfrac{\pi}{4}\right)$

ハ. $i = -10\cos\left(2\pi ft + \dfrac{\pi}{6}\right)$ **ニ.** $i = 10\sqrt{2}\cos\left(2ft + 90\right)$

A-7
答 イ

交流電圧 v [V] の実効値 V は 100 V である．回路に流れる電流の大きさ I [A] は，$X_L = 10\,\Omega$ なので，

$$I = \frac{V}{X_L} = \frac{100}{10} = 10\text{ A}$$

また，電流の位相は誘導性リアクタンス回路なので，電圧より $\pi/2$ [rad] だけ位相が遅れる．電圧を基準にベクトル表示すると下図のようになる．

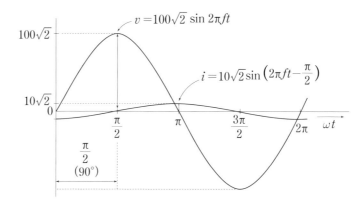

これより，電流の瞬時値 i [A] を表す式は，

$$i = 10\sqrt{2}\,\sin\left(2\pi ft - \frac{\pi}{2}\right)\text{ [A]}$$

図のような交流回路において，電流 $I = 10$ A，抵抗 R における消費電力は 800 W，誘導性リアクタンス $X_L = 16$ Ω，容量性リアクタンス $X_C = 10$ Ω である．この回路の電源電圧 V [V] は．

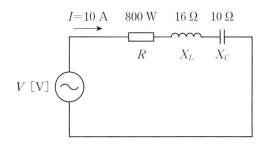

イ. 80   **ロ.** 100   **ハ.** 120   **ニ.** 200

図のような交流回路において，電源電圧は 100 V，電流は 20 A，抵抗 R の両端の電圧は 80 V であった．リアクタンス X [Ω] は．

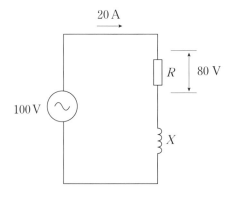

イ. 2   **ロ.** 3   **ハ.** 4   **ニ.** 5

A-8
答 ロ

抵抗 R の消費電力 P は 800 W, 電流 I は 10 A なので, R に加わる電圧 V_R [V] は,

$$V_R = \frac{P}{I} = \frac{800}{10} = 80 \text{ V}$$

X_L に加わる電圧 V_L [V] は,

$$V_L = IX_L = 10 \times 16 = 160 \text{ V}$$

X_C に加わる電圧 V_C [V] は,

$$V_C = IX_C = 10 \times 10 = 100 \text{ V}$$

これより, 電源電圧 V は次のように求まる.

$$V = \sqrt{V_R{}^2 + (V_L - V_C)^2}$$
$$= \sqrt{80^2 + (160 - 100)^2}$$
$$= \sqrt{80^2 + 60^2} = 100 \text{ V}$$

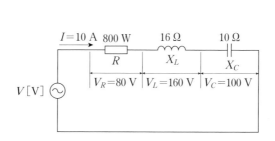

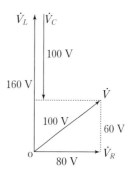

A-9
答 ロ

リアクタンス X に加わる電圧 V_L を求めると,

$$V_L = \sqrt{V^2 - V_R{}^2}$$
$$= \sqrt{100^2 - 80^2} = 60 \text{ V}$$

これより, リアクタンス X は, 次のように求まる.

$$X = \frac{V_L}{I} = \frac{60}{20} = 3 \,\Omega$$

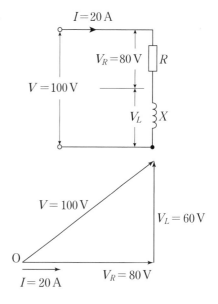

図のような交流回路において，電源電圧 120 V，抵抗 20 Ω，誘導性リアクタンス 10 Ω，容量性リアクタンス 30 Ω である．図に示す回路の電流 I [A] は．

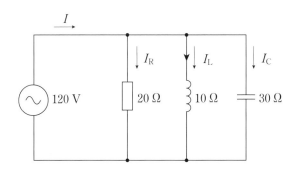

イ. 8   **ロ.** 10   **ハ.** 12   **ニ.** 14

図のような交流回路において，抵抗 $R = 10$ Ω，誘導性リアクタンス $X_L = 10$ Ω，容量性リアクタンス $X_C = 10$ Ω である．この回路の力率 [%] は．

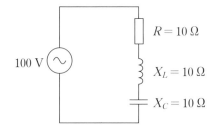

イ. 30   **ロ.** 50   **ハ.** 70   **ニ.** 100

A-10
答 ロ

抵抗 R を流れる電流 I_R，誘導性リアクタンス X_L を流れる電流 I_L，容量性リアクタンス X_C を流れる電流 I_C は，

$$I_R = \frac{V}{R} = \frac{120}{20} = 6 \text{ A}$$

$$I_L = \frac{V}{X_L} = \frac{120}{10} = 12 \text{ A}$$

$$I_C = \frac{V}{X_C} = \frac{120}{30} = 4 \text{ A}$$

これより，電流 I は次のように求まる.

$$I = \sqrt{I_R{}^2 + (I_L - I_C)^2} = \sqrt{6^2 + (12 - 4)^2} = 10 \text{ A}$$

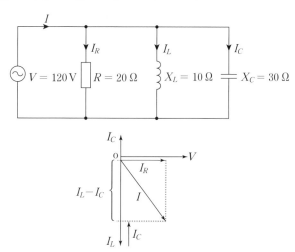

A-11
答 二

R–L–C 直列回路のインピーダンス Z は，

$$Z = \sqrt{R^2 + (X_L - X_C)^2}$$
$$= \sqrt{10^2 + (10 - 10)^2} = 10 \text{ } \Omega$$

したがって，力率 $\cos\theta$ は，次式により求まる.

$$\cos\theta = \frac{R}{Z} = \frac{10}{10} = 1 = 100 \text{ \%}$$

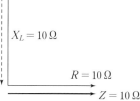

⚠**重要** R, X 直列回路のインピーダンス

$$Z = \sqrt{R^2 + X^2} \text{ [}\Omega\text{]}$$

図のような交流回路において，電源電圧は 200 V，抵抗は 20 Ω，リアクタンスは X [Ω]，回路電流は 20 A である．この回路の力率 [%] は．

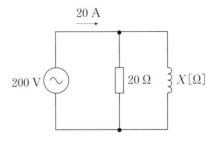

イ． 50　　**ロ．** 60　　**ハ．** 80　　**ニ．** 100

図のような正弦波交流電圧がある．波形の周期が 20 ms（周波数 50 Hz）であるとき，角速度 ω [rad/s] の値は．

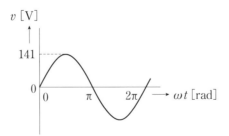

イ． 50　　**ロ．** 100　　**ハ．** 314　　**ニ．** 628

A-12
答　イ

　図1のように抵抗 R を流れる電流を I_R，リアクタンス X を流れる電流を I_X として求めると，

$$I_R = \frac{V}{R} = \frac{200}{20} = 10 \text{ A}$$

$$I = \sqrt{I_R{}^2 + I_X{}^2} \text{ [A]}$$

であるから，

$$I_X = \sqrt{I^2 - I_R{}^2} = \sqrt{20^2 - 10^2}$$
$$= \sqrt{300} = 10\sqrt{3} \text{ A}$$

となる．これらの関係をベクトル図で表すと図2のようになる．これより力率 $\cos\theta$ を求めると，

$$\cos\theta = \frac{I_R}{I} = \frac{10}{20} = 0.5 \qquad \therefore \quad \cos\theta = 50 \text{ \%}$$

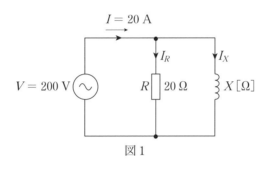

図1

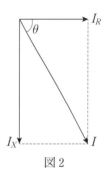

図2

A-13
答　ハ

　周波数を f とすると正弦波交流の角速度 ω は次式により求められる．
$$\omega = 2\pi f = 2 \times 3.14 \times 50 = 314 \text{ rad/s}$$

Q-1

図のような交流回路において，抵抗$12\,\Omega$，リアクタンス$16\,\Omega$，電源電圧は$96\,\mathrm{V}$である．この回路の皮相電力$[\mathrm{V\cdot A}]$は．

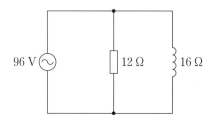

イ. 576　　**ロ.** 768　　**ハ.** 960　　**ニ.** 1 344

A-1

答 ハ

回路の抵抗 R に流れる電流 I_R [A], リアクタンス X_L に流れる電流 I_L [A] は,

$$I_R = \frac{V}{R} = \frac{96}{12} = 8 \text{ A}$$

$$I_L = \frac{V}{X_L} = \frac{96}{16} = 6 \text{ A}$$

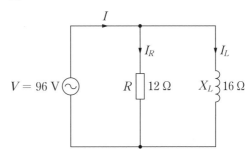

これより, 回路に流れる電流 I [A] は,

$$I = \sqrt{I_R{}^2 + I_L{}^2} = \sqrt{8^2 + 6^2} = 10 \text{ A}$$

よって, 回路の皮相電力 S [V・A] は次のように求まる.

$$S = VI = 96 \times 10 = 960 \text{ V・A}$$

Q-2

図のような交流回路において，10 Ω の抵抗の消費電力 [W] は.
ただし，ダイオードの電圧降下や電力損失は無視する.

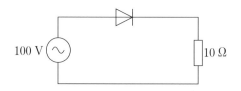

イ. 100 **ロ.** 200 **ハ.** 500 **ニ.** 1 000

Q-3

図のような交流回路において，抵抗 $R = 15\ \Omega$，誘導性リアクタンス
$X_L = 10\ \Omega$，容量性リアクタンス $X_C = 2\ \Omega$ である. この回路の消費電力
[W] は.

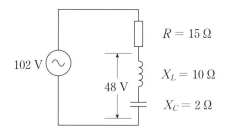

イ. 240 **ロ.** 288 **ハ.** 505 **ニ.** 540

A-2　答 ハ

　この回路は半波整流回路であり，ダイオードは一定方向にしか電流を流さない．よって，抵抗$10\,\Omega$の両端の電圧，電流波形は，次図のようになる．

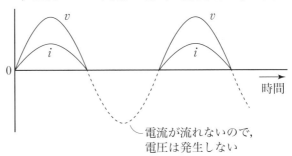

電流が流れないので，
電圧は発生しない

　ダイオードがない場合，抵抗負荷の消費電力$P\,[\mathrm{W}]$は次式で求められる．

$$P = I^2 R = \frac{V^2}{R}$$

　この回路にはダイオードがあるから，電流は一定方向にしか流れず，回路の消費電力$P\,[\mathrm{W}]$はダイオードがない場合の$1/2$倍と考えることができる．

$$P = \frac{V^2}{R} \times \frac{1}{2} = \frac{100^2}{10} \times \frac{1}{2} = 500\ \mathrm{W}$$

A-3　答 ニ

　図のように合成リアクタンスに加わる電圧V_Xが$48\,\mathrm{V}$であるから，回路電流Iを求めると，

$$I = \frac{V_X}{X_L - X_C} = \frac{48}{10 - 2} = \frac{48}{8} = 6\ \mathrm{A}$$

回路の消費電力Pを求めると次のようになる．

$$P = I^2 R = 6^2 \times 15 = 540\ \mathrm{W}$$

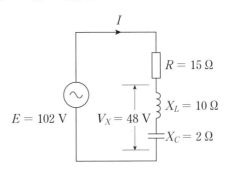

Q-1

出題年度

2021
PM

問 5

図のような三相交流回路において，線電流 I の値［A］は．

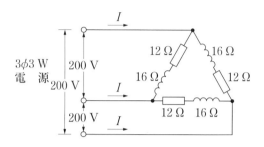

イ. 5.8　　ロ. 10.0　　ハ. 17.3　　ニ. 20.0

Q-2

出題年度

2017

問 5

2014

問 5

図のような三相交流回路において，電源電圧は V［V］，抵抗 $R = 5\,\Omega$，誘導性リアクタンス $X_L = 3\,\Omega$ である．回路の全消費電力［W］を示す式は．

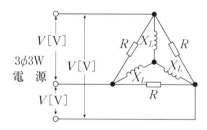

イ. $\dfrac{3V^2}{5}$　　ロ. $\dfrac{V^2}{3}$　　ハ. $\dfrac{V^2}{5}$　　ニ. V^2

A-1
答 ハ

図の回路の1相当たりのインピーダンス Z [Ω] は，

$$Z = \sqrt{R^2 + X_\mathrm{L}{}^2} = \sqrt{12^2 + 16^2} = 20\ \Omega$$

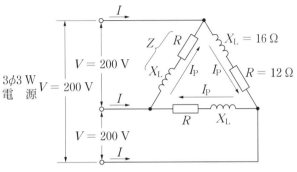

回路の相電流 I_P [A] は，

$$I_\mathrm{P} = \frac{V}{Z} = \frac{200}{20} = 10\ \mathrm{A}$$

線電流 I は相電流 I_P の $\sqrt{3}$ 倍なので，次のように求まる．

$$I = \sqrt{3} \times I_\mathrm{P} = \sqrt{3} \times 10 = 17.3\ \mathrm{A}$$

A-2
答 イ

三相交流回路の1相分の消費電力 P_1 は，電圧 V [V]，抵抗 R は 5Ω，誘導性リアクタンス X_L は電力を消費しないので，

$$P_1 = \frac{V^2}{R} = \frac{V^2}{5}\ [\mathrm{W}]$$

三相交流回路の全消費電力 P_3 は，1相分の消費電力 P_1 の3倍になるので，次のように求まる．

$$P_3 = 3 \times \frac{V^2}{5} = \frac{3V^2}{5}\ [\mathrm{W}]$$

Q-1

出題年度

2023
PM

問9

2021
PM

問9

図のように，直列リアクトルを設けた高圧進相コンデンサがある．この回路の無効電力（設備容量）［var］を示す式は．

ただし，$X_{\mathrm{L}} < X_{\mathrm{C}}$ とする．

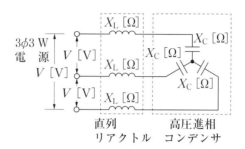

イ. $\dfrac{V^2}{X_{\mathrm{C}} - X_{\mathrm{L}}}$

ロ. $\dfrac{V^2}{X_{\mathrm{C}} + X_{\mathrm{L}}}$

ハ. $\dfrac{X_{\mathrm{C}} V}{X_{\mathrm{C}} - X_{\mathrm{L}}}$

ニ. $\dfrac{V}{X_{\mathrm{C}} - X_{\mathrm{L}}}$

A-1
答 イ

回路を図のように書き換えると，Y回路の1相あたりのリアクタンス X [Ω] は，

$$X = X_\mathrm{C} - X_\mathrm{L} \ [\Omega]$$

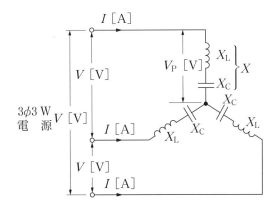

Y回路の相電圧 V_P は線間電圧 V の $1/\sqrt{3}$ なので電流 I [A] は，

$$I = \frac{V/\sqrt{3}}{X_\mathrm{C} - X_\mathrm{L}} = \frac{V}{\sqrt{3}\,(X_\mathrm{C} - X_\mathrm{L})} \ [\mathrm{A}]$$

この回路の無効電力 Q [var] は，

$$
\begin{aligned}
Q &= 3I^2X \\
&= 3 \times \left\{ \frac{V}{\sqrt{3}\,(X_\mathrm{C} - X_\mathrm{L})} \right\}^2 \times (X_\mathrm{C} - X_\mathrm{L}) \\
&= 3 \times \frac{V^2}{3(X_\mathrm{C} - X_\mathrm{L})^2} \times (X_\mathrm{C} - X_\mathrm{L}) = \frac{V^2}{X_\mathrm{C} - X_\mathrm{L}} \ [\mathrm{var}]
\end{aligned}
$$

図のような三相交流回路において，電源電圧は 200 V，抵抗は 20 Ω，リアクタンスは 40 Ω である．この回路の全消費電力〔kW〕は．

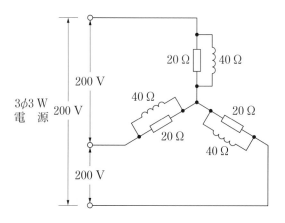

イ. 1.0   **ロ.** 1.5   **ハ.** 2.0   **ニ.** 12

A-2

答 ハ

図の三相交流回路で，電力を消費するのは Y 結線されている $20\,\Omega$ の抵抗負荷だけである．この抵抗に加わる電圧 $V_P\,[\mathrm{V}]$ は線間電圧 $V\,[\mathrm{V}]$ の $1/\sqrt{3}$ なので，抵抗に流れる電流 $I_R\,[\mathrm{A}]$ は，

$$I_R = \frac{V_P}{R} = \frac{\dfrac{V}{\sqrt{3}}}{R} = \frac{V}{\sqrt{3}\,R} = \frac{200}{\sqrt{3} \times 20} = \frac{10}{\sqrt{3}}\,\mathrm{A}$$

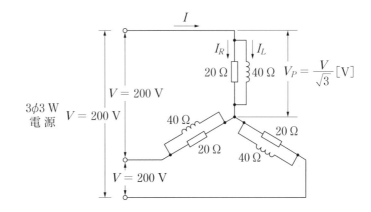

よって，回路の全消費電力 $P\,[\mathrm{W}]$ は次のように求まる．

$$P = 3I_R^2 R = 3 \times \left(\frac{10}{\sqrt{3}}\right)^2 \times 20$$

$$= 3 \times \frac{100}{3} \times 20 = 2\,000\,\mathrm{W} = 2.0\,\mathrm{kW}$$

図のような三相交流回路において，電源電圧は 200 V，抵抗は 8 Ω，リアクタンスは 6 Ω である．この回路に関して**誤っているものは**．

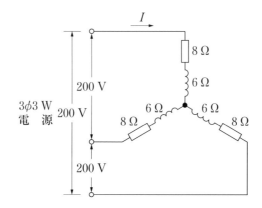

イ．1相当たりのインピーダンスは，10 Ω である．

ロ．線電流 I は，10 A である．

ハ．回路の消費電力は，3 200 W である．

ニ．回路の無効電力は，2 400 var である．

A-3
答 口

図より1相当たりのインピーダンス Z [Ω] は,

$$Z = \sqrt{R^2 + X_L{}^2} = \sqrt{8^2 - 6^2} = 10 \ \Omega$$

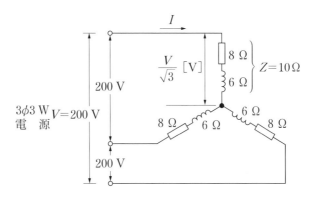

Y回路の相電圧 V_P は線間電圧 V の $1/\sqrt{3}$ なので電流 I [A] は,

$$I = \frac{\dfrac{V}{\sqrt{3}}}{Z} = \frac{V}{\sqrt{3}Z} = \frac{200}{\sqrt{3} \times 10} = \frac{20}{\sqrt{3}} \fallingdotseq 11.5 \ \text{A}$$

と求まるので, **口** が誤りである. なお, 回路の消費電力 P [W] と, 無効電力 Q [var] は,

$$P = 3I^2R = 3 \times \left(\frac{20}{\sqrt{3}}\right)^2 \times 8$$

$$= 3 \times \frac{400}{3} \times 8 = 3 \ 200 \ \text{W}$$

$$Q = 3I^2X_L = 3 \times \left(\frac{20}{\sqrt{3}}\right)^2 \times 6$$

$$= 3 \times \frac{400}{3} \times 6 = 2 \ 400 \ \text{var}$$

図のような直列リアクトルを設けた高圧進相コンデンサがある．電源電圧が V [V]，誘導性リアクタンスが $9\,\Omega$，容量性リアクタンスが $150\,\Omega$ であるとき，この回路の無効電力（設備容量）［var］を示す式は．

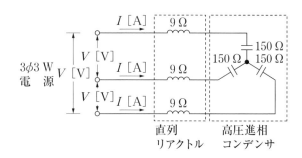

$3\phi 3\,\mathrm{W}$
電　源

直列
リアクトル

高圧進相
コンデンサ

イ. $\dfrac{V^2}{159^2}$　　ロ. $\dfrac{V^2}{141^2}$　　ハ. $\dfrac{V^2}{159}$　　ニ. $\dfrac{V^2}{141}$

A-4
答 二

　回路を図のように描き換えると，Y回路の1相当たりのリアクタンス X [Ω] は，

$$X = X_C - X_L = 150 - 9 = 141 \ \Omega$$

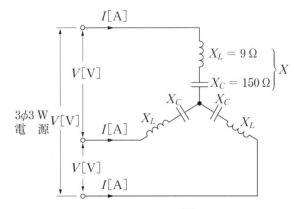

　Y回路の相電圧 V_P は線間電圧 V の $1/\sqrt{3}$ なので電流 I [A] は，

$$I = \frac{\dfrac{V}{\sqrt{3}}}{X} = \frac{V}{\sqrt{3}X} = \frac{V}{\sqrt{3} \times 141} = \frac{V}{141\sqrt{3}} \ [\mathrm{A}]$$

　この回路の無効電力 Q [var] は，

$$Q = 3I^2X = 3 \times \left(\frac{V}{141\sqrt{3}}\right)^2 \times 141$$

$$= 3 \times \frac{V^2}{141^2 \times 3} \times 141 = \frac{V^2}{141} \ [\mathrm{var}]$$

図のような三相交流回路において，電源電圧は 200 V，抵抗は 8 Ω，リアクタンスは 6 Ω である．抵抗の両端の電圧 V_R [V] は．

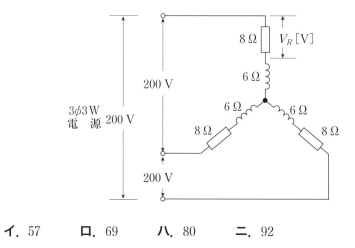

イ. 57   ロ. 69   ハ. 80   ニ. 92

図のような三相交流回路において，電源電圧は 200 V，抵抗は 4 Ω，リアクタンスは 3 Ω である．回路の全消費電力 [kW] は．

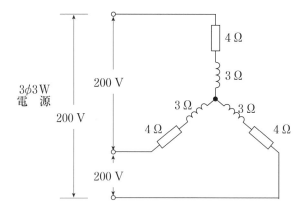

イ. 4.0   ロ. 4.8   ハ. 6.4   ニ. 8.0

A-5
答 二

　Y回路の1相分に着目し，1相分を回路として考えて単相交流の抵抗とリアクタンスの直列回路に描き換えると下図のようになる．下図の電圧 V は，Y回路の相電圧（線間電圧の $1/\sqrt{3}$ 倍）である．

　図より，インピーダンス Z は，

$$Z = \sqrt{R^2 + X_L{}^2} = \sqrt{8^2 + 6^2} = 10\ \Omega$$

回路に流れる電流 I〔A〕は，

$$I = \frac{V}{Z} = \frac{\dfrac{200}{\sqrt{3}}}{10} \fallingdotseq 11.5\ \text{A}$$

したがって，抵抗の両端の電圧 V_R〔V〕は次のように求まる．

$$V_R = I \times R = 11.5 \times 8 = 92\ \text{V}$$

A-6
答 八

　三相Y結線であるから，線電流と相電流は等しく I〔A〕である．相電圧を V〔V〕，抵抗 R〔Ω〕，リアクタンスを X〔Ω〕として相電流を求めると，

$$I = \frac{E}{\sqrt{R^2 + X^2}} = E \times \frac{1}{\sqrt{R^2 + X^2}}$$

$$= \frac{200}{\sqrt{3}} \times \frac{1}{\sqrt{4^2 + 3^2}}$$

$$= \frac{200}{\sqrt{3}} \times \frac{1}{5} = \frac{40}{\sqrt{3}}\ \text{A}$$

回路の全消費電力 P は三相分であるから，次式で求められる．

$$P = 3I^2R = 3 \times \left(\frac{40}{\sqrt{3}}\right)^2 \times 4 = 6\,400\ \text{W} = 6.4\ \text{kW}$$

！重要

・相電圧 $(V) = \dfrac{1}{\sqrt{3}} \times$ 線間電圧 (V_l)　　　$V = \dfrac{V_l}{\sqrt{3}}$　　　$V_l = \sqrt{3}\,V$

・線電流 $(I_l) =$ 相電流 (I)　　　$I_l = I$　　　$I = \dfrac{V}{Z} = \dfrac{V}{\sqrt{R^2 + X^2}}$

・力率　　　$\cos\theta = \dfrac{R}{Z} = \dfrac{R}{\sqrt{R^2 + X^2}}$

・有効電力　　　$P = \sqrt{3}\,V_l I_l \cos\theta$〔W〕$= 3I^2R$〔W〕

Q-1

図のような三相交流回路において，電流 I の値〔A〕は.

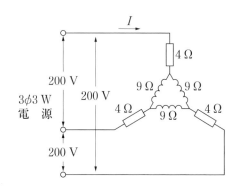

イ. $\dfrac{200\sqrt{3}}{17}$ 　　ロ. $\dfrac{40}{\sqrt{3}}$ 　　ハ. 40 　　ニ. $40\sqrt{3}$

A-1
答 ロ

　図の三相交流回路で，△回路をY回路に変換すると，1相分の誘導性リアクタンス X_L' [Ω] は，

$$X_\mathrm{L}' = \frac{X_\mathrm{L}}{3} = \frac{9}{3} = 3\ \Omega$$

　これより，Y回路の1相分のインピーダンス Z [Ω] は，
$$Z = \sqrt{R^2 + X_\mathrm{L}{}^2} = \sqrt{4^2 + 3^2} = \sqrt{25} = 5\ \Omega$$

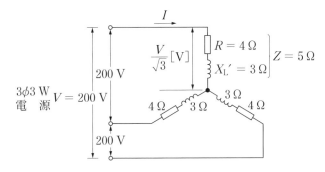

　Y回路の相電圧 V_P [V] は線間電圧 V [V] の $1/\sqrt{3}$ なので，線路電流 I [A] は次のように求まる．

$$I = \frac{V_\mathrm{P}}{Z} = \frac{V/\sqrt{3}}{Z} = \frac{V}{\sqrt{3}Z} = \frac{200}{\sqrt{3} \times 5} = \frac{40}{\sqrt{3}}\ \mathrm{A}$$

　図のように，線間電圧 V [V] の三相交流電源から，Y結線の抵抗負荷と△結線の抵抗負荷に電力を供給している電路がある．図中の抵抗 R がすべて R [Ω] であるとき，図中の電路の線電流 I [A] を示す式は．

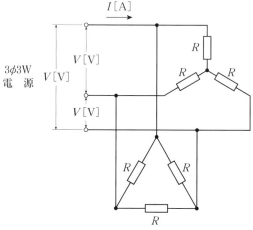

イ. $\dfrac{V}{R}\left(\dfrac{1}{\sqrt{3}} + 1\right)$

ロ. $\dfrac{V}{R}\left(\dfrac{1}{2} + \sqrt{3}\right)$

ハ. $\dfrac{V}{R}\left(\dfrac{1}{\sqrt{3}} + \sqrt{3}\right)$

ニ. $\dfrac{V}{R}\left(2 + \dfrac{1}{\sqrt{3}}\right)$

A-2
答 ハ

　図のように△とYの回路を別々に考え，電圧，電流を定める．

　Y回路の相電圧 V_P は線間電圧 V の $1/\sqrt{3}$ なので，I_1 [A] は，

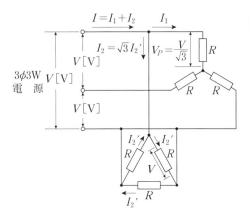

$$I_1 = \frac{\dfrac{V}{\sqrt{3}}}{R} = \frac{V}{\sqrt{3}R}\ [\mathrm{A}]$$

　△回路の線電流 I_2 は相電流 $I_2{}'$ の $\sqrt{3}$ 倍なので，

$$I_2 = \sqrt{3} \times \frac{V}{R} = \frac{\sqrt{3}\,V}{R}\ [\mathrm{A}]$$

　これより，I [A] は次のように求まる．

$$I = I_1 + I_2$$
$$= \frac{V}{\sqrt{3}R} + \frac{\sqrt{3}\,V}{R} = \frac{V}{R}\left(\frac{1}{\sqrt{3}} + \sqrt{3}\right)\ [\mathrm{A}]$$

••• 第 2 章 •••

配電理論および配線設計

平均出題数 4 問

　図のような，三相3線式配電線路で，受電端電圧が6 700 V，負荷電流が20 A，深夜で軽負荷のため力率が0.9（進み力率）のとき，配電線路の送電端の線間電圧［V］は.

　ただし，配電線路の抵抗は1線当たり0.8 Ω，リアクタンスは1.0 Ωであるとする.

　なお，$\cos\theta = 0.9$のとき$\sin\theta = 0.436$であるとし，適切な近似式を用いるものとする.

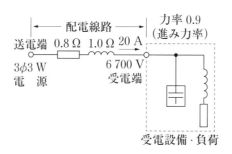

イ. 6 700　　**ロ.** 6 710　　**ハ.** 6 800　　**ニ.** 6 900

A-1

答 ロ

　図の三相3線式配電線路で，負荷電流 I [A]，力率 0.9（進み力率），配電線路の抵抗 R [Ω] とリアクタンス X [Ω] とすると，電圧降下 ΔV 式中の $XI\sin\theta$ の項は電圧上昇分になるので，符号はマイナスとなる．このため，電圧降下の ΔV は次の近似式で表せる．

$$\Delta V = \sqrt{3}\,I(R\cos\theta - X\sin\theta)$$
$$= \sqrt{3} \times 20(0.8 \times 0.9 - 1.0 \times 0.436) \fallingdotseq 9.8\ \text{V}$$

　これより，送電端電圧 V_S [V] は次のように求まる．

$$V_s = V_r + \Delta V = 6\,700 + 9.8 \fallingdotseq 6\,710\ \text{V}$$

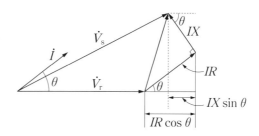

図のような単相3線式配電線路において，負荷A，負荷Bともに負荷電圧 100 V，負荷電流 10 A，力率 0.8（遅れ）である．このとき，電源電圧 V の値 [V] は．

ただし，配電線路の電線1線当たりの抵抗は 0.5 Ω である．

なお，計算においては，適切な近似式を用いること．

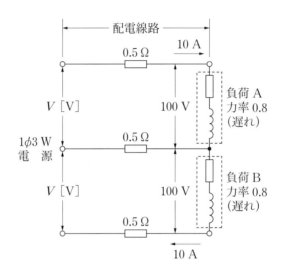

イ. 102　　　**ロ.** 104　　　**ハ.** 112　　　**ニ.** 120

A-2

答 ロ

　問題図の単相3線式配電線路では，負荷A，Bの大きさが等しいので，中性線での電圧降下は生じない．このため，配電線路の電線1線当たりの抵抗 r [Ω]，電流 I [A]，力率 $\cos\theta$ とすると，近似式により電圧降下 v [V] は，

$$v = Ir\cos\theta = 10 \times 0.5 \times 0.8 = 4 \text{ V}$$

　負荷電圧 V_r が 100 V なので，電源電圧 V [V] は次のように求まる．

$$V = V_r + v = 100 + 4 = 104 \text{ V}$$

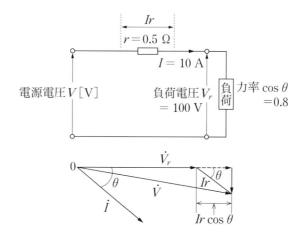

！参考

　配電線路の抵抗 r とリアクタンス x を考慮した場合，単相3線式配電線路の1線当たりの電圧降下は次の近似式となる．

$$v = I(r\cos\theta + x\sin\theta) \text{ [V]}$$

図のように，単相2線式の配電線路で，抵抗負荷 A，B，C にそれぞれ負荷電流 10 A，5 A，5 A が流れている．電源電圧が 210 V であるとき，抵抗負荷 C の両端の電圧 V_C [V] は．

ただし，電線1線当たりの抵抗は 0.1 Ω とし，線路リアクタンスは無視する．

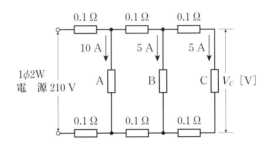

イ．201   ロ．203   ハ．205   ニ．208

図は単相2線式の配電線路の単線結線図である．電線1線当たりの抵抗は，A–B 間で 0.1 Ω，B–C 間で 0.2 Ω である．A 点の線間電圧が 210 V で，B 点，C 点にそれぞれ負荷電流 10 A の抵抗負荷があるとき，C 点の線間電圧 [V] は．

ただし，線路リアクタンスは無視する．

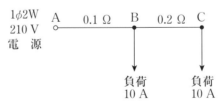

イ．200   ロ．202   ハ．204   ニ．208

A-3 答 □

下図のように電流を定め，各区間の電圧降下から V_C を求める．

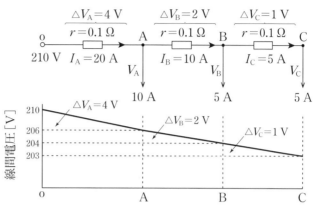

$I_C = 5$ A

$I_B = I_C + 5 = 5 + 5 = 10$ A

$I_A = I_B + 10 = 10 + 10 = 20$ A

各区間の電圧降下は，

$\Delta V_C = 2I_C r = 2 \times 5 \times 0.1 = 1$ V

$\Delta V_B = 2I_B r = 2 \times 10 \times 0.1 = 2$ V

$\Delta V_A = 2I_A r = 2 \times 20 \times 0.1 = 4$ V

これより，V_C は次のように求まる．

$V_C = V - (\triangle V_A + \triangle V_B + \triangle V_C)$

$\qquad = 210 - (4 + 2 + 1) = 210 - 7 = 203$ V

A-4 答 □

単相2線式配電線路の A 点の電圧を V_A，B 点の電圧を V_B，C 点の電圧を V_C とする．A–B 間の電流 I_1 が 20 A，1線当たりの線路抵抗 r_1 が 0.1 Ω なので B 点の電圧 V_B は，

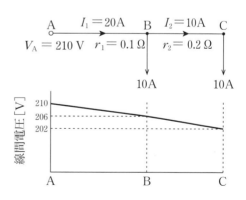

$V_B = V_A - 2I_1 r_1$

$\qquad = 210 - 2 \times 20 \times 0.1$

$\qquad = 206$ V

次に B–C 間の電流 I_2 が 10 A，1線当たりの線路抵抗 r_2 が 0.2 Ω なので V_C は次のように求まる．

$V_C = V_B - 2I_2 r_2 = 206 - 2 \times 10 \times 0.2 = 202$ V

図のような単相2線式配電線路において，配電線路の長さは100 m，負荷は電流50 A，力率0.8（遅れ）である．線路の電圧降下（$V_s - V_r$）［V］を4V以内にするための電線の最小太さ（断面積）［mm²］は．

ただし，電線の抵抗は表のとおりとし，線路のリアクタンスは無視するものとする．

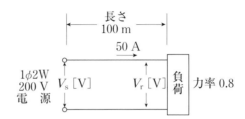

電線太さ [mm²]	1 km 当たりの抵抗 [Ω/km]
14	1.30
22	0.82
38	0.49
60	0.30

イ. 14 　　**ロ.** 22 　　**ハ.** 38 　　**ニ.** 60

A-5
答 ハ

配電線路1線の抵抗 r [Ω]，リアクタンスを x [Ω]，流れる電流を I [A]，負荷力率を $\cos\theta$ とすると，線路の電圧降下 $e = (V_s - V_r)$ [V] は次式で求められる．

$$e = 2I(r\cos\theta + x\sin\theta) \text{ [V]}$$

題意より，$x = 0$，$\cos\theta = 0.8$，$e = 4\,\text{V}$ であるから前式は

$$e = 2Ir\cos\theta$$
$$4 = 2 \times 50 \times r \times 0.8$$
$$4 = 80r$$

$$\therefore R = \frac{4}{80} = 0.05\,\Omega$$

長さ100 mの電線の抵抗が0.05 Ωより小さければ，電圧降下は4 V以内になる．

22 mm^2 の電線では，

$$\frac{0.82}{1\,000} \times 100 = 0.082\,\Omega > 0.05\,\Omega \quad \text{（不適）}$$

38 mm^2 の電線では，

$$\frac{0.49}{1\,000} \times 100 = 0.049\,\Omega < 0.05\,\Omega$$

したがって，38 mm^2 の電線が最小太さになる．

 重要

・配電線路の1条分の等価回路

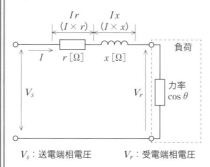

V_s：送電端相電圧　　V_r：受電端相電圧

チェック

$$\sin\theta = \sqrt{1 - \cos^2\theta}$$
$$\cos\theta = 0.8 \to \sin\theta = 0.6$$

$$\cos\theta = 0.6 \to \sin\theta = 0.8$$

・1条分のベクトル図

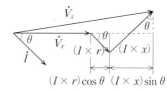

$$(I \times r)\cos\theta \quad (I \times x)\sin\theta$$

$$V_s \fallingdotseq V_r + I(r\cos\theta + x\sin\theta) \text{ [V]}$$

電圧降下は

$$e = V_s - V_r$$
$$= I(r\cos\theta + x\sin\theta) \text{ [V]}$$

Q-6

出題年度

2014

問7

　図のような単相3線式配電線路において，負荷抵抗は10Ω一定である．スイッチAを閉じ，スイッチBを開いているとき，図中の電圧Vは100Vであった．この状態からスイッチBを閉じた場合，電圧Vはどのように変化するか．

　ただし，電源電圧は一定で，電線1線当たりの抵抗 r [Ω] は3線とも等しいものとする．

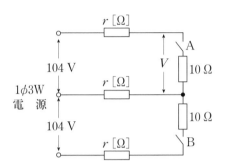

イ. 約2V下がる．

ロ. 約2V上がる．

ハ. 変化しない．

ニ. 約1V上がる．

A-6
答 ロ

スイッチ A を閉じスイッチ B を開いているときの回路は図 1 のようになる.

この電線路の電流 I を求めると,

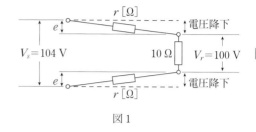

図 1

$$I = \frac{V_r}{R} = \frac{100}{10} = 10 \text{ A}$$

この電線路の電圧降下を求める. 電線 1 線当たりの電圧降下を e [V] とすると,

$$2 \times e = I \times r + I \times r = V_s - V_r$$

電流 10 A, $V_s = 104$ V, $V_r = 100$ V なので, 電線 1 線当たりの抵抗 r [Ω] は,

$$10 \times r + 10 \times r = 104 - 100$$

$$20 \times r = 4$$

$$r = \frac{4}{20} = 0.2 \text{ Ω}$$

この状態からスイッチ B を閉じたときの回路は図 2 のようになる.

電圧と負荷抵抗が等しい場合, 負荷に流れる電流が等しいので ($I_1 = I_2$). 中性線には電流が流れない ($I_N = 0$ A).

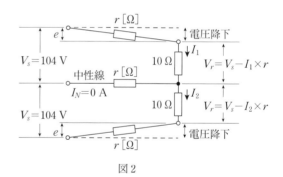

図 2

この場合, 負荷が平衡したという.

中性線には電流が流れないので, 電圧降下は電圧側の電線 1 線のみになる.

$$I_1 \times r + I_N \times r = V_s - V_r$$

電源電圧 104 V, 負荷抵抗 10 Ω と一定なため, 負荷抵抗に流れる電流は, 中性線の電流 $I_N = 0$ A なので, わずかに増加するが, ここでは $I_1 = 10$ A として考える.

$$10 \times 0.2 + 0 \times 0.2 = 104 - V_r$$

$$V_r = 104 - 2 = 102 \text{ V}$$

したがって, 負荷の電圧 V_r は, 約 2 V 上がる.

　図のように，三相3線式構内配電線路の末端に，力率0.8（遅れ）の三相負荷がある．この負荷と並列に電力用コンデンサを設置して，線路の力率を1.0に改善した．コンデンサ設置前の線路損失が2.5 kWであるとすれば，設置後の線路損失の値〔kW〕は．

　ただし，三相負荷の負荷電圧は一定とする．

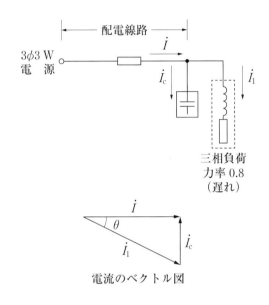

電流のベクトル図

イ. 0　　**ロ.** 1.6　　**ハ.** 2.4　　**ニ.** 2.8

A-1
答ロ

2

　三相3線式配電線路にコンデンサ設置前の線路損失 P_{L1} は，配電線1線当たりの抵抗 r，電流 I_1 とすると次式で表せる．

$$P_{L1} = 3 I_1{}^2 r \ [\text{kW}]$$

　次に，コンデンサを設置して力率を 0.8 から 1.0 に改善したとき，配電線路の電流 I は $I = 0.8 I_1$ に減少するので，コンデンサ設置後の線路損失 P_L は，

$$
\begin{aligned}
P_L &= 3 I^2 r \\
&= 3 \times (0.8 I_1)^2 \times r \\
&= 0.64 \times 3 I_1{}^2 r = 0.64 P_{L1} \ [\text{kW}]
\end{aligned}
$$

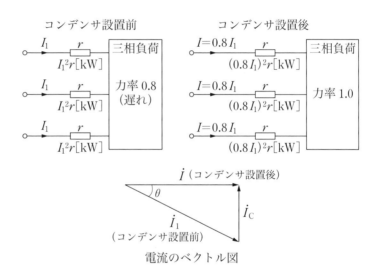

電流のベクトル図

　コンデンサ設置前の線路損失 P_{L1} は 2.5 kW なので，P_L [kW] は次のように求まる．

$$P_L = 0.64 P_{L1} = 0.64 \times 2.5 = 1.6 \ \text{kW}$$

図のように，単相2線式配電線路で，抵抗負荷A（負荷電流20 A）と抵抗負荷B（負荷電流10 A）に電気を供給している．電源電圧が210 Vであるとき，負荷Bの両端の電圧 V_B と，この配電線路の全電力損失 P_L の組合せとして，**正しいものは**.

ただし，1線当たりの電線の抵抗値は，図に示すようにそれぞれ 0.1 Ω とし，線路リアクタンスは無視する.

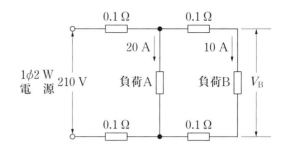

イ． $V_B = 202$ V
　　$P_L = 100$ W

ロ． $V_B = 202$ V
　　$P_L = 200$ W

ハ． $V_B = 206$ V
　　$P_L = 100$ W

ニ． $V_B = 206$ V
　　$P_L = 200$ W

A-2
答 ロ

図のように電流を定め，各区間の電圧降下から V_B を求める．

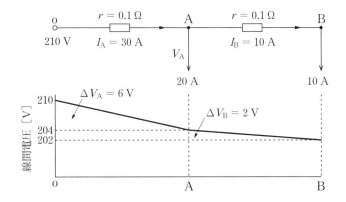

$I_B = 10$ V

$I_A = I_B + 20 = 10 + 20 = 30$ A

各区間の電圧降下は，

$\Delta V_B = 2 I_B r = 2 \times 10 \times 0.1 = 2$ V

$\Delta V_A = 2 I_A r = 2 \times 30 \times 0.1 = 6$ V

これより，V_B [V] は次のように求まる．

$V_B = V - (\Delta V_A + \Delta V_B)$

$\quad = 210 - (2 + 6) = 210 - 8 = 202$ V

全電力損失 P_L [W] は，各区間の電力損失の合計となるので，

$P_L = 2 I_A{}^2 r + 2 I_B{}^2 r$

$\quad = 2 \times 30^2 \times 0.1 + 2 \times 10^2 \times 0.1$

$\quad = 180 + 20 = 200$ W

図のように，電源は線間電圧が V_S の三相電源で，三相負荷は端子電圧 V，電流 I，消費電力 P，力率 $\cos \theta$ で，1相当たりのインピーダンスが Z のY結線の負荷である．また，配電線路は電線1線当たりの抵抗が r で，配電線路の電力損失が P_L である．この回路で成立する式として，**誤っているものは**．

ただし，配電線路の抵抗 r は負荷インピーダンス Z に比べて十分に小さいものとし，配電線路のリアクタンスは無視する．

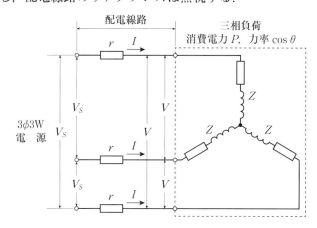

イ. 配電線路の電力損失：$P_L = \sqrt{3}\,rI^2$ 　　　**ロ.** 力率：$\cos \theta = \dfrac{P}{\sqrt{3}\,VI}$

ハ. 電流：$I = \dfrac{V}{\sqrt{3}\,Z}$ 　　　**ニ.** 電圧降下：$V_S - V = \sqrt{3}\,rI \cos \theta$

図のように，定格電圧 200 V，消費電力 17.3 kW の三相抵抗負荷に電気を供給する配電線路がある．負荷の端子電圧が 200 V であるとき，この配電線路の電力損失〔kW〕は．

ただし，配電線路の電線1線当たりの抵抗は 0.1 Ω とし，配電線路のリアクタンスは無視する．

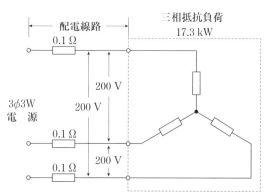

イ. 0.30 　　　**ロ.** 0.55

ハ. 0.75 　　　**ニ.** 0.90

2

A-3 答 イ

配電線路の電力損失 P_L は，三相負荷の電流を I，配電線1線当たりの抵抗を r とすると，1線当たりの損失の3倍となるので，

$$P_L = 3\,rI^2$$

三相負荷の力率 $\cos\theta$ は，消費電力を P，端子電圧を V，電流を I とすると，

$$P = \sqrt{3}\,VI\cos\theta \quad \therefore \cos\theta = \frac{P}{\sqrt{3}\,VI}$$

配電線路の電流 I は，1相当たりのインピーダンスを Z とすると，Y結線の相電圧 V_P は線間電圧 V の $1/\sqrt{3}$ であるから，

$$I = \frac{V_P}{Z} = \frac{\dfrac{V}{\sqrt{3}}}{Z} = \frac{V}{\sqrt{3}\,Z}$$

配電端電圧を V_S，端子電圧を V とすると，配電線路の電圧降下 $V_S - V$ は，

$$V_S = V + \sqrt{3}\,rI\cos\theta \quad \therefore V_S - V = \sqrt{3}\,rI\cos\theta$$

A-4 答 ハ

定格電圧 $V = 200\,\mathrm{V}$，消費電力 $P = 17.3\,\mathrm{kW}$ の三相抵抗負荷に電気を供給するとき，配電線路に流れる電流 I は，

$$I = \frac{P}{\sqrt{3}\,V} = \frac{17.3 \times 10^3}{\sqrt{3} \times 200} = 50\,\mathrm{A}$$

配電線路の1線当たりの抵抗 r は $0.1\,\Omega$ なので，この配電線路の電力損失 P_l は次のように求まる．

$$
\begin{aligned}
P_l &= 3I^2 r \\
&= 3 \times 50^2 \times 0.1 \\
&= 750\,\mathrm{W} = 0.75\,\mathrm{kW}
\end{aligned}
$$

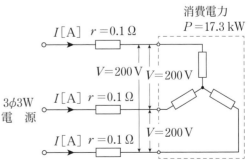

　図のような単相3線式配電線路において，負荷A，負荷Bともに消費電力800 W，力率0.8（遅れ）である．負荷電圧がともに100 Vであるとき，この配電線路の電力損失 [W] は．

　ただし，電線1線当たりの抵抗は0.4 Ωとし，配電線路のリアクタンスは無視する．

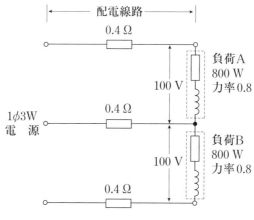

イ. 40　　**ロ.** 60　　**ハ.** 80　　**ニ.** 120

　図のように，定格電圧 V [V]，消費電力 P [W]，力率 $\cos\phi$（遅れ）の三相負荷に電気を供給する配電線路がある．この配電線路の電力損失 [W] を示す式は．

　ただし，配電線路の電線1線当たりの抵抗は r [Ω] とし，配電線路のリアクタンスは無視できるものとする．

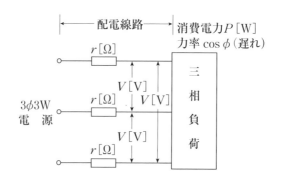

イ. $\dfrac{P^2 \cdot r}{V^2 \cos^2\phi}$　　**ロ.** $\dfrac{P \cdot r}{V \cos\phi}$　　**ハ.** $\dfrac{P^2 \cdot r}{V^2 \cos\phi}$　　**ニ.** $\dfrac{P \cdot r^2}{V \cos^2\phi}$

A-5
答 ハ

　　負荷電力を P [W]，負荷
の端子電圧を V_r [V]，負荷
の力率を $\cos\theta$ として，配電
線路の電流 I [A] を求める
と，

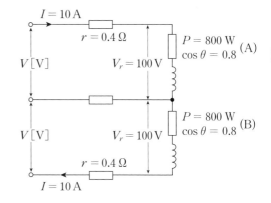

$$I = \frac{P}{Vr\cos\theta}$$

$$= \frac{800}{100 \times 0.8} = 10\ \text{A}$$

　　負荷 A，B の大きさと力率が等しいので，中性線には電流が流れず，中
性線で電力損失は発生しない．このため，電力損失は抵抗 0.4 Ω の配電線
路 2 線分について計算すればよい．

$$P_l = 2I^2r = 2 \times 10^2 \times 0.4 = 80\ \text{W}$$

A-6
答 イ

　　配電線路を流れる電流を I とすると消費電力 P を求める式は，

$$P = \sqrt{3}\,VI\cos\phi$$

前式より I を求めると，

$$I = \frac{P}{\sqrt{3}\,V\cos\phi}\ \text{[A]}$$

配電線路の電力損失 P_l は次式で求められる．

$$P_l = 3I^2r = 3 \times \left(\frac{P}{\sqrt{3}\,V\cos\phi}\right)^2 \times r = \frac{P^2\cdot r}{V^2\cos^2\phi}\ \text{[W]}$$

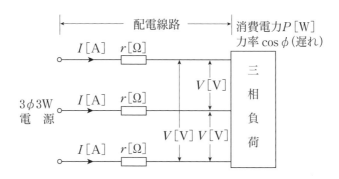

2-3　負荷の変動と設備容量

Q-1

出題年度

2022
AM
問8

設備容量が $400\,\mathrm{kW}$ の需要家において，ある1日（0〜24時）の需要率が $60\,\%$ で，負荷率が $50\,\%$ であった．

この需要家のこの日の最大需要電力 $P_\mathrm{M}\,[\mathrm{kW}]$ の値と，この日1日の需要電力量 $W\,[\mathrm{kW \cdot h}]$ の値の組合せとして，**正しいものは**．

イ．$P_\mathrm{M} = 120$
　　$W = 5\,760$

ロ．$P_\mathrm{M} = 200$
　　$W = 5\,760$

ハ．$P_\mathrm{M} = 240$
　　$W = 4\,800$

ニ．$P_\mathrm{M} = 240$
　　$W = 2\,880$

A-1

答 二

　需要家の最大需要電力 [kW] は，1日の需要率と設備容量から次のように求まる．

$$需要率 = \frac{最大需要電力}{設備容量} \times 100 \ [\%]$$

$$\therefore \ 最大需要電力 = 設備容量 \times 需要率$$
$$= 400 \times 0.6 = 240 \ \text{kW}$$

次に，平均需要電力 [kW] は，1日の負荷率と最大需要電力から，

$$負荷率 = \frac{平均需要電力}{最大需要電力} \times 100 \ [\%]$$

$$\therefore \ 平均需要電力 = 最大需要電力 \times 負荷率$$
$$= 240 \times 0.5 = 120 \ \text{kW}$$

これより，この日の需要電力量 [kW·h] は次のように求まる．

$$需要電力量 = 平均電力量 \times 24$$
$$= 120 \times 24 = 2\,880 \ \text{kW·h}$$

2

配電理論および配線設計

Q-2

出題年度
2020
問9

　負荷設備の合計が $500\,\mathrm{kW}$ の工場がある．ある月の需要率が $40\,\%$，負荷率が $50\,\%$ であった．この工場のその月の平均需要電力 $[\mathrm{kW}]$ は．

イ. 100　　**ロ.** 200　　**ハ.** 300　　**ニ.** 400

Q-3

出題年度
2015
問9

　図のような日負荷率を有する需要家があり，この需要家の設備容量は375 kW である．

　この需要家の，この日の日負荷率 a $[\%]$ と需要率 b $[\%]$ の組合せとして，**正しいものは**．

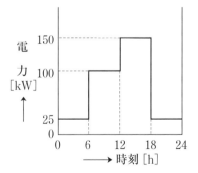

イ. a：20
　　b：40

ロ. a：30
　　b：30

ハ. a：40
　　b：30

ニ. a：50
　　b：40

A-2
答 イ

　需要率は最大需要電力〔kW〕と負荷設備容量〔kW〕との比で，次式で表される．

$$需要率 = \frac{最大需要電力}{負荷設備容量} \times 100 \ [\%]$$

これより，最大需要電力〔kW〕は，

$$最大需要電力 = 負荷設備容量 \times \frac{需要率}{100}$$

$$= 500 \times \frac{40}{100} = 500 \times 0.4$$

$$= 200 \ kW$$

また，負荷率は平均需要電力〔kW〕と最大需要電力〔kW〕との比で，次式で表される．

$$負荷率 = \frac{平均需要電力}{最大需要電力} \times 100 \ [\%]$$

これより，この工場の平均需要電力〔kW〕は次のように求まる．

$$平均需要電力 = 最大需要電力 \times \frac{負荷率}{100}$$

$$= 200 \times \frac{50}{100} = 200 \times 0.5$$

$$= 100 \ kW$$

A-3
答 ニ

1日の需要電力は，

$$25\{(6 - 0) + (24 - 18)\} + 100 \times (12 - 6) + 150 \times (18 - 12)$$

$$= 300 + 600 + 900 = 1\,800 \ kW \cdot h$$

1日の平均電力は，

$$\frac{1\,800}{24} = 75 \ kW$$

日負荷率を求めると

$$日負荷率 = \frac{1日の平均電力}{最大需要電力} \times 100 = \frac{75}{150} \times 100 = 50 \ \%$$

需要率を求めると

$$需要率 = \frac{最大需要電力}{負荷設備容量} \times 100 = \frac{150}{375} \times 100 = 40 \ \%$$

Q-4

出題年度

2015

問 19

図のような日負荷曲線をもつ A, B の需要家がある．この系統の不等率は．

イ．1.17　　ロ．1.33

ハ．1.40　　ニ．2.33

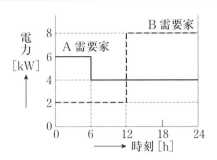

2-4　配電線の力率改善

Q-1

出題年度

2023
AM

問 9

図のように，三相 3 線式高圧配電線路の末端に，負荷容量 100 kV·A（遅れ力率 0.8）の負荷 A と，負荷容量 50 kV·A（遅れ力率 0.6）の負荷 B に受電している需要家がある．

需要家全体の合成力率（受電端における力率）を 1 にするために必要な力率改善用コンデンサ設備の容量〔kvar〕は．

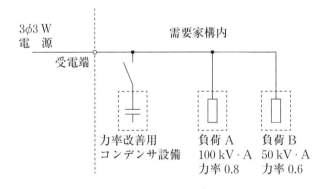

イ．40　　ロ．60　　ニ．100　　ニ．110

A-4
答 イ

各負荷の最大需要電力の和を求めると,

　6（A 需要家）＋ 8（B 需要家）＝ 14 kW

合成した負荷の最大需要電力は，12〜24 h の時間帯に生じるので

　4（A 需要家）＋ 8（B 需要家）＝ 12 kW

不等率を求めると次のようになる.

$$不等率 = \frac{各負荷の最大需要電力の和}{合成した負荷の最大需要電力} = \frac{14}{12} ≒ 1.17$$

A-1
答 ハ

負荷 A は負荷容量 $100\,kV \cdot A$，力率 0.8（遅れ）なので，有効電力 P_A [kW] は,

$$P_A = S_A \times \cos\theta = 100 \times 0.8 = 80\ kW$$

これより，無効電力 Q_A [kvar] は,

$$Q_A = \sqrt{{S_A}^2 - {P_A}^2} = \sqrt{100^2 - 80^2} = 60\ kvar$$

負荷 B は負荷容量 $50 kV \cdot A$，力率 0.6（遅れ）なので，有効電力 P_B [kW] は,

$$P_B = S_B \times \cos\theta = 50 \times 0.6 = 30\ kW$$

これより，無効電力 Q_B [kvar] は,

$$Q_B = \sqrt{{S_B}^2 - {P_B}^2} = \sqrt{50^2 - 30^2} = 40\ kvar$$

よって，需要家全体の合成力率を 1 にするために必要な力率改善用コンデンサ設備の容量 Q [kvar] は次のように求まる.

$$Q = Q_A + Q_B = 60 + 40 = 100\ kvar$$

定格容量 $200\,\text{kV}\cdot\text{A}$，消費電力 $120\,\text{kW}$，遅れ力率 $\cos\theta_1 = 0.6$ の負荷に電力を供給する高圧受電設備に高圧進相コンデンサを施設して，力率を $\cos\theta_2 = 0.8$ に改善したい．必要なコンデンサの容量〔kvar〕は．

ただし，$\tan\theta_1 = 1.33$，$\tan\theta_2 = 0.75$ とする．

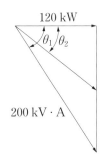

イ．35　　ロ．70　　ハ．90　　ニ．160

図のように三相電源から，三相負荷（定格電圧 $200\,\text{V}$，定格消費電力 $20\,\text{kW}$，遅れ力率 0.8）に電気を供給している配電線路がある．配電線路の電力損失を最小とするために必要なコンデンサの容量〔kvar〕の値は．

ただし，電源電圧及び負荷インピーダンスは一定とし，配電線路の抵抗は1線当たり $0.1\,\Omega$ で，配電線路のリアクタンスは無視できるものとする．

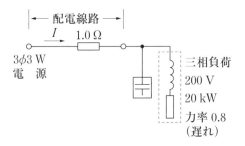

イ．10　　ロ．15　　ハ．20　　ニ．25

A-2
答 ロ

力率改善前の遅れ力率 $\cos\theta_1 = 0.6$ のときの無効電力 Q_1 [kvar] は,

$$Q_1 = P \times \tan\theta_1 = 120 \times 1.33 = 159.6 \text{ kvar}$$

力率改善後の遅れ力率 $\cos\theta_2 = 0.8$ のときの無効電力 Q_2 [kvar] は,

$$Q_2 = P \times \tan\theta_2 = 120 \times 0.75 = 90 \text{ kvar}$$

これより,力率改善に必要なコンデンサの容量 Q [kvar] は次のように求まる.

$$Q = Q_1 - Q_2 = 159.6 - 90 = 69.6 ≒ 70 \text{ kvar}$$

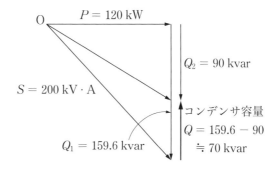

A-3
答 ロ

配電線路の電力損失を最小とするには,負荷の力率を 1.0 にするために必要なコンデンサを設置すればよい.配電線路の三相負荷は,定格消費電力 20 kW,遅れ力率 0.8 なので,力率 1.0 とするためのコンデンサ容量 Q [kvar] は次のように求まる.

$$S = \frac{20}{0.8} = 25 \text{ kV} \cdot \text{A}$$

$$Q = \sqrt{S^2 - P^2} = \sqrt{25^2 - 20^2} = 15 \text{ kvar}$$

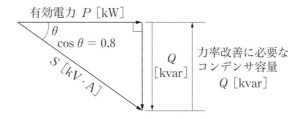

　図のように三相電源から，三相負荷（定格電圧 200 V，定格消費電力 20 kW，遅れ力率 0.8）に電気を供給している配電線路がある.

　図のように低圧進相コンデンサ（容量 15 kvar）を設置して，力率を改善した場合の変化として，**誤っているものは**.

　ただし，電源電圧は一定であるとし，負荷のインピーダンスも負荷電圧にかかわらず一定とする. なお，配電線路の抵抗は 1 線当たり 0.1 Ω とし，線路のリアクタンスは無視できるものとする.

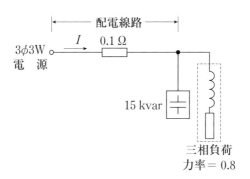

イ．線電流 I が減少する.

ロ．線路の電力損失が減少する.

ハ．電源からみて，負荷側の無効電力が減少する.

ニ．線路の電圧降下が増加する.

A-4
答 ニ

負荷の皮相電力 S，消費電力 P，力率 $\cos\theta$ とすると次式が成り立つ.

$$P = S\cos\theta$$

$$\therefore\quad S = \frac{P}{\cos\theta} = \frac{20}{0.8} = 25\,\text{kV}\cdot\text{A}$$

無効電力 Q は，

$$Q = S\sin\theta = S\sqrt{1 - \cos^2\theta} = 25\sqrt{1 - 0.8^2} = 25 \times 0.6$$
$$= 15\,\text{kvar}$$

進相コンデンサ Q_C を設置すると，

$$Q - Q_C = 15 - 15 = 0$$

となり，電源からみた無効電力は 0（力率 100 %）となる．進相コンデンサを設置する前の線電流 I は，

$$I = \frac{P}{\sqrt{3}V\cos\theta}$$

進相コンデンサ設置後の線電流 I' は，次のとおりである．

ただし，負荷端子には電圧 V が加わっているものとする．

$$I' = \frac{P}{\sqrt{3}V\cos\theta'} = \frac{P}{\sqrt{3}V \times 1}$$

I' と I の比を求めると，

$$\frac{I'}{I} = \frac{P/\sqrt{3}V}{P/\sqrt{3}V\cos\theta} = \cos\theta = 0.8$$

$$\therefore\quad I' = 0.8I$$

コンデンサ設置後の線電流は約 80 % に減少する．したがって，線電流，線路の電力損失，電源からみた負荷側の無効電力，線路の電圧降下は減少する．よって，**ニ**は誤りである.

！重要 力率改善の目的

遅れ力率の負荷に進相コンデンサを設置することにより，設置前の無効電力からコンデンサ容量を引いた無効電力になり，線路に流れる電流を減少させることができる．

力率改善後
・線路の電力損失が減少する
・線路の電圧降下を低減する

2-5　配電線の施設

Q-1

出題年度

2021
AM
問8

図のように取り付け角度が 30° となるように支線を施設する場合，支線の許容張力を $T_S = 24.8\,\mathrm{kN}$ とし，支線の安全率を 2 とすると，電線の水平張力 T の最大値 [kN] は.

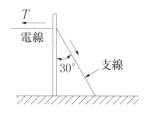

イ. 3.1　　**ロ.** 6.2　　**ハ.** 10.7　　**ニ.** 24.8

Q-2

出題年度

2021
AM
問18

水平径間 120 m の架空送電線がある．電線 1 m 当たりの重量が 20N/m，水平引張強さが 12 000 N のとき，電線のたるみ D [m] は.

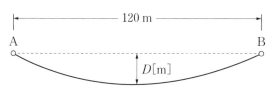

イ. 2　　**ロ.** 3　　**ハ.** 4　　**ニ.** 5

A-1
答 ロ

電線の水平張力 T は，力の平衡により次式で求められる．

$$T = \frac{T_S}{\text{安全率}} \times \sin\theta = \frac{24.8}{2} \times \frac{1}{2} = 6.2\,\text{kN}$$

2

配電理論および配線設計

A-2
答 ロ

電線 1 m 当たりの重量を W [N/m]，水平引張強さを T [N]，水平径間を S [m] とすると，電線のたるみ D [m] は次式で求められる．

$$D = \frac{WS^2}{8T}\ [\text{m}]$$

$$= \frac{20 \times 120^2}{8 \times 12\,000} = \frac{20 \times 14\,400}{8 \times 12\,000} = \frac{1\,800}{600} = 3\,\text{m}$$

図に示すように電線支持点 A と B が同じ高さの架空電線のたるみ D [m] を2倍としたときの電線に加わる張力 T [N] は何倍となるか.

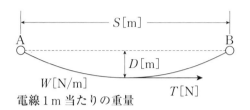

イ. $\dfrac{1}{4}$ ロ. $\dfrac{1}{2}$ ハ. 2   ニ. 4

A-3
答 ロ

　電線1m当たりの重量を W [N/m]，水平引張強さを T [N]，水平径間を S [m] とすると，電線のたるみ D [m] は次式で求められる．

$$D = \frac{WS^2}{8T}$$

前式を変形すると，

$$T = \frac{WS^2}{8D}$$

たるみが $D' = 2D$ に変化したときの張力 T' は，

$$T' = \frac{WS^2}{8D'} = \frac{WS^2}{8 \times (2D)} = \frac{WS^2}{8D} \times \frac{1}{2} = \frac{1}{2}\,T \text{ [N]}$$

!重要　電線のたるみ

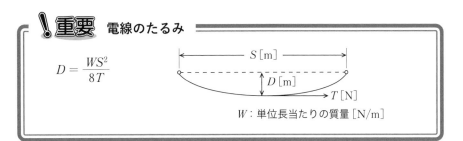

$$D = \frac{WS^2}{8T}$$

W：単位長当たりの質量 [N/m]

Q-1

出題年度

2023
PM
問8

　図のように，配電用変電所の変圧器の百分率インピーダンスは21%（定格容量30 MV·A 基準），変電所から電源側の百分率インピーダンスは2%（系統基準容量10 MV·A），高圧配電線の百分率インピーダンスは3%（基準容量10 MV·A）である．高圧需要家の受電点（A点）から電源側の合成百分率インピーダンスは基準容量10 MV·A でいくらか．

　ただし，百分率インピーダンスの百分率抵抗と百分率リアクタンスの比は，いずれも等しいとする．

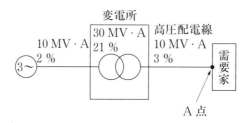

イ. 8%　　ロ. 12%　　ハ. 20%　　ニ. 28%

A-1

答 ロ

受電点（A点）から電源側の百分率インピーダンスを求めるには、同じ基準容量の百分率インピーダンスを合計する。変圧器の百分率インピーダンス $\%Z_\mathrm{T}$（基準容量 30 MV·A）を 10 MV·A に変換すると、

$$\%Z'_\mathrm{T} = \%Z_\mathrm{T} \times \frac{\text{基準容量}\,(10\mathrm{MV \cdot A})}{\text{変圧器の基準容量}}$$

$$= 21 \times \frac{10}{30} = 7\,\%$$

よって、受電点から電源側の百分率インピーダンス $\%Z$ は、電源の百分率インピーダンス $\%Z_\mathrm{G}$、変圧器の百分率インピーダンス $\%Z'_\mathrm{T}$、高圧配電線の百分率インピーダンス $\%Z_\mathrm{L}$ を合計し、次のように求まる。

$$\%Z = \%Z_\mathrm{G} + \%Z'_\mathrm{T} + \%Z_\mathrm{L}$$

$$= 2 + 7 + 3 = 12\,\%$$

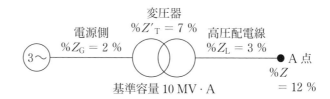

三相短絡容量［V・A］を百分率インピーダンス％Z［％］を用いて表した式は．

ただし，V = 基準線間電圧［V］，I = 基準電流［A］とする．

イ．$\dfrac{VI}{\% Z} \times 100$　　ロ．$\dfrac{\sqrt{3}\,VI}{\% Z} \times 100$

ハ．$\dfrac{2\,VI}{\% Z} \times 100$　　ニ．$\dfrac{3\,VI}{\% Z} \times 100$

A-2
答 ロ

　百分率インピーダンス %Z [%] は，基準線間電圧を V [V]，基準電流を I [A]，1 相当たりのインピーダンスを Z [Ω] とすると次式で表せる．

$$\%Z = \frac{IZ}{V/\sqrt{3}} \times 100 = \frac{\sqrt{3}\,IZ}{V} \times 100 \ [\%]$$

　この式からインピーダンス Z [Ω] は，

$$Z = \frac{V \times \%Z}{\sqrt{3}\,I \times 100} \ [\Omega]$$

　三相短絡電流 I_S [A] は，電源側の電圧 V [V] と電源から短絡箇所までのインピーダンス Z [Ω] から次式で求まる．

$$I_\mathrm{S} = \frac{V/\sqrt{3}}{Z} = \frac{V}{\sqrt{3}\,Z} \ [\mathrm{A}]$$

　この式にインピーダンス Z の式を代入すると，

$$I_\mathrm{S} = \frac{V}{\sqrt{3}\,Z} = \frac{V}{\sqrt{3}} \times \frac{\sqrt{3}\,I \times 100}{V \times \%Z} = \frac{I}{\%Z} \times 100 \ [\mathrm{A}]$$

　これより，三相短絡容量 P_S [V・A] は次式で求めることができる．

$$P_\mathrm{S} = \sqrt{3}\,I_\mathrm{S}V = \sqrt{3} \times \frac{I}{\%Z} \times 100 \times V$$

$$= \frac{\sqrt{3}\,IV}{\%Z} \times 100 \ [\mathrm{V \cdot A}]$$

2

配電理論および配線設計

　線間電圧 V［kV］の三相配電系統において，受電点からみた電源側の百分率インピーダンスが Z［％］（基準容量：$10\,\text{MV·A}$）であった．受電点における三相短絡電流［kA］を示す式は.

イ．$\dfrac{10\sqrt{3}\,Z}{V}$

ロ．$\dfrac{1\,000}{VZ}$

ハ．$\dfrac{1\,000}{\sqrt{3}\,VZ}$

ニ．$\dfrac{10Z}{V}$

　公称電圧 $6.6\,\text{kV}$ の高圧受電設備に使用する高圧交流遮断器（定格電圧 $7.2\,\text{kV}$，定格遮断電流 $12.5\,\text{kA}$，定格電流 $600\,\text{A}$）の遮断容量［MV·A］は.

イ．80　　　ロ．100　　　ハ．130　　　ニ．160

　高圧受電設備の受電用遮断器の遮断容量を決定する場合に，**必要なものは**.

イ．受電点の三相短絡電流
ロ．受電用変圧器の容量
ハ．最大負荷電流
ニ．小売電気事業者との契約電力

A-3
答 ハ

三相配電線系統の基準容量 P [MV・A]，線間電圧 V [kV]，基準電流 I [A]，1相当たりのインピーダンス Z_S [Ω] とすると，百分率インピーダンス Z [%] は次式のように表せる．

$$Z = \frac{Z_S I}{V/\sqrt{3}} \times 100 = \frac{Z_S I}{V/\sqrt{3}} \times \frac{\sqrt{3}\,V}{\sqrt{3}\,V} \times 100$$

$$= \frac{\sqrt{3}\,V Z_S I}{V^2} \times 100 = \frac{P Z_S}{V^2} \times 100 \ [\%]$$

この式から，1相当たりのインピーダンス Z_S [Ω] は，

$$Z_S = \frac{Z}{100} \times \frac{V^2}{P} = \frac{Z V^2}{P \times 100} \ [\Omega]$$

線間電圧 V [kV]，受電点までのインピーダンス Z_S [Ω]，基準容量 $P = 10$ [MV・A] から，三相短絡電流 I_S [A] は，次式のように求められる．

$$I_S = \frac{V/\sqrt{3}}{Z_S} = \frac{V}{\sqrt{3}} \times \frac{P \times 100}{Z V^2}$$

$$= \frac{P \times 100}{\sqrt{3}\,Z V} = \frac{10 \times 100}{\sqrt{3}\,Z V} = \frac{1\,000}{\sqrt{3}\,Z V} \ [\text{A}]$$

A-4
答 二

高圧交流遮断器の定格電圧 V_N [kV]，定格遮断電流 I_S [kA] とすると，遮断容量 P_S [MV・A] は次式で求められる．

$$P_S = \sqrt{3}\,V_N I_S$$
$$= \sqrt{3} \times 7.2 \times 12.5 = 155.7 \fallingdotseq 160$$

A-5
答 イ

電技解釈第 34 条により，高圧または特別高圧電路に施設する過電流遮断器は，電路に短絡を生じたとき，通過する短絡電流を遮断する能力を有することと定められている．このため，高圧受電設備の受電用遮断器が遮断しなくてはならない短絡電流は，最大電流となる受電点の三相短絡電流をもとに遮断容量を決定する．

Q-6

出題年度
2016
問7

　図のように，配電用変電所の変圧器の百分率インピーダンスが基準容量 30 MV·A で 18 %，変電所から電源側の百分率インピーダンスが基準容量 10 MV·A で 2 %，高圧配電線の百分率インピーダンスが基準容量 10 MV·A で 3 % である．高圧需要家の受電点（A 点）から電源側の合成百分率インピーダンスは基準容量 10 MV·A でいくらか．

　ただし，百分率インピーダンスの百分率抵抗と百分率リアクタンスの比は，いずれも等しいとする．

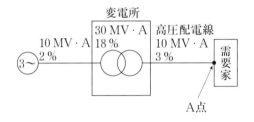

　　イ．7 %　　　ロ．9 %　　　ハ．11 %　　　ニ．23 %

Q-7

出題年度
2014
問8

　定格容量 150 kV·A，定格一次電圧 6 600 V，定格二次電圧 210 V，百分率インピーダンス 5 % の三相変圧器がある．一次側に定格電圧が加わっている状態で，二次側端子間における三相短絡電流 [kA] は．

　ただし，変圧器より電源側のインピーダンスは無視するものとする．

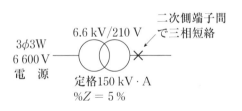

　　イ．3.00　　　ロ．8.25　　　ハ．14.29　　　ニ．24.75

A-6
答 ハ

受電点（A 点）から電源側の百分率インピーダンスを求めるには，同じ基準容量の百分率インピーダンスを合計する．変圧器の百分率インピーダンス $\%Z_{\mathrm{T}}$ は，基準容量が $30\,\mathrm{MV \cdot A}$ なので，これを $10\,\mathrm{MV \cdot A}$ に変換した百分率インピーダンス $\%Z'_{\mathrm{T}}$ は，

$$\%Z'_{\mathrm{T}} = \%Z_{\mathrm{T}} \times \frac{\text{基準容量}(10\,\mathrm{MV \cdot A})}{\text{変圧器の基準容量}} = 18 \times \frac{10}{30} = 6\,\%$$

よって，受電点から電源側の百分率インピーダンス $\%Z$ は，電源側の百分率インピーダンス $\%Z_{\mathrm{G}}$，変圧器の百分率インピーダンス $\%Z'_{\mathrm{T}}$，高圧配電線の百分率インピーダンス $\%Z_{\mathrm{L}}$ を合計し，次のように求まる．

$$\%Z = \%Z_{\mathrm{G}} + \%Z'_{\mathrm{T}} + \%Z_{\mathrm{L}} = 2 + 6 + 3 = 11\,\%$$

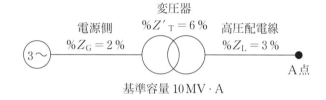

A-7
答 ロ

三相変圧器の定格容量を P_n，定格二次電圧を V_{2n} とすると，定格二次電流 I_{2n} は，

$$I_{2n} = \frac{P_n}{\sqrt{3}\,V_{2n}} = \frac{150 \times 10^3}{\sqrt{3} \times 210} \fallingdotseq 412.4\,\mathrm{A}$$

一次側に定格電圧が加わっている状態で，二次側端子間における三相短絡電流 I_s は，次式により求まる．

$$I_s = \frac{100}{\%Z}\,I_{2n} = \frac{100}{5} \times 412.4 = 8\,248\,\mathrm{A} \fallingdotseq 8.25\,\mathrm{kA}$$

Q-1

出題年度

| 2020 |
| 問 24 |

| 2017 |
| 問 24 |

低圧分岐回路の施設において，分岐回路を保護する過電流遮断器の種類，軟銅線の太さ及びコンセントの組合せで，**誤っているものは**.

	分岐回路を保護する過電流遮断器の種類	軟銅線の太さ	コンセント
イ	定格電流 15 A	直径 1.6 mm	定格 15 A
ロ	定格電流 20 A の配線用遮断器	直径 2.0 mm	定格 15 A
ハ	定格電流 30 A	直径 2.0 mm	定格 20 A
ニ	定格電流 30 A	直径 2.6 mm	定格 20 A（定格電流が 20 A 未満の差込みプラグが接続できるものを除く.）

Q-2

出題年度

| 2018 |
| 問 9 |

図のような低圧屋内幹線を保護する配線用遮断器 $\boxed{B_1}$（定格電流 100 A）の幹線から分岐する A～D の分岐回路がある．A～D の分岐回路のうち，配線用遮断器 $\boxed{B}$ の取り付け位置が**不適切なものは**.

ただし，図中の分岐回路の電流値は電線の許容電流を示し，距離は電線の長さを示す.

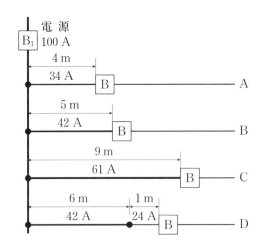

イ. A　　**ロ.** B　　**ハ.** C　　**ニ.** D

A-1 答 ハ

電技解釈第 149 条により，30 A 分岐回路の電線の太さは 2.6 mm 以上（より線は 5.5 mm^2 以上）とし，コンセントは 20 A 以上，30 A 以下のものを用いなければならない．

分岐回路の施設（電技解釈第 149 条）

分岐過電流遮断器の定格電流	電線の太さ	コンセント
15 A	直径 1.6 mm 以上	15 A 以下
20 A（配線用遮断器）		20 A 以下
20 A（配線用遮断器を除く）	直径 2.0 mm 以上	20 A
30 A	直径 2.6 mm 以上	20 A 以上 30 A 以下
40 A	断面積 8 mm^2 以上	30 A 以上 40 A 以下
50 A	断面積 14 mm^2 以上	40 A 以上 50 A 以下

A-2 答 イ

電技解釈第 149 条により，低圧屋内幹線の配線用遮断器の定格電流 I_0 と，分岐回路に取り付ける配線用遮断器の位置に対して，分岐回路の許容電流 I の関係は下表のように定められている．このため，各分岐回路は次の許容電流値以上でなければならない．

分岐回路 A，B，D

$I \geqq I_0 \times 0.35 = 100 \times 0.35 = 35$ A

分岐回路 C

$I \geqq I_0 \times 0.55 = 100 \times 0.55 = 55$ A

これより，分岐回路 A の許容電流は 34 A なので，配線用遮断器の取り付け位置が不適切である．

過電流遮断器の施設（電技解釈第 149 条）

	配線用遮断器までの長さ
原則	3 m 以下
$I \geqq 0.35 I_0$	8 m 以下
$I \geqq 0.55 I_0$	制限なし

2

配電理論および配線設計

Q-3

出題年度
2015
問7

図のような，低圧屋内幹線からの分岐回路において，分岐点から配線用遮断器までの分岐回路を 600 V ビニル絶縁ビニルシースケーブル丸形（VVR）で配線する．この電線の長さ a と太さ b の組合せとして，**誤っているものは**．

ただし，幹線を保護する配線用遮断器の定格電流は 100 A とし，VVR の太さと許容電流は表のとおりとする．

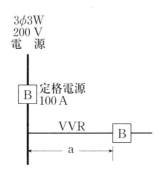

電線太さ b	許容電流
直径　2.0 mm	24 A
断面積 5.5 mm^2	34 A
断面積　8 mm^2	42 A
断面積 14 mm^2	61 A

イ. a：2 m
　　b：2.0 mm

ロ. a：5 m
　　b：5.5 mm^2

ハ. a：7 m
　　b：8 mm^2

ニ. a：10 m
　　b：14 mm^2

A-3 答 ロ

電技解釈第149条による．**ロ**は分岐回路の過電流遮断器の位置が幹線から5 m（8 m以内）に設置されているので，電線の許容電流は幹線を保護する過電流遮断器の定格電流（100 A）の35 %以上のものを用いる．すなわち，許容電流は100 A × 0.35 = 35 A以上のもの（電線の太さ8 mm² 以上）を用いなければならない．

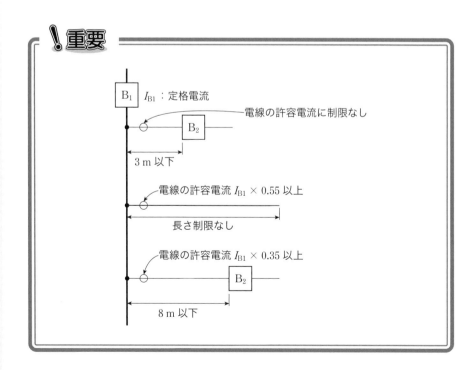

2-8　単相3線式電路

　図のような単相3線式電路（電源電圧 210/105 V）において，抵抗負荷 A（50 Ω），B（50 Ω），C（25 Ω）を使用中に，図中の✕印の P 点で中性線が断線した．断線後に抵抗負荷 A に加わる電圧 [V] の値は．

　ただし，どの配線用遮断器も動作しなかったとする．

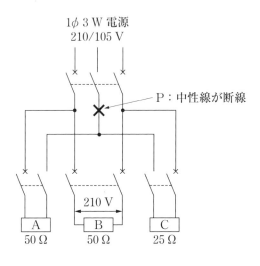

イ. 10　　**ロ.** 60　　**ハ.** 140　　**ニ.** 180

　図aのような単相3線式電路と，図bのような単相2線式電路がある．図aの電線1線当たりの供給電力は，図bの電線1線当たりの供給電力の何倍か．

　ただし，R は定格電圧 V [V] の抵抗負荷であるとする．

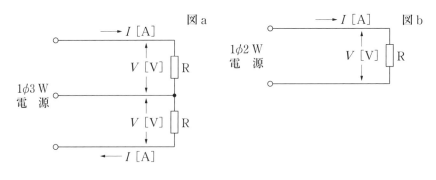

イ. $\dfrac{1}{3}$　　**ロ.** $\dfrac{1}{2}$　　**ハ.** $\dfrac{4}{3}$　　**ニ.** $\dfrac{5}{3}$

A-1
答 ハ

2

断線時の回路図を描き換えると下図のようになる。負荷Aを流れる電流を I_A とすると，負荷に加わる電圧 V_A [V] は次のように求まる。

$$V_A = I_A \times R_A = \frac{V}{R_A + R_C} \times R_A$$

$$= \frac{210}{50 + 25} \times 50 = 140 \text{ V}$$

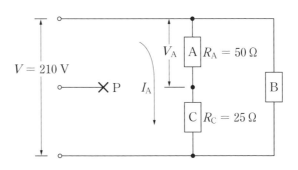

A-2
答 ハ

線路電流を I [A]，電圧を V [V] とすると，単相2線式電路の1線当たりの供給電力 P_2 [W] と，単相3線式電路の1線当たりの供給電力 P_3 [W] は，

$$P_2 = \frac{VI}{2} \text{ [W]}, \quad P_3 = \frac{2VI}{3} \text{ [W]}$$

これより，単相3線式電路と単相2線式電路の電線1線当たりの供給電力の比は以下のように求まる。

$$\frac{P_3}{P_2} = \frac{\dfrac{2VI}{3}}{\dfrac{VI}{2}} = \frac{2VI}{3} \times \frac{2}{VI} = \frac{4}{3}$$

　図のような単相3線式配電線路において，負荷Aは負荷電流10Aで遅れ力率50％，負荷Bは負荷電流10Aで力率は100％である．中性線に流れる電流 I_N [A] は．

　ただし，線路インピーダンスは無視する．

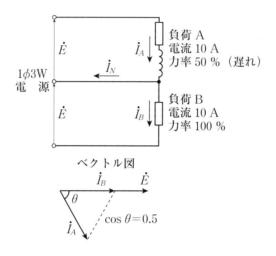

ベクトル図

イ．5　　ロ．10　　ハ．20　　ニ．25

A-3

答 ロ

　負荷 A の負荷電流 $\dot{I}_A$ は 10 A，遅れ力率 50 %，負荷 B の負荷電流 $\dot{I}_B$ は 10 A，力率 100 % である．$\dot{I}_A$ を有効分と無効分に分けると，

$$\dot{I}_A \text{の有効分} = 10 \times \cos\theta = 10 \times 0.5 = 5 \text{ A}$$

$$\dot{I}_A \text{の無効分} = \sqrt{10^2 - 5^2}$$

$$= \sqrt{75} = \sqrt{25 \times 3} = 5\sqrt{3} \text{ A}$$

　また，単相 3 線式配電線路の中性線に流れる電流 $\dot{I}_N$ は，$\dot{I}_N = \dot{I}_A - \dot{I}_B$ である．これを有効分と無効分に分けて求めると次のようになる．

$$\dot{I}_N \text{の有効分} = \dot{I}_A \text{の有効分} - \dot{I}_B \text{の有効分}$$

$$= 5 - 10 = -5 \text{ A}$$

$$\dot{I}_N \text{の無効分} = \dot{I}_A \text{の無効分} - \dot{I}_B \text{の無効分}$$

$$= 5\sqrt{3} - 0 = 5\sqrt{3} \text{ A}$$

　これより，中性線に流れる電流 I_N は，次のように求まる．

$$I_N = \sqrt{(-5)^2 + (5\sqrt{3})^2}$$

$$= \sqrt{25 + 75} = \sqrt{100} = 10 \text{ A}$$

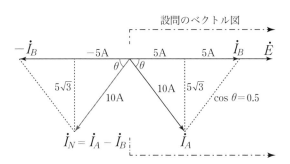

2

配電理論および配線設計

図のような単相3線式電路（電源電圧 210/105 V）において，抵抗負荷
A 50 Ω，B 25 Ω，C 20 Ω を使用中に，図中の**×**印点Pで中性線が断線し
た．断線後の抵抗負荷Aに加わる電圧［V］は．

ただし，どの配線用遮断器も動作しなかったとする．

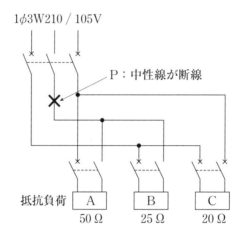

イ. 0 　　**ロ.** 60 　　**ハ.** 140 　　**ニ.** 210

A-4
答 ハ

　断線時を回路図に描き換えると図のようになる．A負荷を流れる電流を I_A，加わる電圧を V_A として求めると次のようになる．

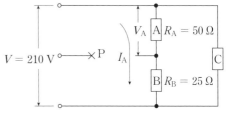

$$V_A = I_A \times R_A$$

$$= \frac{V}{R_A + R_B} \times R_A = \frac{210}{50 + 25} \times 50 = 140 \text{ V}$$

2

配電理論および配線設計

！重要

電路が断線した場合

① 中性線が断線した場合

→機器の内部抵抗の大きい（消費電力が小さい）負荷に高い電圧が加わり，破損する．

　機器の内部抵抗の小さい（消費電力が大きい）負荷に低い電圧が加わり，正常に動作しない．

② 電圧側 L_1 または，L_2 が断線した場合

→L_1 が断線すると，負荷Bは正常に使用できるが，負荷A，Cは電源100Vの直列回路になるので，定格電圧以下のため使用できない．

　L_2 の場合，負荷Aは使用できるが，負荷B，Cは使用できない．

● 中性線欠相保護として，配線用遮断器に過電圧検出リード線がある中性線欠相保護機能付の遮断器を単相3線式電路に施設する．（内線規程 1360-3　3項　中性線欠相保護）

● ヒューズ付の開閉器（ナイフスイッチ）の中性線には，ヒューズの代わりにその定格に応じた銅バーを施設する．（内線規定 1360-7　過電流遮断器の極）

● 住宅に施設する単相3線式分岐回路の配線は，専用の分岐回路，片寄せ配線により施設する．（内線規程 3605-2　分岐回路の種類）

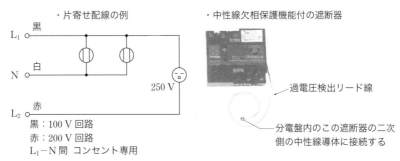

・片寄せ配線の例　　　　　　　　　・中性線欠相保護機能付の遮断器

黒：100V回路
赤：200V回路
L_1－N間　コンセント専用

過電圧検出リード線

分電盤内のこの遮断器の二次側の中性線導体に接続する

（内線規程 1315-6　単相3線式回路の電線の標識）

••• 第 3 章 •••

電気応用

平均出題数 1 問

Q-1

出題年度

2023
AM
問 12

照度に関する記述として，**正しいものは**．

イ．被照面に当たる光束を一定としたとき，被照面が黒色の場合の照度は，白色の場合の照度より小さい．

ロ．屋内照明では，光源から出る光束が 2 倍になると，照度は 4 倍になる．

ハ．1 m² の被照面に 1 lm の光束が当たっているときの照度が 1 lx である．

ニ．光源から出る光度を一定としたとき，光源から被照面までの距離が 2 倍になると，照度は $\frac{1}{2}$ 倍になる．

Q-2

出題年度

2021
AM
問 11

床面上 2 m の高さに，光度 1 000 cd の点光源がある．点光源直下の床面照度 [lx] は．

イ．250　　**ロ**．500　　**ハ**．750　　**ニ**．1 000

3

電気応用

A-1
答 ハ

　被照面 A [m²] に当たる光束 F [lm] とすると，被照面の照度 E [lx] は①式で表せる（光束法）．よって，$1\,\text{m}^2$ の被照面に $1\,\text{lm}$ の光束が当たっているときの照度は $1\,\text{lx}$ で，光源から出る光束が 2 倍になると照度も 2 倍になる．

　また，光度 I [cd] の光源から r [m] 離れた点の照度 E [lx] は，②式で表される（逐点法）．よって，光源から出る光度を一定としたとき，被照面までの距離が 2 倍になると照度は $1/4$ 倍になる．

$$① \quad E = \frac{F}{A} \text{ [lx]} \qquad ② \quad E = \frac{I}{r^2} \text{ [lx]}$$

A-2
答 イ

　光源 I [cd] から r [m] 離れた点の照度 E [lx] は次式のように求まる．

$$E = \frac{I}{r^2} = \frac{1\,000}{2^2} = 250 \text{ lx}$$

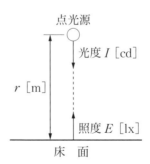

点光源

光度 I [cd]

r [m]

照度 E [lx]

床　面

LEDランプの記述として，**誤っているものは**．

イ．LEDランプはpn接合した半導体に電圧を加えることにより発光する現象を利用した光源である．

ロ．LEDランプに使用されるLEDチップ（半導体）の発光に必要な順方向電圧は，直流100V以上である．

ハ．LEDランプの発光原理はエレクトロルミネセンスである．

ニ．LEDランプには，青色LEDと黄色を発光する蛍光体を使用し，白色に発光させる方法がある．

「日本産業規格（JIS）」では照明設計基準の一つとして，維持照度の推奨値を示している．同規格で示す学校の教室（机上面）における維持照度の推奨値［lx］は．

イ．30   **ロ**．300   **ハ**．900   **ニ**．1 300

床面上 r［m］の高さに，光度 I［cd］の点光源がある．光源直下の床面照度 E［lx］を示す式は．

イ．$E = \dfrac{I^2}{r}$ **ロ**．$E = \dfrac{I^2}{r^2}$ **ハ**．$E = \dfrac{I}{r}$ **ニ**．$E = \dfrac{I}{r^2}$

A-3 答 ロ

　LEDランプに使用されるLEDチップ（半導体）の発光に必要な順方向電圧は，直流 3.5 V 程度である．また，LEDランプは，pn 接合した半導体に順方向に電圧を加えることで発光する半導体素子で，発光原理はエレクトロルミネセンス（EL）効果を利用したものである．LEDを白色に発光させるため，青色LEDと黄色を発光する蛍光体を利用する方法などがある．

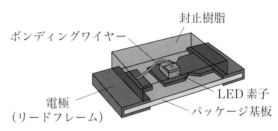

LEDチップの構造

A-4 答 ロ

　JIS Z 9110 照明基準総則により，学校の教室（机上面）における維持照度の推奨値は，300 lx と定められている．

照明基準総則（JIS Z 9110：2010）

領域，作業又は活動の種類		維持照度 [lx]
学習空間	製図室	750
	実験実習室	500
	図書閲覧室	500
	教室	300
	体育館	300

A-5 答 二

　光源 I [cd] から r [m] 離れた点の照度 E [lx] は，次式で表される．

$$E = \frac{I}{r^2} \text{ [lx]}$$

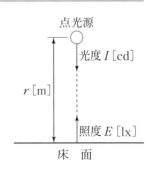

点光源

光度 I [cd]

r [m]

照度 E [lx]

床　面

Q-6

出題年度
2015
問10

LEDランプの記述として，**誤っているものは**.

イ. LEDランプは，発光ダイオードを用いた照明用光源である．

ロ. 白色LEDランプは，一般に青色のLEDと黄色の蛍光体による発光である．

ハ. LEDランプの発光効率は，白熱灯の発光効率に比べて高い．

ニ. LEDランプの発光原理は，ホトルミネセンスである．

Q-7

出題年度
2014
問12

図のQ点における水平面照度が8 lxであった．点光源Aの光度 I [cd] は．

イ. 50　　**ロ.** 160

ハ. 250　　**ニ.** 320

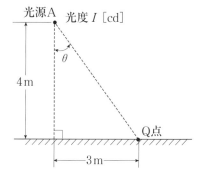

3-2　電　熱

Q-1

出題年度
2021
AM
問3

定格電圧 100 V，定格消費電力 1 kW の電熱器の電熱線が全長の 10 % のところで断線したので，その部分を除き，残りの 90 % の部分を電圧 100 V で 1 時間使用した場合，発生する熱量 [kJ] は．

ただし，電熱線の温度による抵抗の変化は無視するものとする．

イ. 2 900　　**ロ.** 3 600　　**ハ.** 4 000　　**ニ.** 4 400

A-6 答 二

　LEDランプの発光原理は，p型とn型の半導体の接合部に順方向電圧を加えたときに発光する現象を利用したもので，エレクトロルミネセンスともいわれている．なお，ホトルミネセンスはある物質に放電などで光を照射したとき，別の可視光を発する現象で，蛍光ランプや放電ランプがこれに該当する．

A-7 答 八

　光源AとQ点の距離 l [m] は，
$$l = \sqrt{4^2 + 3^2} = 5\,\text{m}$$
　Q点の水平面照度 E_h は，距離の逆2乗の法則と入射角余弦の法則より求められる．
$$E_h = \frac{I}{l^2}\cos\theta = \frac{I}{5^2} \times \frac{4}{5} = \frac{4I}{125} = 8\,\text{lx}$$
　光度 I を求めると次のようになる．
$$I = 8 \times 125/4 = 250\,\text{cd}$$

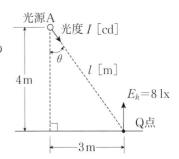

A-1 答 八

　定格電圧100 V，定格消費電力1 kWの電熱器の電熱線の抵抗 R [Ω] は，
$$R = \frac{V^2}{P} = \frac{100^2}{1\,000} = 10\,\Omega$$
　電熱線が全長10 %のところで断線し，残り90 %の抵抗 R' [Ω] の電熱線を電圧100 Vで使用したときの消費電力 P' [W] は，
$$P' = \frac{V^2}{P} = \frac{100^2}{10 \times 0.9} = \frac{10\,000}{9}\,W = \frac{10}{9}\,\text{kW}$$
　この電熱器を1時間（= 3 600秒）使用したときに発生する熱量 Q [kJ] は次のように求まる．
$$Q = P't = \frac{10}{9} \times 3\,600 = 4000\,\text{kJ}$$

Q-2

電磁調理器（IH 調理器）の加熱方式は.

イ. アーク加熱
ロ. 誘導加熱
ハ. 抵抗加熱
ニ. 赤外線加熱

Q-3

電子レンジの加熱方式は.

イ. 誘電加熱
ロ. 誘導加熱
ハ. 抵抗加熱
ニ. 赤外線加熱

Q-4

定格電圧 100 V，定格消費電力 1 kW の電熱器を，電源電圧 90 V で 10 分間使用したときの発生熱量 [kJ] は.
ただし，電熱器の抵抗の温度による変化は無視するものとする.

イ. 292　　ロ. 324　　ハ. 486　　ニ. 540

A-2
答 ロ

　電磁調理器（IH 調理器）の加熱方式は誘導加熱である．誘導加熱とは，鉄鍋などの導電性物質を交番磁界中に置くと，電磁誘導の原理によって，渦電流が発生する．この渦電流によって発生するジュール熱を利用した加熱方法である．

A-3
答 イ

　電子レンジの加熱方式は誘電加熱である．電子レンジは，マイクロ波を食品に照射することで，食品に含まれる水分子を振動させ加熱する調理器具である．なお，電磁調理器の加熱方式は誘導加熱で，高周波コイルによって鉄鍋などの金属に発生する渦電流のジュール熱で加熱する．

A-4
答 ハ

　電熱器の消費電力は $P = V^2/R$ より，加える電圧の 2 乗に比例する．$V = 100\,\mathrm{V}$ を加えたときの消費電力を $P = 1\,\mathrm{kW}$ とし，$V' = 90\,\mathrm{V}$ を加えたときの消費電力を $P'\,[\mathrm{kW}]$ とすると，次式が成立する．

$$\frac{P'}{P} = \frac{(V')^2}{V^2}$$

P' を求めると，

$$P' = \frac{(V')^2}{V^2} \times P = \frac{90^2}{100^2} \times 1 = 0.81\,\mathrm{kW}$$

10 分間使用したときの発生熱量 $Q\,[\mathrm{kJ}]$ は次式により求まる．

$$Q = P' \times 10 \times 60 = 0.81 \times 10 \times 60 = 486\,\mathrm{kJ}$$

> **！重要**　熱量の単位換算
>
> $$1\,\mathrm{W \cdot s} = 1\,\mathrm{J}$$
> $$1\,\mathrm{kW \cdot h} = 3\,600\,\mathrm{kJ}$$

Q-1

出題年度

2020

問 16

　全揚程 200 m，揚水流量が 150 m³/s である揚水式発電所の揚水ポンプの電動機の入力［MW］は.

　ただし，電動機の効率を 0.9，ポンプの効率を 0.85 とする.

イ. 23　　ロ. 39　　ハ. 225　　ニ. 384

Q-2

出題年度

2023

AM

問 10

2018

問 11

　巻上荷重 W［kN］の物体を毎秒 v［m］の速度で巻き上げているとき，この巻上用電動機の出力［kW］を示す式は.

　ただし，巻上機の効率は η［%］であるとする.

イ. $\dfrac{100\,W\cdot v}{\eta}$　　　ロ. $\dfrac{100\,W\cdot v^2}{\eta}$

ハ. $100\,\eta\,W\cdot v$　　　ニ. $100\,\eta\,W^2\cdot v^2$

A-1
答 二

揚水ポンプの全揚程 H [m]，揚水流量 Q [m³/s]，電動機効率 η_m [%]，ポンプ効率 η_p [%] とすると，電動機入力 P_m [MW] は次のように求まる.

$$P_m = \frac{9.8QH}{\eta_m \cdot \eta_p} \times 10^{-3}$$

$$= \frac{9.8 \times 150 \times 200}{0.9 \times 0.85} \times 10^{-3} \fallingdotseq 384 \text{ MW}$$

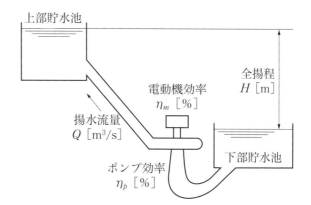

3
電気応用

!重要 **揚水ポンプ用電動機の所要動力**

$$P = \frac{9.8QH}{\eta_p \eta_m} \text{ [kW]}$$

A-2
答 イ

巻上荷重 W [kN] の物体を毎秒 v [m] の速度で巻き上げているとき，巻上機の効率を η [%] とすると，電動機の出力 P [kW] は次のように求まる.

$$P = \frac{Wv}{\dfrac{\eta}{100}} = \frac{100 \cdot Wv}{\eta}$$

••• 第 **4** 章 •••
電気機器および材料器具

平均出題数 **5** 問

　図のような配電線路において，抵抗負荷 R_1 に 50 A，抵抗負荷 R_2 には 70 A の電流が流れている．変圧器の一次側に流れる電流 I〔A〕の値は．

　ただし，変圧器と配電線路の損失及び変圧器の励磁電流は無視するものとする．

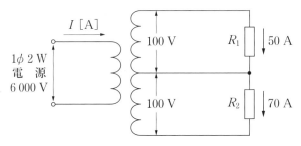

イ. 1　　**ロ.** 2　　**ハ.** 3　　**ニ.** 4

A-1

答 ロ

変圧器の一次側の電力 P_1 と二次側の電力 P_2 は，配電線と変圧器の損失は無視できるので，

$P_1 = V_1 I_1 = 6\,000 I_1$

$P_2 = P_{21} + P_{22} = V_{21} I_{21} + V_{22} I_{22}$

$\quad = 100 \times 50 + 100 \times 70 = 12\,000 \text{ W}$

変圧器の一次側電力 P_1 と二次側電力 P_2 は等しいので，一次側電流 I_1 は次のように求まる.

$P_1 = P_2$

$6\,000 I_1 = 12\,000$

$\therefore \quad I_1 = \dfrac{12\,000}{6\,000} = 2 \text{ A}$

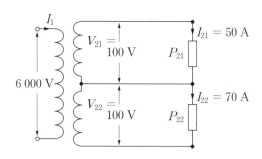

Q-2

変圧器の損失に関する記述として，**誤っているものは．**

イ． 銅損と鉄損が等しいときに変圧器の効率が最大となる．

ロ． 無負荷損の大部分は鉄損である．

ハ． 鉄損にはヒステリシス損と渦電流損がある．

ニ． 負荷電流が2倍になれば銅損は2倍になる．

Q-3

図のように，単相変圧器の二次側に20 Ωの抵抗を接続して，一次側に2 000 Vの電圧を加えたら一次側に1 Aの電流が流れた．この時の単相変圧器の二次電圧 V_2 [V] は．

ただし，巻線の抵抗や損失を無視するものとする．

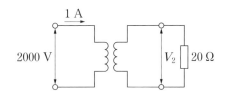

イ． 50   **ロ．** 100   **ハ．** 150   **ニ．** 200

A-2
答 二

　変圧器の損失には，無負荷損と負荷損がある．負荷損の大部分は銅損で，負荷電流の2乗に比例して増加する．このため，負荷電流が2倍になれば銅損は4倍になる．また，無負荷損の大部分はヒステリシス損と渦電流損からなる鉄損で，負荷電流の大きさに関係なく一定である．また，銅損と鉄損が等しいとき，変圧器の効率は最大となる．この関係を表すと下図のようになる．

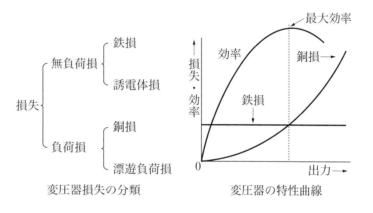

変圧器損失の分類　　　　　　変圧器の特性曲線

4

電気機器および材料器具

A-3
答 二

　変圧器の一次側の電圧 V_1 [V]，電流 I_1 [A]，二次側の電圧 V_2 [V]，負荷抵抗 R [Ω] とすると，一次側の電力 P_1 [W]，二次側の電力 P_2 [W] は次のように表せる．

$$P_1 = V_1 \times I_1 = 2\,000 \times 1 = 2\,000\ \text{W}$$

$$P_2 = \frac{V_2^2}{R} = \frac{V_2^2}{20}\ [\text{W}]$$

　変圧器の損失は無視すると，一次側の電力 P_1 [W] と二次側の電力 P_2 [W] は等しくなるので，二次側の電圧 V_2 [V] は次のように求まる．

$$2\,000 = \frac{V_2^2}{20}$$

$$V_2^2 = 2\,000 \times 20 = 40\,000$$

$$V_2 = \sqrt{40\,000} = 200\ \text{V}$$

変圧器の出力に対する損失の特性曲線において，a が鉄損，b が銅損を表す特性曲線として，**正しいものは**.

イ.
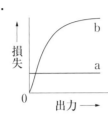

ロ.
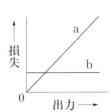

ハ.
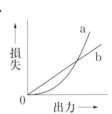

ニ.
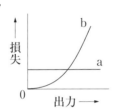

ある変圧器の負荷は，有効電力90 kW，無効電力 120 kvar，力率は60 %（遅れ）である．いま，ここに有効電力 70 kW，力率 100 %の負荷を増設した場合，この変圧器にかかる負荷の容量 [kV・A] は.

イ. 100
ロ. 150
ハ. 200
ニ. 280

3φ3 W
電源

負荷　　　　　　　　増設負荷

90 kW
120 kvar
力率：60 %
（遅れ）

70 kW
力率：100 %

A-4
答 二

変圧器の損失には，無負荷損と負荷損がある．無負荷損の大部分は鉄損で，負荷電流の大きさに関係なく一定である．負荷損の大部分は銅損で，負荷電流の2乗に比例して増加する．この関係を表すと下図のようになる．

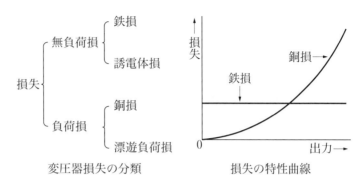

変圧器損失の分類　　　　　損失の特性曲線

4

電気機器および材料器具

A-5
答 ハ

負荷を増設したときの有効電力，無効電力をベクトル図で表すと，

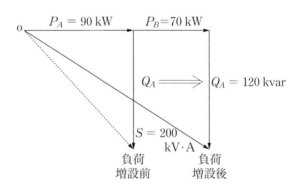

負荷　　　　負荷
増設前　　　増設後

有効電力 P [kW] の合計は，
$$P = P_A + P_B = 90 + 70 = 160\,\text{kW}$$
無効電力 Q [kvar] の合計は，
$$Q = Q_A + Q_B = 120 + 0 = 120\,\text{kvar}$$
変圧器にかかる合計負荷容量 S [kV・A] は，
$$S = \sqrt{P^2 + Q^2} = \sqrt{160^2 + 120^2} = 200\,\text{kV・A}$$

定格二次電圧が 210 V の配電用変圧器がある．変圧器の一次タップ電圧が 6 600 V のとき，二次電圧は 200 V であった．一次タップ電圧を 6 300 V に変更すると，**二次電圧の変化は**．

ただし，一次側の供給電圧は変わらないものとする．

イ． 約 10 V 上昇する．
ロ． 約 10 V 降下する．
ハ． 約 20 V 上昇する．
ニ． 約 20 V 降下する．

A-6

答 イ

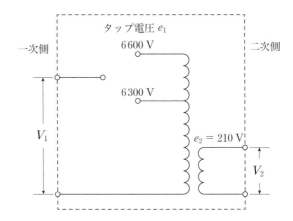

定格二次電圧 e_2 が 210 V の配電用変圧器があり,一次タップ電圧 e_1 が 6 600 V のとき二次電圧 V_2 は 200 V である.このときの一次側の供給電圧 V_1 [V] は,

$$\frac{V_1}{V_2} = \frac{e_1}{e_2}$$

$$V_1 = \frac{e_1}{e_2}V_2 = \frac{6\,600}{210} \times 200 \fallingdotseq 6\,286 \text{ V}$$

次に,一次側の供給電圧 V_1 を変えずに一次タップ電圧 e_1 を 6 300 V に変更すると,二次電圧 V_2 [V] は次のように求まる.

$$\frac{V_1}{V_2} = \frac{e_1}{e_2}$$

$$V_2 = \frac{e_2}{e_1}V_1 = \frac{210}{6\,300} \times 6\,286$$

$$= \frac{1}{30} \times 6\,286 \fallingdotseq 210 \text{ V}$$

二次電圧の変化 ΔV_2 [V] は,

$$\Delta V_2 = 210 - 200 = 10 \text{ V}$$

これより,二次電圧は約 10 V 上昇する.

Q-7

変圧器の鉄損に関する記述として，**正しいものは.**

イ． 一次電圧が高くなると鉄損は増加する.

ロ． 鉄損はうず電流損より小さい.

ハ． 鉄損はヒステリシス損より小さい.

ニ． 電源の周波数が変化しても鉄損は一定である.

Q-8

図のような配電線路において，変圧器の一次電流 I_1〔A〕は.

ただし，負荷はすべて抵抗負荷であり，変圧器と配電線路の損失及び変圧器の励磁電流は無視する.

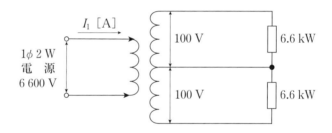

イ． 1.0　　**ロ．** 2.0　　**ハ．** 132　　**ニ．** 8 712

Q-9

出題年度
2023
AM
問 11
2022
PM
問 11
2017
問 12

同容量の単相変圧器2台をV結線し，三相負荷に電力を供給する場合の変圧器1台当たりの最大の利用率は.

イ． $\dfrac{1}{2}$　　**ロ．** $\dfrac{\sqrt{2}}{2}$　　**ハ．** $\dfrac{\sqrt{3}}{2}$　　**ニ．** $\dfrac{2}{\sqrt{3}}$

A-7
答 イ

変圧器の鉄損 P_i は，ヒステリシス損 P_h とうず電流損 P_e の和である．また，変圧器の一次電圧を V_1，周波数を f とすると，次のような関係がある．

$$P_i = P_h + P_e$$

$$P_h \propto \frac{V_1^2}{f} \quad P_e \propto V_1^2 \quad \left(\begin{matrix}\text{※}\propto \text{ は，左右の数値が比}\\ \text{例していることを示す．}\end{matrix}\right)$$

これより，鉄損 P_i は一次電圧 V_1 の2乗に比例する．また，ヒステリシス損 P_h はうず電流損 P_e に比べて大きいので，鉄損 P_i は周波数 f にほぼ反比例する．

A-8
答 ロ

変圧器の一次側の電力 P_1 と二次側の電力 P_2 は，配電線と変圧器の損失は無視できるので，

$$P_1 = V_1 I_1 = 6\,600 I_1$$
$$P_2 = P_{21} + P_{22}$$
$$= 6.6 + 6.6 = 13.2 \text{ kW} = 13\,200 \text{ W}$$

変圧器の一次側電力 P_1 と二次側電力 P_2 は等しいので，一次側電流 I_1 は次のように求まる．

$$P_1 = P_2$$
$$6\,600 I_1 = 13\,200$$
$$\therefore \quad I_1 = \frac{13\,200}{6\,600} = 2.0 \text{ A}$$

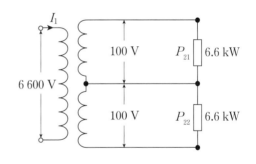

A-9
答 ハ

容量 VI [V·A] の単相変圧器2台を V 結線したとき，三相負荷に供給できる最大容量 P_3 は，

$$P_3 = \sqrt{3}\,VI \text{ [V·A]}$$

また，単相変圧器2台の合計容量 P_2 [V·A] は，

$$P_2 = 2VI \text{ [V·A]}$$

これより，変圧器1台当たりの最大利用率は，次のように求まる．

$$\frac{P_3}{P_2} = \frac{\sqrt{3}\,VI}{2VI} = \frac{\sqrt{3}}{2}$$

4

電気機器および材料器具

変圧器の結線方法のうち Y－Y 結線は.

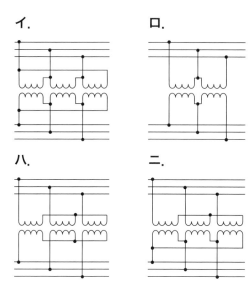

イ.

ロ.

ハ.

ニ.

Q-11

出題年度

2023
PM
問 19

2022
PM
問 19

2014
問 19

同一容量の単相変圧器を並行運転するための条件として, **必要でないも
の**は.

イ. 各変圧器の極性を一致させて結線すること.
ロ. 各変圧器の変圧比が等しいこと.
ハ. 各変圧器のインピーダンス電圧が等しいこと.
ニ. 各変圧器の効率が等しいこと.

A-10
答　ハ

　Y－Y結線は変圧器3台の結線で，それぞれの変圧器の一つの端子を結線した電気的中性点が一次側，二次側ともに一つずつある結線方法であるから，**ハ**が該当する．なお，**イ**は△－△結線，**ロ**は変圧器2台の結線なのでV－V結線，**ニ**はY－△結線である．

A-11
答　ニ

　同一容量の単相変圧器を並行運転するために必要な条件のうち，①各変圧器の極性を一致させること，②各変圧器の変圧比が等しく，一次電圧及び二次電圧が等しいこと，は必須条件である．これを満足しないと各変圧器間に循環電流が流れて，①では焼損事故を，②では過熱事故を生じる．③各変圧器のインピーダンス電圧が等しいことも必要条件である．

　これを満足しないと負荷の分担が不適当になり，等分した運転が不可能となる．

4

電気機器および材料器具

Q-1

出題年度

2022
AM
問10

かご形誘導電動機のインバータによる速度制御に関する記述として，**正しいものは**．

イ．電動機の入力の周波数を変えることによって速度を制御する．

ロ．電動機の入力の周波数を変えずに電圧を変えることによって速度を制御する．

ハ．電動機の滑りを変えることによって速度を制御する．

二．電動機の極数を切り換えることによって速度を制御する．

Q-2

出題年度

2022
PM
問11

トップランナー制度に関する記述について，**誤っているものは**．

イ．トップランナー制度では，エネルギー消費効率の向上を目的として省エネルギー基準を導入している．

ロ．トップランナー制度では，エネルギーを多く使用する機器ごとに，省エネルギー性能の向上を促すための目標基準を満たすことを，製造事業者と輸入事業者に対して求めている．

ハ．電気機器として交流電動機は，全てトップランナー制度対象品である．

二．電気機器として変圧器は，一部を除きトップランナー制度対象品である．

Q-3

出題年度

2021
AM
問10

三相かご形誘導電動機が，電圧 200 V，負荷電流 10A，力率 80 %，効率 90 %で運転されているとき，この電動機の出力 [kW] は．

イ．1.4　　**ロ**．2.0　　**ハ**．2.5　　**二**．4.3

A-1
答 イ

　かご形誘導電動機のインバータによる速度制御は，電動機の入力電圧と周波数を変えることによって速度を制御する方法のことである．なお，**ハ**の滑りを変える方法は，二次抵抗制御で巻線形の速度制御，**ニ**の極数を切り換える方法は，極数変換でかご形の速度を変える方法である．

4

電気機器および材料器具

A-2
答 ハ

　トップランナー制度とは，エネルギー使用の合理化に関する法律（省エネ法）に基づき，対象機器ごとに基準値を設定してエネルギー消費効率を高めていく制度のことである．この制度の対象機器として，交流電動機は単一速度三相かご形誘導電動機の効率クラスで規定される機種が対象となっているので，**ハ**が誤りである．なお，変圧器についても同様で，油入変圧器とモールド変圧器は，機種，容量，電圧による．

A-3
答 ハ

　三相誘導電動機の電圧 V [V]，負荷電流 I [A]，力率 $\cos \theta$ [%]，効率 η [%] とすると，この電動機の出力 P [W] は次のように求まる．
$$P = \sqrt{3}\,VI\cos\theta\eta = \sqrt{3} \times 200 \times 10 \times 0.8 \times 0.9$$
$$= 2\,491\text{ W} \fallingdotseq 2.5\text{ kW}$$

Q-4

出題年度
2021
PM
問 10
2014
問 11

三相かご形誘導電動機の始動方法として，用いられないものは．

イ．全電圧始動（直入れ）
ロ．スターデルタ始動
ハ．リアクトル始動
ニ．二次抵抗始動

Q-5

出題年度
2021
PM
問 17

同期発電機を並行運転する条件として，**必要でないものは**．

イ．周波数が等しいこと．
ロ．電圧の大きさが等しいこと．
ハ．電圧の位相が一致していること．
ニ．発電容量が等しいこと．

Q-6

出題年度
2020
問 10

定格電圧 200 V，定格出力 11 kW の三相誘導電動機の全負荷時における
電流［A］は．
ただし，全負荷時における力率は 80 ％，効率は 90 ％とする．

イ．23　　ロ．36　　ハ．44　　ニ．81

Q-7

出題年度
2019
問 10

かご形誘導電動機の Y–△ 始動法に関する記述として，**誤っているものは**．

イ．固定子巻線を Y 結線にして始動したのち，△結線に切り換える方法
である．
ロ．始動トルクは△結線で全電圧始動した場合と同じである．
ハ．△結線で全電圧始動した場合に比べ，始動時の線電流は $\frac{1}{3}$ に低下
する．
ニ．始動時には固定子巻線の各相に定格電圧の $\frac{1}{\sqrt{3}}$ 倍の電圧が加わる．

A-4
答 二

　三相かご形誘導電動機の始動方法には，全電圧始動（直入れ），スターデルタ始動（Y − △始動），リアクトル始動などがある．二の二次抵抗始動は，三相巻線形誘導電動機に用いられる始動法で，二次側（回転子側）に始動抵抗器を接続し，一次電流を制限しながら抵抗器を調整して始動トルクを大きくしていく始動法のことである．

A-5
答 二

　同期発電機を並行運転するには，次の条件を満たしていなくてはならない．発電容量は異なっても並列運転は可能なので，二の条件は不要である．
・周波数が等しいこと
・電圧の大きさが等しいこと
・電圧の位相が一致していること

A-6
答 ハ

　三相誘導電動機の定格出力 P [kW]，定格電圧 V [V]，全負荷時の力率 $\cos\theta$ [%]，効率 η [%] とすると，全負荷時の電流 I [A] は次のように求まる．

$$I = \frac{P}{\sqrt{3}\,V\cos\theta\eta} = \frac{11 \times 10^3}{\sqrt{3} \times 200 \times 0.8 \times 0.9} \fallingdotseq 44 \text{ A}$$

A-7
答 ロ

　三相かご形誘導電動機の Y−△始動とは，巻線を Y 結線として始動し，ほぼ全速度に達したときに△結線に戻す方式をいう．全電圧始動と比較し，始動電流を1/3に小さくすることができるが始動トルクも1/3となる．5.5 kW 以上数 10 kW 以下の誘導電動機の始動法に用いられる．

6極の三相かご形誘導電動機があり，その一次周波数がインバータで調整できるようになっている．この電動機が滑り5％，回転速度1 140 min^{-1}で運転されている場合の一次周波数［Hz］は．

イ. 30　　**ロ.** 40　　**ハ.** 50　　**ニ.** 60

図において，一般用低圧三相かご形誘導電動機の回転速度に対するトルク曲線は．

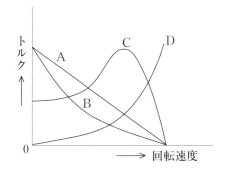

イ. A　　**ロ.** B　　**ハ.** C　　**ニ.** D

定格出力22 kW，極数4の三相誘導電動機が電源周波数60 Hz，滑り5％で運転されている．

このときの1分間当たりの回転数は．

イ. 1 620　　**ロ.** 1 710　　**ハ.** 1 800　　**ニ.** 1 890

A-8
答 ニ

三相かご形誘導電動機の回転速度 $N\,[\mathrm{min}^{-1}]$ は，周波数 $f\,[\mathrm{Hz}]$，極数 p，滑り s とすると，

$$N = \frac{120f}{p}(1 - s)\,[\mathrm{min}^{-1}]$$

これより，周波数 f は次のように求まる．

$$f = \frac{Np}{120(1 - s)}$$

$$= \frac{1\,140 \times 6}{120(1 - 0.05)} = \frac{1\,140 \times 6}{120 \times 0.95} = \frac{57}{0.95}$$

$$= 60\,\mathrm{Hz}$$

A-9
答 ハ

一般的な三相誘導電動機の回転速度に対するトルク曲線は，C の曲線を示す．始動時（a 点）のトルクは小さく，回転数の上昇にともなってトルクは増加し最大トルク T_m（b 点）に達する．この回転速度以上になるとトルクは減少し，同期速度 N_s でトルクは $0\,[\mathrm{N \cdot m}]$ となる．

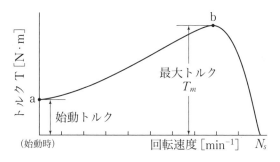

A-10
答 ロ

三相誘導電動機の電源周波数を $f\,[\mathrm{Hz}]$，極数を p とすると同期速度 N_s $[\mathrm{min}^{-1}]$ は，

$$N_s = \frac{120f}{p} = \frac{120 \times 60}{4} = 1\,800\,\mathrm{min}^{-1}$$

三相誘導電動機は滑り $s = 5\,\%$ で運転しているので，回転速度 N $[\mathrm{min}^{-1}]$ は次のように求まる．

$$N = N_s\left(1 - \frac{s}{100}\right) = 1\,800\left(1 - \frac{5}{100}\right) = 1\,710\,\mathrm{min}^{-1}$$

4

電気機器および材料器具

定格出力 22 kW，極数6の三相誘導電動機が電源周波数 50 Hz，滑り5 ％で運転している．このときの，この電動機の同期速度 N_s [min^{-1}] と回転速度 N [min^{-1}] との差 $N_s - N$ [min^{-1}] は．

イ．25   ロ．50   ハ．75   ニ．100

三相誘導電動機の結線①を②，③のように変更した時，①の回転方向に対して，②，③の回転方向の記述として，**正しいものは**．

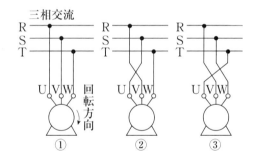

三相交流

① ② ③

イ．③は①と逆に回転をし，②は①と同じ回転をする．

ロ．②は①と逆に回転をし，③は①と同じ回転をする．

ハ．②，③とも①と逆に回転をする．

ニ．②，③とも①と同じ回転をする．

A-11

答 ロ

　誘導電動機の周波数 f が $50\,\mathrm{Hz}$，極数 p が 6 なので，同期速度 $N_s\,[\mathrm{min}^{-1}]$ を求めると，

$$N_s = 120 \times \frac{f}{p} = 120 \times \frac{50}{6} = 1\,000\,\mathrm{min}^{-1}$$

　また，滑り s が $5\,\%$ なので，この誘導電動機の回転速度 $N\,[\mathrm{min}^{-1}]$ は，

$$N = N_s \times \left(1 - \frac{s}{100}\right) = 1\,000 \times \left(1 - \frac{5}{100}\right) = 950\,\mathrm{min}^{-1}$$

　したがって，回転速度の差，$N_s - N\,[\mathrm{min}^{-1}]$ は次のように求まる．

$$N_s - N = 1\,000 - 950 = 50\,\mathrm{min}^{-1}$$

A-12

答 ロ

　三相誘導電動機の回転を逆転させるには電源の 2 線を入れ換える．3 線を入れ換えると回転方向は元のままである．したがって，②は①の 2 線を入れ換えているので逆転する．また，③は①の 3 線を入れ換えているので，①と同方向に回転する．

4

電気機器および材料器具

Q-1

出題年度
2021
AM
問13

図のような整流回路において,電圧 v_O の波形は.

ただし,電源電圧 v は実効値 100 V,周波数 50 Hz の正弦波とする.

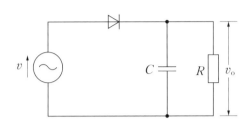

イ.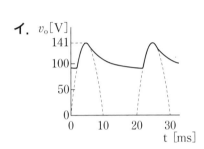

ロ.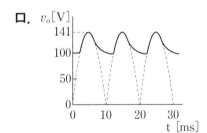

ハ.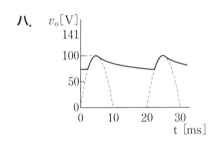

ニ.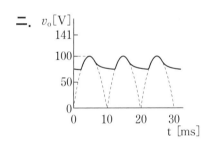

Q-2

出題年度
2020
問13

インバータ(逆変換装置)の記述として,**正しいものは**.

イ. 交流電力を直流電力に変換する装置

ロ. 直流電力を交流電力に変換する装置

ハ. 交流電力を異なる交流の電圧,電流に変換する装置

ニ. 直流電力を異なる直流の電圧,電流に変換する装置

A-1
答 イ

　図の整流回路は，交流の半周期間分を直流に変換する単相半波整流回路である．電源電圧 v は実効値 100 V の正弦波なので，出力電圧の最大値は 141 V となる．また，ダイオードは正方向の電流だけを流す性質があるため，正弦波の半周期分の電圧のみ出力するが，平滑コンデンサの蓄放電効果により，電圧波形 v_0 は平滑化された波形として出力される．

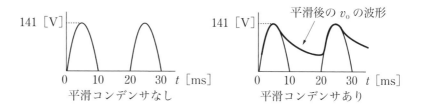

平滑コンデンサなし　　　　　　平滑コンデンサあり

4

電気機器および材料器具

A-2
答 ロ

　インバータ（逆変換装置）とは，直流電力を交流電力に変換する装置のことである．交流電力を直流電力に変換する装置は整流器（順変換装置），交流電力を異なる電圧，電流に変換する装置は変圧器，直流電力を異なる電圧，電流に変換する装置は直流チョッパである．

Q-3

出題年度
2019
問 13

鉛蓄電池の電解液は.

イ. 水酸化ナトリウム水溶液
ロ. 水酸化カリウム水溶液
ハ. 塩化亜鉛水溶液
ニ. 希硫酸

Q-4

出題年度
2022 AM
問 13
2018
問 13

蓄電池に関する記述として，**正しいものは**.

イ. 鉛蓄電池の電解液は，希硫酸である.
ロ. アルカリ蓄電池の放電の程度を知るためには，電解液の比重を測定する.
ハ. アルカリ蓄電池は，過放電すると充電が不可能になる.
ニ. 単一セルの起電力は，鉛蓄電池よりアルカリ蓄電池の方が高い.

A-3
答 ニ

　鉛蓄電池は，正極に二酸化鉛，負極に海綿状の鉛，電解液として希硫酸を用いた二次電池である．アルカリ蓄電池は，正極に水酸化ニッケル，負極に水酸化カドミウム，電解液に水酸化カリウム水溶液を用いた二次電池である．アルカリ蓄電池は鉛蓄電池に比べて大電流放電や低温特性に優れており，ビルなどの非常用電源として使用されることが多い．

4

電気機器および材料器具

A-4
答 イ

　鉛蓄電池は，正極に二酸化鉛，負極に海綿状の鉛，電解液として希硫酸を用いた二次電池である．アルカリ蓄電池（1.2 V）は過充電，過放電を行っても蓄電池への悪影響は少なく，電解液比重は充放電しても変化しない．また，単一セルの起電力は鉛蓄電池（2 V）よりも低い．

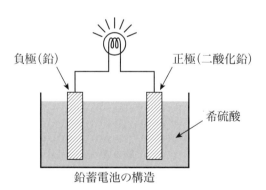

鉛蓄電池の構造

Q-5

出題年度

2022
PM
問 13

2017
問 13

2014
問 13

図に示すサイリスタ（逆阻止 3 端子サイリスタ）回路の出力電圧 v_0 の波形として，**得ることのできない波形は**.

ただし，電源電圧は正弦波交流とする.

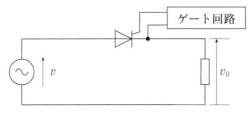

イ. 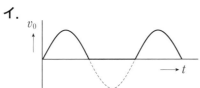　　ロ.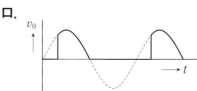

ハ. 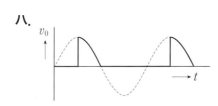　　ニ.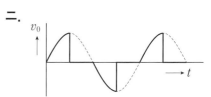

浮動充電方式の直流電源装置の構成図として，**正しいものは**.

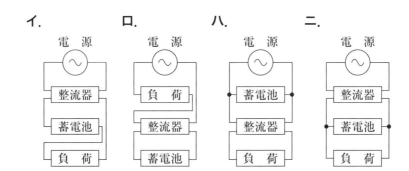

A-5

答 ニ

　サイリスタ（逆阻止3端子サイリスタ）は，1方向の整流しかできない．また，サイリスタはオン機能のみで，オフ機能は反対方向の電圧が加わったときに生じる．このため，**ニ**の波形を得ることはできない．

この方向は導通しない

電圧が0でないとオフできない．

4

電気機器および材料器具

A-6

答 ニ

　浮動充電方式は，電源から整流器を介して，蓄電池を負荷と並列に接続する．この充電方式は，蓄電池の自己放電分や軽負荷時には充電し，重負荷時には蓄電池と整流器から負荷電流を供給する．

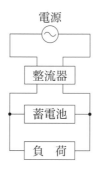

Q-1

出題年度
2022
AM
問 24
2022
PM
問 24

600 V 以下で使用される電線又はケーブルの記号に関する記述として，**誤っているものは**.

イ. IV とは，主に屋内配線に使用する塩化ビニル樹脂を主体としたコンパウンドで絶縁された単心（単線，より線）の絶縁電線である.

ロ. DV とは，主に架空引込線に使用する塩化ビニル樹脂を主体としたコンパウンドで絶縁された多心の絶縁電線である.

ハ. VVF とは，移動用電気機器の電源回路などに使用する塩化ビニル樹脂を主体としたコンパウンドを絶縁体およびシースとするビニル絶縁ビニルキャブタイヤケーブルである.

ニ. CV とは，架橋ポリエチレンで絶縁し，塩化ビニル樹脂を主体としたコンパウンドでシースを施した架橋ポリエチレン絶縁ビニルシースケーブルである.

Q-2

出題年度
2022
PM
問 21

高圧 CV ケーブルの絶縁体 a とシース b の材料の組合せは.

イ. a 架橋ポリエチレン
   b 塩化ビニル樹脂

ロ. a 架橋ポリエチレン
   b ポリエチレン

ハ. a エチレンプロピレンゴム
   b 塩化ビニル樹脂

ニ. a エチレンプロピレンゴム
   b ポリクロロプレン

A-1
答 ハ

　VVF とは，600 V ビニル絶縁ビニルシースケーブル（平形）のことなので，**ハ**が誤りである．VVF はビニル被覆の外側をビニルシースで覆った構造をしており，低圧屋内配線で非常に多く使用されるケーブルである．なお，移動用電気機器の電源回路に使用する塩化ビニル樹脂を主体とした絶縁体およびシースとするビニル絶縁ビニルキャブタイヤケーブルは，VCT の記号で表される．

4

電気機器および材料器具

A-2
答 イ

　高圧 CV ケーブルは，6 600 V 架橋ポリエチレン絶縁ビニルシースケーブルといい，絶縁体が架橋ポリエチレン，シースが塩化ビニル樹脂で構成されたケーブルである．建築設備では幹線設備用の電力ケーブルとして広く普及しており，商業施設，工場，病院などで幅広く使用され，高い性能と信頼性をもつ電力ケーブルである（JIS C 3606）．

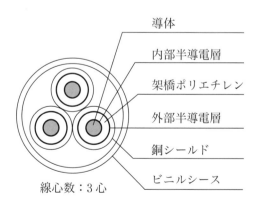

導体
内部半導電層
架橋ポリエチレン
外部半導電層
銅シールド
ビニルシース

線心数：3 心

Q-3

出題年度
2021
AM
問24

配線器具に関する記述として，**誤っているものは**．

イ． 遅延スイッチは，操作部を「切り操作」した後，遅れて動作するスイッチで，トイレの換気扇などに使用される．

ロ． 熱線式自動スイッチは，人体の体温等を検知し自動的に開閉するスイッチで，玄関灯などに使用される．

ハ． 引掛形コンセントは，刃受が円弧状で，専用のプラグを回転させることによって抜けない構造としたものである．

ニ． 抜止形コンセントは，プラグを回転させることによって容易に抜けない構造としたもので，専用のプラグを使用する．

Q-4

出題年度
2023
AM
問24
2021
AM
問25
2015
問26

600 V ビニル絶縁電線の許容電流（連続使用時）に関する記述として，**適切なものは**．

イ． 電流による発熱により，電線の絶縁物が著しい劣化をきたさないようにするための限界の電流値．

ロ． 電流による発熱により，絶縁物の温度が80℃となる時の電流値．

ハ． 電流による発熱により，電線が溶断する時の電流値．

ニ． 電圧降下を許容範囲に収めるための最大の電流値．

A-3
答 ニ

　抜止形コンセントは，プラグを回転させることによって容易に抜けない構造としたものであるが，プラグは一般のものを使用するので，ニが誤りである．コンセントの刃受が円弧状で，専用のプラグを使用するのは引掛形コンセントである（内線規程 3202-2，3 表）．

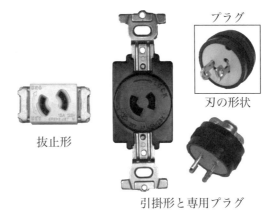

プラグ

刃の形状

抜止形

引掛形と専用プラグ

A-4
答 イ

　絶縁電線の許容電流は，絶縁電線の連続使用に際し，電流による発熱により，電線の絶縁物が著しい劣化をきたさないようにするための限界の電流値のことである．この許容電流は，使用される絶縁物の最高許容温度によって決まってくるもので，ビニル絶縁電線の最高許容温度は 60 ℃である（内線規程 1340-3 表）．

Q-5

出題年度

2019

問 11

電気機器の絶縁材料の耐熱クラスは，JIS に定められている．選択肢のなかで，最高連続使用温度［℃］が最も高い，耐熱クラスの指定文字は．

イ. A　　**ロ**. E　　**ハ**. F　　**ニ**. Y

Q-6

出題年度

2023
PM
問 18

2019
問 18

高圧ケーブルの電力損失として，**該当しないものは**．

イ．抵抗損

ロ．誘電損

ハ．シース損

ニ．鉄損

Q-7

出題年度

2019
問 21

2015
問 20

高圧架橋ポリエチレン絶縁ビニルシースケーブルにおいて，水トリーと呼ばれる樹枝状の劣化が生じる箇所は．

イ．銅導体内部

ロ．遮へい銅テープ表面

ハ．ビニルシース内部

ニ．架橋ポリエチレン絶縁体内部

A-5
答　ハ

　JIS C 4003により，電気機器の絶縁材料は電気製品の耐熱クラスごとに許容最高温度が定められている．

耐熱クラス記号と許容最高温度（JIS C 4003）

耐熱クラス	最高許容温度〔℃〕
Y	90
A	105
E	120
B	130
F	155
H	180
N	200
R	220
—	250

A-6
答　ニ

　高圧ケーブルの電力損失には，抵抗損，誘電損，シース損がある．抵抗損とは，ケーブルに電流が流れることにより発生する損失で，導体電流の2乗に比例して大きくなる．誘電損とは，ケーブルに電圧を印加したとき，絶縁体内部に発生する損失である．シース損とは，ケーブルの金属シースに誘導される電流により発生する損失である．

A-7
答　ニ

　水トリーとは，高圧架橋ポリエチレン絶縁ビニルシースケーブルの架橋ポリエチレン絶縁体内部に樹枝状の劣化が生じる現象をいう．この現象は，絶縁体に電圧が印可され，絶縁体中のボイドなどにコロナ放電が発生し繰り返されることで，絶縁層が樹枝状に侵食される現象のことで，最終的に絶縁破壊に至ることがある．

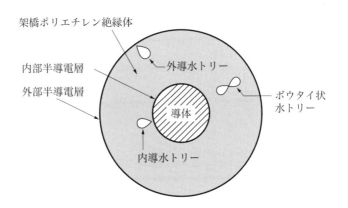

人体の体温を検知して自動的に開閉するスイッチで，玄関の照明などに用いられるスイッチの名称は．

イ．遅延スイッチ

ロ．自動点滅器

ハ．リモコンセレクタスイッチ

ニ．熱線式自動スイッチ

工具類に関する記述として，**誤っているものは**．

イ．高速切断機は，といしを高速で回転させ綱材等の切断及び研削をする工具であり，研削には，といしの側面を使用する．

ロ．油圧式圧着工具は，油圧力を利用し，主として太い電線などの圧着接続を行う工具で，成形確認機構がなければならない．

ハ．ノックアウトパンチャは，分電盤などの鉄板に穴をあける工具である．

ニ．水準器は，配電盤や分電盤などの据え付け時の水平調整などに使用される．

電気機器の絶縁材料として耐熱クラスごとに最高連続使用温度［℃］の低いものから高いものの順に左から右に並べたものは．

イ．H，E，Y

ロ．Y，E，H

ハ．E，Y，H

ニ．E，H，Y

A-8　答 ニ

　人体の体温を検知して自動的に開閉するスイッチは，熱線式自動スイッチである．このスイッチは，人が検知範囲に入ったとき，周囲と人体との温度差を検出して動作する．なお，自動点滅器は明るさを検知することで自動的に開閉するスイッチ，リモコンセレクタスイッチは複数のリモコンスイッチを一つに組み込んで1カ所で制御するスイッチ，遅延スイッチは操作後に遅れて動作するスイッチである．

A-9　答 イ

　高速切断機は，といしを高速で回転させ，パイプやアングル材などを切断する工具である．といしの側面は切断面ではなく，外力にも弱いので，研削作業に使用してはいけない．

A-10　答 ロ

　電気機器の絶縁材料は耐熱クラスごとに許容温度がJIS C 4003により定められている．

耐熱クラス	最高許容温度	耐熱クラス	最高許容温度
Y	90 ℃	H	180 ℃
A	105 ℃	N	200 ℃
E	120 ℃	R	220 ℃
B	130 ℃	—	250 ℃
F	155 ℃		

4

電気機器および材料器具

Q-11

出題年度
2022 PM
問 26
2019
問 25
2016
問 26

　低圧配電盤に，CV ケーブル又は CVT ケーブルを接続する作業におい
て，**一般に使用しない工具は**.

　イ．電工ナイフ
　ロ．油圧式圧着工具
　ハ．油圧式パイプベンダ
　ニ．トルクレンチ

A-11

答 ハ

　CV ケーブルまたは CVT ケーブルの接続作業には，油圧式パイプベンダは使用しない．これは，太い金属管の曲げ加工に使用する工具である．

4

電気機器および材料器具

••• 第 **5** 章 •••
送電・変電・受電設備

平均出題数 5 問

Q-1

出題年度

2021
PM
問16

水力発電所の水車の種類を，適用落差の最大値の高いものから低いものの順に左から右に並べたものは.

イ. ペルトン水車　　　　フランシス水車　　　　プロペラ水車

ロ. ペルトン水車　　　　プロペラ水車　　　　フランシス水車

ハ. プロペラ水車　　　　フランシス水車　　　　ペルトン水車

ニ. フランシス水車　　　　プロペラ水車　　　　ペルトン水車

Q-2

出題年度

2019
問16

水力発電所の発電用水の経路の順序として，**正しいものは**.

イ. 水圧管路→取水口→水車→放水口

ロ. 取水口→水車→水圧管路→放水口

ハ. 取水口→水圧管路→水車→放水口

ニ. 取水口→水圧管路→放水口→水車

Q-3

出題年度

2023
AM
問17

2019
問17

2015
問17

風力発電に関する記述として，**誤っているものは**.

イ. 風力発電装置は，風速等の自然条件の変化により発電出力の変動が大きい.

ロ. 一般に使用されているプロペラ形風車は，垂直軸形風車である.

ハ. 風力発電装置は，風の運動エネルギーを電気エネルギーに変換する装置である.

ニ. プロペラ形風車は，一般に風速によって翼の角度を変えるなど風の強弱に合わせて出力を調整することができる.

A-1 答 イ

水力発電所の水車の種類を適用落差の最大値の高いものから順に並べると次のようになる.

ペルトン水車　：高落差　　200〜1 000 m
フランシス水車：中高落差　50〜600 m
プロペラ水車　：低落差　　5〜80 m

A-2 答 ハ

水力発電所には，水路式，ダム式，ダム水路式などがあり，構成は異なるが，発電用水の経路の順序は図のようになる.

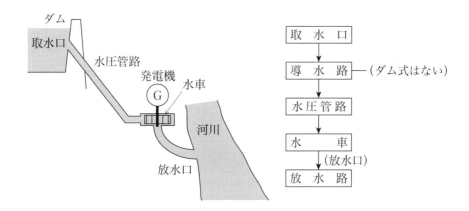

A-3 答 ロ

風力発電に使用されているプロペラ形風車は，水平軸形風車である. プロペラ形風車には，風速によって翼の角度を変えて出力を調整するピッチ制御が用いられている. なお，垂直軸形風車にはダリウス形風車などがある.

Q-4

出題年度

2023
PM
問 17

2022
AM
問 17

2018
問 16

有効落差 100 m，使用水量 20 m³/s の水力発電所の発電機出力［MW］は.

ただし，水車と発電機の総合効率は 85 % とする.

イ. 1.9   **ロ.** 12.7   **ハ.** 16.7   **ニ.** 18.7

水力発電の水車の出力 P に関する記述として，**正しいものは.**

ただし，H は有効落差，Q は流量とする.

イ. P は QH に比例する.
ロ. P は QH^2 に比例する.
ハ. P は QH に反比例する.
ニ. P は Q^2H に比例する.

A-4
答 ハ

　水力発電所の出力 P [kW] は，使用流量を Q [m³/s]，有効落差を H [m]，水車と発電機の総合効率を η [%] とすると，次のように求められる.

　　$P = 9.8\,QH\eta$
　　　$= 9.8 \times 20 \times 100 \times 0.85 = 16\,660$ kW
　　　$\fallingdotseq 16.7$ MW

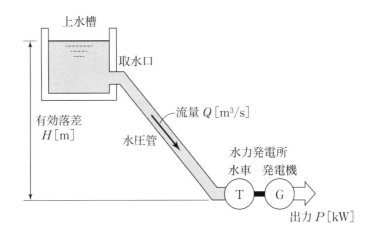

上水槽
取水口
流量 Q[m³/s]
有効落差 H[m]
水圧管
水力発電所
水車　発電機
T　G
出力 P[kW]

A-5
答 イ

　水力発電所の出力 P [kW] は，流量を Q [m³/s]，有効落差 H [m]，効率 η とすると次式で求まる.

　　$P = 9.8QH\eta$ [kW]

　この式から，出力 P は流量 Q と有効落差 H に比例することがわかる.

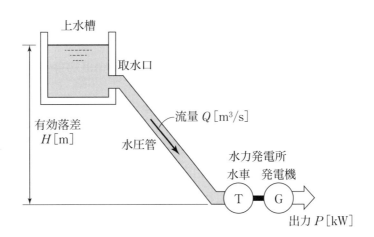

上水槽
取水口
流量 Q[m³/s]
有効落差 H[m]
水圧管
水力発電所
水車　発電機
T　G
出力 P[kW]

5

送電・変電・受電設備

Q-1

図に示す発電方式の名称で, **最も適切なものは**.

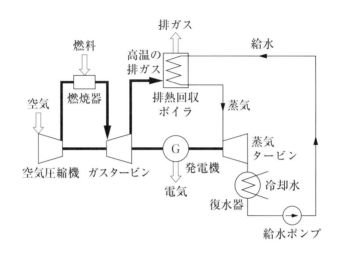

イ. 熱併給発電（コージェネレーション）

ロ. 燃料電池発電

ハ. スターリングエンジン発電

ニ. コンバインドサイクル発電

Q-2

コンバインドサイクル発電の特徴として, **誤っているものは**.

イ. 主に, ガスタービン発電と汽力発電を組み合わせた発電方式である.

ロ. 同一出力の火力発電に比べ熱効率は劣るが, LNG などの燃料が節約できる.

ハ. 短時間で運転・停止が容易にできるので, 需要の変化に対応した運転が可能である.

ニ. 回転軸には, 空気圧縮機とガスタービンが直結している.

A-1 答 ニ

　コンバインドサイクル発電とは，ガスタービン発電と汽力発電を組み合わせた発電方式で，同一出力の火力発電に比べ熱効率が高く，LNG などの燃料を節約することができる発電方式である．

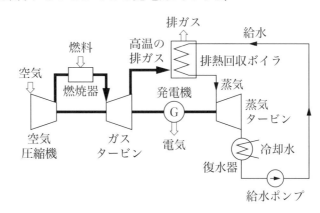

A-2 答 ロ

　コンバインドサイクル発電とは，ガスタービン発電と汽力発電を組み合わせた発電方式で，同一出力の火力発電に比べ熱効率が高く，LNG などの燃料を節約することができる発電方式である．

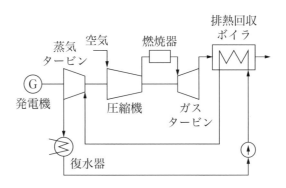

5

送電・変電・受電設備

Q-3

出題年度 2021 AM 問 16

火力発電所で採用されている大気汚染を防止する環境対策として，**誤っているものは**.

イ. 電気集じん器を用いて二酸化炭素の排出を抑制する.

ロ. 排煙脱硝装置を用いて窒素酸化物を除去する.

ハ. 排煙脱硫装置を用いて硫黄酸化物を除去する.

ニ. 液化天然ガス（LNG）など硫黄酸化物をほとんど排出しない燃料を使用する.

Q-4

出題年度 2021 PM 問 19

ディーゼル発電装置に関する記述として，**誤っているものは**.

イ. ディーゼル機関は点火プラグが不要である.

ロ. ディーゼル機関の動作工程は，吸気→爆発（燃焼）→圧縮→排気である.

ハ. 回転むらを滑らかにするために，はずみ車が用いられる.

ニ. ビルなどの非常用予備発電装置として，一般に使用される.

A-3
答 イ

　火力発電所で採用されている大気汚染を防止する環境対策のうち，電気集じん器は燃焼ガス中に含まれるばいじんを除去するために用いる装置なので，**イ**が誤りである．また，この他の環境対策として，窒素酸化物を除去する排煙脱硝装置や硫黄酸化物を除去する排煙脱硫装置を設けること，硫黄酸化物をほとんど排出しない液化天然ガスを燃料として使用するガスタービン発電を採用するなどの方策がある．

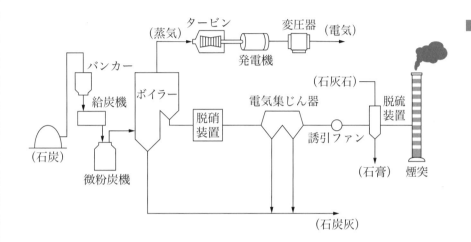

A-4
答 ロ

　ディーゼル機関の動作工程は，吸気→圧縮→爆発(燃焼)→排気であるので，**ロ**が誤りである．また，ディーゼル発電装置の特徴には次のようなものがある．
　・点火プラグが不要（圧縮着火機関）
　・はずみ車が用いられる（回転むらを少なくする）
　・非常用予備発電装置として使用される

Q-5

出題年度
2020
問17
2014
問16

タービン発電機の記述として，**誤っているものは.**

イ. タービン発電機は，駆動力として蒸気圧などを利用している.

ロ. タービン発電機は，水車発電機に比べて回転速度が大きい.

ハ. 回転子は，非突極回転界磁形（円筒回転界磁形）が用いられる.

ニ. 回転子は，一般に縦軸形が採用される.

Q-6

出題年度
2018
問17

図は汽力発電所の再熱サイクルを表したものである．図中の④，⑧，©，⑩の組合せとして，**正しいものは.**

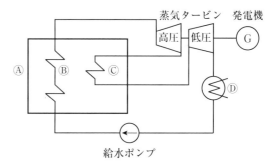

	④	⑧	©	⑩
イ	再熱器	復水器	過熱器	ボイラ
ロ	過熱器	復水器	再熱器	ボイラ
ハ	ボイラ	過熱器	再熱器	復水器
ニ	復水器	ボイラ	過熱器	再熱器

Q-7

出題年度
2018
問18

ディーゼル機関のはずみ車（フライホイール）の目的として，**正しいものは.**

イ. 停止を容易にする.

ロ. 冷却効果を良くする.

ハ. 始動を容易にする.

ニ. 回転のむらを滑らかにする.

A-5
答 ニ

　タービン発電機は，駆動力として蒸気圧などを利用して回転力を発生させるもので，水力発電機に比べて回転速度が大きい．このため，一般に回転子は非突極回転界磁形（円筒回転界磁形）の横軸形が採用される．水力発電機は，有効落差を大きくするため，一般に回転子は縦軸形が採用される．

A-6
答 ハ

　汽力発電所の再熱サイクルを表すと，下図のようになる．再熱サイクルは，ボイラ過熱器で高温高圧にした蒸気を高圧タービンに送り，膨張した蒸気を再びボイラ再熱器で再熱して低圧タービンに送ることで，熱効率を高める汽力発電方式のことである．

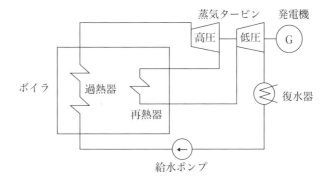

A-7
答 ニ

　ディーゼル機関のはずみ車（フライホイール）は，往復運動を回転運動に変換する過程で生じる回転のむらを滑らかにするため，機関の回転軸に設ける装置である．

Q-8

出題年度

2015

問 18

図は，ボイラの水の循環方式のうち，自然循環ボイラの構成図である．
図中の①，②及び③の組合せとして，**正しいものは**．

イ． ① 蒸発管
    ② 節炭器
    ③ 過熱器

ロ． ① 過熱器
    ② 蒸発管
    ③ 節炭器

ハ． ① 過熱器
    ② 節炭器
    ③ 蒸発管

ニ． ① 蒸発管
    ② 過熱器
    ③ 節炭器

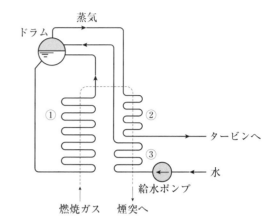

Q-9

出題年度

2023
AM
問 16

2022
AM
問 16

2014
問 18

コージェネレーションシステムに関する記述として，**最も適切なものは**．

イ． 受電した電気と常時連系した発電システム
ロ． 電気と熱を併せ供給する発電システム
ハ． 深夜電力を利用した発電システム
ニ． 電気集じん装置を利用した発電システム

A-8
答 ニ

①はボイラ給水を蒸気に変化させる蒸発管である．②はボイラで発生した飽和蒸気をさらに過熱して過熱蒸気をつくり出す過熱器である．③は煙道ガスの余熱を利用して給水を加熱し，熱効率を向上させる節炭器である．

A-9
答 ロ

コージェネレーションシステムは，内燃力発電設備などにより発電を行い，その排熱を暖冷房や給湯等に利用することによって，総合的な熱効率を向上させるシステムである．

5

送電・変電・受電設備

Q-1

出題年度

2017

問16

太陽光発電に関する記述として，**誤っているものは**．

イ．太陽電池を使用して1 kW の出力を得るには，一般的に1 m² 程度の受光面積の太陽電池を必要とする．

ロ．太陽電池の出力は直流であり，交流機器の電源として用いる場合は，インバータを必要とする．

ハ．太陽光発電設備を一般送配電事業者の電力系統に連系させる場合は，系統連系保護装置を必要とする．

ニ．太陽電池は，半導体の pn 接合部に光が当たると電圧を生じる性質を利用し，太陽光エネルギーを電気エネルギーとして取り出すものである．

Q-2

出題年度

2017

問18

燃料電池の発電原理に関する記述として，**誤っているものは**．

イ．燃料電池本体から発生する出力は交流である．

ロ．燃料の化学反応により発電するため，騒音はほとんどない．

ハ．負荷変動に対する応答性にすぐれ，制御性が良い．

ニ．りん酸形燃料電池は発電により水を発生する．

A-1　答 イ

　一般的な太陽電池では，$1\,m^2$ 当たりの発電出力は 250 W 程度である．このため，太陽電池で 1 kW の出力を得るためには，$4\,m^2$ 程度の面積が必要となる．

一般的な太陽電池モジュール

最大出力	250 W
変換効率*	19 %
寸　法 （面積）	800 × 1 300 mm （約 $1\,m^2$）

＊変換効率 ＝ 電気出力［W］÷ 太陽エネルギー［W］× 100

A-2　答 イ

　燃料電池は水素と酸素の化学反応を利用した発電設備で，発電出力は直流である．化学反応により発電するので騒音はほとんどなく，負荷変動に対する応答性や制御性に優れている．燃料電池の種類には，りん酸形（PAFC）や固体酸化物形（SOFC）などがあるが，発電によって生じるのは水と熱だけである．

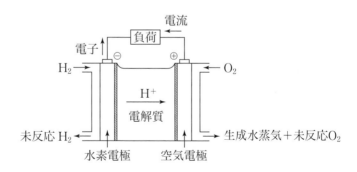

Q-3

出題年度

2023
AM
問13

2023
PM
問13

2015
問13

りん酸形燃料電池の発電原理図として，**正しいものは**.

イ.
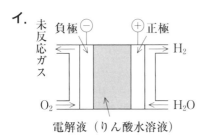
電解液（りん酸水溶液）

ロ.
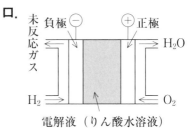
電解液（りん酸水溶液）

ハ.
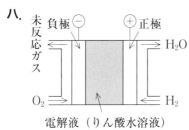
電解液（りん酸水溶液）

ニ.
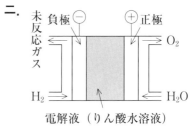
電解液（りん酸水溶液）

5-4　送電・配電設備

架空送電線のスリートジャンプ現象に対する対策として，**適切なものは**.

イ．アーマロッドにて補強する.

ロ．鉄塔では上下の電線間にオフセットを設ける.

ハ．送電線にトーショナルダンパを取り付ける.

ニ．がいしの連結数を増やす.

A-3 答 ロ

　りん酸形燃料電池は，負極に燃料となる水素（H_2）を供給し，正極に酸化剤となる酸素（O_2）を供給して，電解液の中で反応させ電気エネルギーを得る．電解液としては，りん酸（H_3PO_4）が用いられる．燃料電池は化学エネルギーを直接電気エネルギーに変換するので，高い発電効率が得られる．

A-1 答 ロ

　架空送電線のスリートジャンプ現象とは，電線に付着した氷雪が脱落して電線がはね上がる現象のことをいう．この対策として，鉄塔では上下の電線間にオフセット（電線の水平間隔）を設けるなどの方法がある．

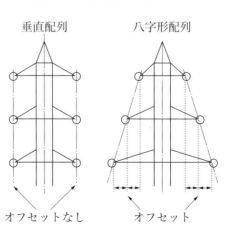

垂直配列　　　八字形配列

オフセットなし　　オフセット

架空送電線の雷害対策として，**誤っているものは**.

イ．架空地線を設置する.

ロ．避雷器を設置する.

ハ．電線相互に相間スペーサを取り付ける.

ニ．がいしにアークホーンを取り付ける.

単導体方式と比較して，多導体方式を採用した架空送電線路の特徴として，**誤っているのは**.

イ．電流容量が大きく，送電容量が増加する.

ロ．電線表面の電位の傾きが下がり，コロナ放電が発生しやすい.

ハ．電線のインダクタンスが減少する.

ニ．電線の静電容量が増加する.

A-2
答 ハ

　電線相互取り付けられる相間スペーサは，風雪などの影響などによる電線同士の接触（ギャロッピング現象）防止のために取り付ける装置なので，ハが誤りである。

写真提供：古河電気工業株式会社

　なお，架空送電線の雷害対策には，架空地線や避雷器を設置することや，がいしにアークホーンを取り付けるなどの方策がある。

A-3
答 ロ

　単導体方式と比較して，多導体方式を採用した架空送電線の特徴には次のようなものがある。このため，ロが誤りである。
　・電流容量が大きく送電容量が増加する
　・電線表面の電位の傾きが下がりコロナ放電が発生しにくくなる
　・電線のインダクタンスが減少する
　・電線の静電容量が増加する

4導体スペーサ・例

写真提供：東北電力株式会社

Q-4

出題年度

2020

問18

送電・配電及び変電設備に使用するがいしの塩害対策に関する記述として，**誤っているものは**．

イ．沿面距離の大きいがいしを使用する．

ロ．がいしにアークホーンを取り付ける．

ハ．定期的にがいしの洗浄を行う．

ニ．シリコンコンパウンドなどのはっ水性絶縁物質をがいし表面に塗布する．

Q-5

出題年度

2020

問19

配電用変電所に関する記述として，**誤っているものは**．

イ．配電電圧の調整をするために，負荷時タップ切換変圧器などが設置されている．

ロ．送電線路によって送られてきた電気を降圧し，配電線路に送り出す変電所である．

ハ．配電線路の引出口に，線路保護用の遮断器と継電器が設置されている．

ニ．高圧配電線路は一般に中性点接地方式であり，変電所内で大地に直接接地されている．

A-4
答 ロ

　がいしへのアークホーンの取り付けは送電線の雷害対策として行うものである．送電・配電及び変電設備に使用するがいしの塩害対策には次のようなものがある．

・沿面距離の大きいがいしの使用
・がいしの定期的な洗浄
・はっ水性絶縁物質の塗布
・過絶縁（懸垂がいしの連結数増）

5

送電・変電・受電設備

A-5
答 ニ

　高圧配電線路は，通信線などへの誘導障害を防止するため，一般に非接地方式が採用される．なお，配電用変電所とは，送電線路によって送られてきた特別高圧の電気を降圧し，配電線路に送り出す変電所をいい，配電線路の電圧を調整するための負荷時タップ切替変圧器，配電線路の引出口には，線路保護用の遮断器と継電器などが設置される．

架空送電線路に使用されるアークホーンの記述として，**正しいものは**.

イ．電線と同種の金属を電線に巻き付けて補強し，電線の振動による素線切れなどを防止する.

ロ．電線におもりとして取り付け，微風により生ずる電線の振動を吸収し，電線の損傷などを防止する.

ハ．がいしの両端に設け，がいしや電線を雷の異常電圧から保護する.

ニ．多導体に使用する間隔材で，強風による電線相互の接近・接触や負荷電流，事故電流による電磁吸引力から素線の損傷を防止する.

送電用変圧器の中性点接地方式に関する記述として，**誤っているものは**.

イ．非接地方式は，中性点を接地しない方式で，異常電圧が発生しやすい.

ロ．直接接地方式は，中性点を導線で接地する方式で，地絡電流が大きい.

ハ．抵抗接地方式は，地絡故障時，通信線に対する電磁誘導障害が直接接地方式と比較して大きい.

ニ．消弧リアクトル接地方式は，中性点を送電線路の対地静電容量と並列共振するようなリアクトルで接地する方式である.

A-6
答 ハ

　アークホーンは，がいしの両端に設け，がいしや電線を雷の異常電圧から保護する．なお，**イ**の記述はアーマロッド，**ロ**の記述はダンパ，**ニ**の記述はスペーサである．

> **！重要** **送電設備の雷害対策**
>
> ① 架空地線
> 　接地した電線を鉄塔の頂部に設置し，雷撃を大地に流す．
> ② アークホーン
> 　がいしの両端に設置し，雷などの原因でフラッシオーバ※が発生したとき，がいし破損を防止する．
> 　※　フラッシオーバ
> 　　がいし等の表面上を周囲の空気を通じて接続アークが発生する絶縁破壊現象．
> ③ 避雷器
> 　雷サージや開閉サージなどの異常過電圧を大地に放電させ，機器を絶縁破壊から保護する．

5

送電・変電・受電設備

A-7
答 ハ

　送電線用変圧器の抵抗接地方式は，抵抗を通じて中性点を接地する方式である．$66\,\text{kV}$以上$154\,\text{kV}$以下の特別高圧送電線路で用いられる接地方式で，直接接地方式と比較し，地絡故障時の通信線路への誘導障害を小さくできる特徴がある．

Q-8

出題年度
2017
問17

架空送電線路に使用されるダンパの記述として，**正しいものは**.

イ. がいしの両端に設け，がいしや電線を雷の異常電圧から保護する．

ロ. 電線と同種の金属を電線に巻き付けて補強し，電線の振動による素線切れなどを防止する．

ハ. 電線におもりとして取り付け，微風により生じる電線の振動を吸収し，電線の損傷などを防止する．

ニ. 多導体に使用する間隔材で，強風による電線相互の接近・接触や負荷電流，事故電流による電磁吸引力から素線の損傷を防止する．

Q-9

出題年度
2017
問19

変電設備に関する記述として，**誤っているものは**.

イ. 開閉設備類を SF_6 ガスで充たした密閉容器に収めた GIS 式変電所は，変電所用地を縮小できる．

ロ. 空気遮断器は，発生したアークに圧縮空気を吹き付けて消弧するものである．

ハ. 断路器は，送配電線や変電所の母線，機器などの故障時に電路を自動遮断するものである．

ニ. 変圧器の負荷時タップ切換装置は電力系統の電圧調整などを行うことを目的に組み込まれたものである．

Q-10

出題年度
2016
問18

架空送電線の雷害対策として，**適切なものは**.

イ. がいしにアークホーンを取り付ける．

ロ. がいしの洗浄装置を施設する．

ハ. 電線にダンパを取り付ける．

ニ. がいし表面にシリコンコンパウンドを塗布する．

A-8 答 ハ

　架空送電線に使用されるダンパは，送電線が微風を受けて生じる振動（微風振動）を吸収し，電線の疲労や，付属品金具の損傷などの被害を防止するために取り付けられる．

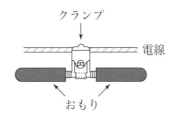

クランプ

電線

おもり

5

送電・変電・受電設備

A-9 答 ハ

　断路器は，送電線や変電所の母線，機器などの点検や工事などを行うときに，当該箇所を無電圧にする機器である．機器の故障などにより，短絡事故や地絡事故が発生したときに，電路を自動的に遮断するのは遮断器である．

A-10 答 イ

　架空送電の雷害対策には，アークホーンや架空地線の設置などがある．アークホーンは，がいしに取り付け，異常電圧が侵入してきたときにホーン間で放電させることで，がいしなどの送電設備を保護する．

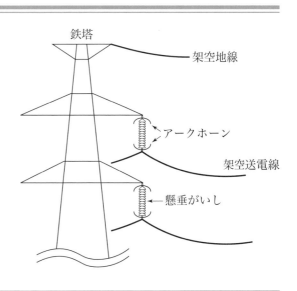

鉄塔

架空地線

アークホーン

架空送電線

懸垂がいし

送電線に関する記述として，**誤っているものは．**

イ． 交流電流を流したとき，電線の中心部より外側の方が単位断面積当たりの電流は大きい．

ロ． 同じ容量の電力を送電する場合，送電電圧が低いほど送電損失が小さくなる．

ハ． 架空送電線路のねん架は，全区間の各相の作用インダクタンスと作用静電容量を平衡させるために行う．

ニ． 直流送電は，長距離・大電力送電に適しているが，送電端，受電端にそれぞれ交直変換装置が必要となる．

架空送電線路に使用されるアーマロッドの記述として，**正しいものは．**

イ． がいしの両端に設け，がいしや電線を雷の異常電圧から保護する．

ロ． 電線と同種の金属を電線に巻きつけ補強し，電線の振動による素線切れなどを防止する．

ハ． 電線におもりとして取付け，微風により生じる電線の振動を吸収し，電線の損傷などを防止する．

ニ． 多導体に使用する間隔材で強風による電線相互の接近・接触や負荷電流，事故電流による電磁吸引力のための素線の損傷を防止する．

Q-13
出題年度
2023
AM
問 21
2014
問 20

次の文章は，電気設備の技術基準で定義されている調相設備についての記述である．

「調相設備とは，□□□を調整する電気機械器具をいう．」

上記の空欄にあてはまる語句として，**正しいものは．**

イ． 受電電力　　**ロ．** 最大電力

ハ． 無効電力　　**ニ．** 皮相電力

A-11
答 ロ

　同じ容量の電力を送電する場合，送電電圧が高くなると電流は電圧に反比例して小さくなる．

$$I = \frac{P}{\sqrt{3}V\cos\theta}$$

　電力損失 P_l は電流の2乗に比例するから，送電電圧が高ければ，電力損失は小さくなる．

$$P_l = 3I^2r$$

A-12
答 ロ

　架空送電線路において，電線の振動による素線切れを防止するのに用いられるものはアーマロッドである．アーマロッドは，電線支持点を中心に電線と同種の金属を巻き付けて，電線を補強したものである．

　なお，**イ**はアークホーン，**ハ**はダンパ，**ニ**はスペーサである．

A-13
答 ハ

　調相設備とは，無効電力を調整する電気機械器具をいう．調相設備には，同期調相機，電力用コンデンサ，分路リアクトル，静止形無効電力補償装置などがある．調相設備を負荷と並列に接続し，電線路に流れる無効電力を調整することにより電圧調整を行い，受電端の電圧が一定になるようにする．

5

送電・変電・受電設備

Q-1

高圧受電設備における遮断器と断路器の記述に関して，**誤っているもの**は．

イ．断路器が閉の状態で，遮断器を開にする操作を行った．

ロ．断路器が閉の状態で，遮断器を閉にする操作を行った．

ハ．遮断器が閉の状態で，負荷電流が流れているとき，断路器を開にする操作を行った．

ニ．断路器を，開路状態において自然に閉路するおそれがないように施設した．

Q-2

高圧受電設備に雷その他による異常な過大電圧が加わった場合の避雷器の機能として，**適切なものは**．

イ．過大電圧に伴う電流を大地へ分流することによって過大電圧を制限し，過大電圧が過ぎ去った後に，電路を速やかに健全な状態に回復させる．

ロ．過大電圧が侵入した相を強制的に切り離し回路を正常に保つ．

ハ．内部の限流ヒューズが溶断して，保護すべき電気機器を電源から切り離す．

ニ．電源から保護すべき電気機器を一時的に切り離し，過大電圧が過ぎ去った後に再び接続する．

A-1
答 ハ

　遮断器は遮断部に消弧装置を有しているので負荷電流を開閉することができるが，断路器は負荷電流を開閉できないため，無負荷状態で開閉を行わなくてはいけない．このため，遮断器が閉の状態で負荷電流が流れているとき，断路器を開にする操作は行ってはならない．一般的に高圧受電設備の充停電操作は次の順序で行う．

〔停電時〕　　　〔充電時〕

①遮断器：開　　①断路器：閉

②断路器：開　　②遮断器：閉

（高圧受電設備規程 1150-2）

5

送電・変電・受電設備

A-2
答 イ

　高圧受電設備の雷保護に使用される避雷器は，引込口近くに設置され，雷撃などによる過大電圧に伴う電流を大地に分流することによって過大電圧を制限し，過大電圧が過ぎ去った後に，電路を速やかに健全な状態に復帰させる機能を有している．避雷器には，酸化亜鉛（ZnO）素子が使用され，この素子は通常は絶縁体であるが，一定以上の電圧が加わると導体となる特性を利用して，過大電圧を抑制している．

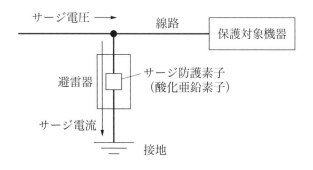

Q-3

出題年度
2021 PM 問20
2016 問21

高圧電路に施設する避雷器に関する記述として，**誤っているものは**.

イ. 雷電流により，避雷器内部の高圧限流ヒューズが溶断し，電気設備を保護した.

ロ. 高圧架空電線路から電気の供給を受ける受電電力 500 kW の需要場所の引込口に施設した.

ハ. 近年では酸化亜鉛（ZnO）素子を使用したものが主流となっている.

ニ. 避雷器には A 種接地工事を施した.

Q-4

出題年度
2023 AM 問8
2020 問8
2016 問8

図のように，変圧比が 6 300/210 V の単相変圧器の二次側に抵抗負荷が接続され，その負荷電流は 300 A であった．このとき，変圧器の一次側に設置された変流器の二次側に流れる電流 I [A] は.

ただし変流器の変流比は 20/5 A とし，負荷抵抗以外のインピーダンスは無視する.

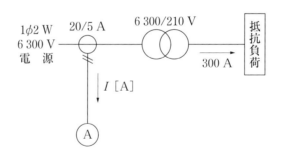

イ. 2.5　　**ロ.** 2.8　　**ハ.** 3.0　　**ニ.** 3.2

A-3
答 イ

避雷器とは，雷などによる異常電圧が襲来したときに，内部放電させることで，大地との電圧上昇を抑えて機器を保護する装置で，引込口近くに設置される．現在はギャップレ

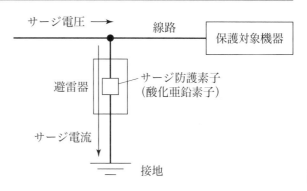

ス避雷器が主流で，電圧電流特性が優れた酸化亜鉛（ZnO）素子が使用される．この素子は，通常は絶縁体であるが，雷サージが侵入した 場合のみ導体となる特性があり，この性質を利用して，放電電流が大地に流れることにより，雷サージなどが低減され異常電圧を抑制する．

5

送電・変電・受電設備

A-4
答 イ

損失を無視する変圧器では，一次側と二次側の電力は等しくなる．

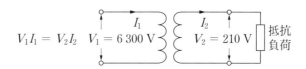

変圧比が 6 300/210 V，二次側電流が 300 A なので，一次側電流 I_1 は，

$$I_1 = \frac{V_2}{V_1} \times I_2 = \frac{210}{6\,300} \times 300 = 10 \text{ A}$$

CT の変流比が 20/5 A なので，電流計に流れる電流 I [A] は，次式のように求まる．

$$I = I_1 \times \frac{5}{20} = 10 \times \frac{5}{20} = 2.5 \text{ A}$$

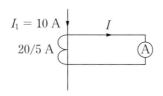

Q-5

出題年度

2023
PM
問20

2020
問20

2014
問21

次の機器のうち，高頻度開閉を目的に使用されるものは．

イ．高圧断路器

ロ．高圧交流負荷開閉器

ハ．高圧交流真空電磁接触器

ニ．高圧交流遮断器

Q-6

出題年度

2020
問21

キュービクル式高圧受電設備の特徴として，**誤っているものは**．

イ．接地された金属製箱内に機器一式が収容されるので，安全性が高い．

ロ．開放形受電設備に比べ，より小さな面積に設置できる．

ハ．開放形受電設備に比べ，現地工事が簡単となり工事期間も短縮できる．

ニ．屋外に設置する場合でも，雨等の吹き込みを考慮する必要がない．

Q-7

出題年度

2018
問20

零相変流器と組み合わせて使用する継電器の種類は．

イ．過電圧継電器

ロ．過電流継電器

ハ．地絡継電器

ニ．比率差動継電器

A-5
答 ハ

　高頻度開閉を目的に使用される機器は，高圧交流真空電磁接触器（VMC）である．この機器は，主接触子を電磁石の力で開閉する装置で，負荷開閉の耐久性が非常に高いが，短絡電流などの大電流は遮断できない．このため，自動力率調整装置と組み合わせ，進相コンデンサの開閉用などに使用される．

A-6
答 ニ

　キュービクル式高圧受電設備とは，接地された金属箱に機器一式（断路器，遮断器，変圧器，保護継電器など）を収納した受電設備で，屋外に設置する場合は，内部機器の故障防止のため，内部に雨等の吹込みを考慮した防雨構造としなくてはいけない（JIS C 4620）．また，キュービクル式高圧受電設備は，開放形受電設備に比べ，次のような特徴がある．
　　・金属箱内に収容されるので安全性が高い
　　・設置に必要な面積や場所の制約が少ない
　　・現地工事が簡単になり工事期間を短縮できる

A-7
答 ハ

　地絡継電器（GR）は，大地と電路が接触した場合の事故電流を零相変流器で検出し，検出した地絡電流が，継電器の整定値以上流れると，遮断器を動作させ，地絡事故回路を開放するための継電器である．なお，方向性をもったものを，地絡方向継電器（DGR）といい，保護対象以外の地絡事故で不要動作をしないようになっている．

Q-8

高圧受電設備の短絡保護装置として，**適切な組合せは.**

イ．過電流継電器

　　高圧柱上気中開閉器

ロ．地絡継電器

　　高圧真空遮断器

ハ．地絡方向継電器

　　高圧柱上気中開閉器

ニ．過電流継電器

　　高圧真空遮断器

5-6　高調波対策

Q-1

高調波に関する記述として，**誤っているものは.**

イ．電力系統の電圧，電流に含まれる高調波は，第5次，第7次などの
　　比較的周波数の低い成分が大半である.

ロ．インバータは高調波の発生源にならない.

ハ．高圧進相コンデンサには高調波対策として，直列リアクトルを設置
　　することが望ましい.

ニ．高調波は，電動機に過熱などの影響を与えることがある.

A-8
答 ニ

高圧受電設備の短絡保護は，過電流継電器（OCR）で短絡事故を検出し，高圧真空遮断器（VCB）を開放することで短絡事故点を除去する．受電設備容量が300 kV·A以下では，短絡保護に限流ヒューズ付高圧交流負荷開閉器（PF付LBS）が用いられる．

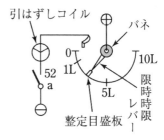

［過電流継電器（OCR）の限時整定装置］

A-1
答 ロ

高調波とは，ひずみ波交流に含まれる基本波の整数倍の周波数をもつ正弦波のことで，電力系統には，第5次，第7次などの比較的周波数の低い成分が大半であるが，この発生源には，電動機などに使用されるインバータ，無停電電源装置（UPS）に使用されるサイリスタ整流器やPWMコンバータなどがある．なお，高調波は，電動機に過熱などの影響を与えることがあり，高圧進相コンデンサには高調波対策として，直列リアクトルを設置することが望ましい（高圧受電設備規程3110, 3120）．

Q-2

出題年度

2018
問 21

高調波の発生源とならない機器は.

イ. 交流アーク炉

ロ. 半波整流器

ハ. 進相コンデンサ

ニ. 動力制御用インバータ

A-2
答　ハ

　高調波の発生源となる機器として，アーク炉，半波整流器，電力制御用インバータなどがある．これらの負荷は電流波形を歪ませるので，高調波電流の発生源となる．進相コンデンサは，使用条件によっては高調波電流を拡大することはあるが発生源ではない．

！重要　高調波とは

50 Hz または 60 Hz の基本波交流電圧（電流）に対し，整数倍の周波数の正弦波成分が高調波である．

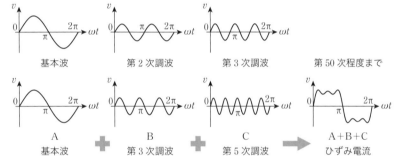

高調波の発生源
- ・サイリスタを使用した整流器，インバータ制御機器，無停電電源（UPS, CVCF）
- ・電気炉などのアーク電流

高調波の被害機器
- ・保護継電器の誤動作
- ・コンデンサ，直列リアクトルの過大電流による過熱，振動，騒音の発生
- ・変圧器の騒音の発生，効率低下

高調波抑制対策
- ・LC フィルタ（受動フィルタ），アクティブフィルタ（能動フィルタ）を設置する
- ・整流器は多相整流（多パルス化）する
- ・力率改善用コンデンサ設備に直列リアクトルを設置する

5　送電・変電・受電設備

••• 第 **6** 章 •••

電気工事施工方法

平均出題数 **5** 問

自家用電気工作物において，低圧の幹線から分岐して，水気のない場所に施設する低圧用の電気機械器具に至る低圧分岐回路を設置する場合において，**不適切なものは**．

イ． 低圧分岐回路の適切な箇所に開閉器を施設した．

ロ． 低圧分岐回路に過電流が生じた場合に幹線を保護できるよう，幹線にのみ過電流遮断器を施設した．

ハ． 低圧分岐回路に，〈PS〉E の表示のある漏電遮断器（定格感度電流が 15 mA 以下，動作時間が 0.1 秒以下の電流動作型のものに限る．）を施設した．

ニ． 低圧分岐回路は，他の配線等との混触による火災のおそれがないよう施設した．

低圧配線と弱電流電線とが接近又は交差する場合，又は同一ボックスに収める場合の施工方法として，**誤っているものは**．

イ． 埋込形コンセントを収める合成樹脂製ボックス内に，ケーブルと弱電流電線との接触を防ぐため堅ろうな隔壁を設けた．

ロ． 低圧配線を金属管工事で施設し，弱電流電線と同一の金属製ボックスに収めた場合，ボックス内に堅ろうな隔壁を設け，金属製部分には D 種接地工事を施した．

ハ． 低圧配線を金属ダクト工事で施設し，弱電流電線と同一ダクトで施設する場合，ダクト内に堅ろうな隔壁を設け，金属製部分には C 種接地工事を施した．

ニ． 絶縁電線と同等の絶縁効力があるケーブルを使用したリモコンスイッチ用弱電流電線（識別が容易にできるもの）を，低圧配線と同一の配管に収めて施設した．

A-1
答　ロ

　電技解釈第149条により，低圧分岐回路には適切な場所（原則は分岐点から3m以内）に過電流遮断器及び開閉器を施設しなくてはいけない．低圧幹線の過電流遮断器の定格電流I_0と，分岐回路に取り付ける過電流遮断器の位置に対して，分岐回路の許容電流Iの関係は下表のように定められている．

過電流遮断器の施設（電技解釈第149条）

	配線用遮断器までの長さ
原則	3 m 以下
$I \geqq 0.35 I_0$	8 m 以下
$I \geqq 0.55 I_0$	制限なし

A-2
答　ロ

　電技解釈第167条により，低圧配線を金属管工事で施設し，弱電流電線と同一の金属製ボックスに収める場合，弱電流電線は個別の管に収め，低圧配線と弱電流電線の間に堅牢な隔壁を設け，かつ，金属製部分にC種接地工事を施す．

6

電気工事施工方法

Q-3

出題年度
2022
AM
問27

平形保護層工事の記述として，**誤っているものは.**

イ. 旅館やホテルの宿泊室には施設できない.

ロ. 壁などの造営材を貫通させて施設する場合は，適切な防火区画処理等の処理を施さなければならない.

ハ. 対地電圧 150 V 以下の電路でなければならない.

ニ. 定格電流 20 A の過負荷保護付漏電遮断器に接続して施設できる.

Q-4

出題年度
2022
AM
問28

合成樹脂管工事に使用する材料と管との施設に関する記述として，**誤っているものは.**

イ. PF 管を直接コンクリートに埋め込んで施設した.

ロ. CD 管を直接コンクリートに埋め込んで施設した.

ハ. PF 管を点検できない二重天井内に施設した.

ニ. CD 管を点検できる二重天井内に施設した.

Q-5

出題年度
2021
AM
問27
2019
問29

使用電圧 300 V 以下のケーブル工事による低圧屋内配線において，**不適切なものは.**

イ. 架橋ポリエチレン絶縁ビニルシースケーブルをガス管と接触しないように施設した.

ロ. ビニル絶縁ビニルシースケーブル（丸形）を造営材の側面に沿って，支持点間を 3 m にして施設した.

ハ. 乾燥した場所で長さ 2 m の金属製の防護管に収めたので，防護管の D 種接地工事を省略した.

ニ. 点検できる隠ぺい場所にビニルキャブタイヤケーブルを使用して施設した.

A-3

答 ロ

　電技解釈第165条により，平形保護層工事は造営物の床面または壁面に施設し，造営材を貫通してはいけないので，**ロ**が誤りである．また，平形保護層工事は，電路の対地電圧は150 V以下，定格電流が30 A以下の過電流遮断器で保護される分岐回路に施設し，旅館やホテルの宿泊室，学校の教室，病院の病室などの場所には施設できない．

A-4

答 ニ

　電技解釈第158条により，CD管を使用した合成樹脂管工事では，直接コンクリートに埋め込んで施設するか，専用の不燃性または自消性のある難燃性の管またはダクトに収めて施設しなくてはいけない．このため，**ニ**のCD管を二重天井内に施設したが誤りである．

A-5

答 ロ

　電技解釈第164条により，ケーブル工事による低圧屋内配線で，電線を造営材の下面または側面に沿って取り付ける場合，支持点間の距離はケーブルにあっては2 m以下（接触防護措置を施した場所において垂直に取り付ける場合は6 m以下）である．

Q-6

可燃性ガスが存在する場所に低圧屋内電気設備を施設する施工方法として，**不適切なものは**．

イ． スイッチ，コンセントは，電気機械器具防爆構造規格に適合するものを使用した．

ロ． 可搬形機器の移動電線には，接続点のない3種クロロプレンキャブタイヤケーブルを使用した．

ハ． 金属管工事により施工し，厚鋼電線管を使用した．

ニ． 金属管工事により施工し，電動機の端子箱との可とう性を必要とする接続部に金属製可とう電線管を使用した．

Q-7

展開した場所のバスダクト工事に関する記述として，**誤っているものは**．

イ． 低圧屋内配線の使用電圧が400 Vで，かつ，接触防護措置を施したので，ダクトにはD種接地工事を施した．

ロ． 低圧屋内配線の使用電圧が200 Vで，かつ，湿気が多い場所での施設なので，屋外用バスダクトを使用し，バスダクト内部に水が浸入してたまらないようにした．

ハ． 低圧屋内配線の使用電圧が200 Vで，かつ，接触防護措置を施したので，ダクトの接地工事を省略した．

ニ． ダクトを造営材に取り付ける際，ダクトの支持点間の距離を2 mとして施設した．

Q-8

金属管工事の施工方法に関する記述として，**適切なものは**．

イ． 金属管に，屋外用ビニル絶縁電線を収めて施設した．

ロ． 金属管に，高圧絶縁電線を収めて，高圧屋内配線を施設した．

ハ． 金属管内に接続点を設けた．

ニ． 使用電圧が400 Vの電路に使用する金属管に接触防護措置を施したので，D種接地工事を施した．

A-6
答 二

　電技解釈第176条により，可燃性ガスが存在する場所での低圧屋内配線は，金属管工事かケーブル工事（キャブタイヤケーブルを除く）により施工し，電動機の端子箱との接続部に可とう性を必要とする場合は，電技解釈第159条に定めるフレキシブルフィッチングを使用しなければならない．この部分に金属製可とう電線管を使用することはできないので，**二**が誤りである．なお，移動電線には3種と4種のクロロプレンキャブタイヤケーブルを使用できる．

A-7
答 ハ

　電技解釈第163条により，使用電圧300V以下のバスダクト工事は，防護措置の有無にかかわらずD種接地工事を施さなくてはならないので，**ハ**が誤りである．使用電圧300Vを超える場合はC種接地工事を施すが，接触防護措置を施す場合はD種接地工事によることができる．また，ダクト内部に水が浸入してたまらないように施工し，ダクトを造営材に取り付ける場合は支持点間の距離を3m（取扱者以外立入できない場所で垂直に取り付ける場合は6m）以下とし堅ろうに取り付ける．

A-8
答 二

　電技解釈第159条により，金属管工事による低圧屋内配線の使用電圧が300Vを超える場合は，管にC種接地工事を施さなくてはならないが，接触防護措置を施す場合は，D種接地工事によることができるので，**二**が正しい．なお，同条により，金属管工事には屋外用ビニル絶縁電線以外の絶縁電線を使用し，金属管内に接続点を設けてはならない．また，電技解釈第168条により，高圧屋内配線は，がいし引き工事（乾燥した展開場所に限る），ケーブル工事で施設する．金属管工事で施設してはいけない．

6

電気工事施工方法

Q-9

出題年度

2021
PM
問 29

2016
問 27

使用電圧が 300 V 以下の低圧屋内配線のケーブル工事の施工方法に関する記述として，**誤っているものは**．

イ． ケーブルを造営材の下面に沿って水平に取り付け，その支持点間の距離を 3 m にして施設した．

ロ． ケーブルの防護装置に使用する金属製部分に D 種接地工事を施した．

ハ． ケーブルに機械的衝撃を受けるおそれがあるので，適当な防護装置を設けた．

ニ． ケーブルを接触防護措置を施した場所に垂直に取り付け，その支持点間の距離を 5 m にして施設した．

Q-10

出題年度

2020
問 27

乾燥した場所であって展開した場所に施設する使用電圧 100 V の金属線ぴ工事の記述として，**誤っているものは**．

イ． 電線にはケーブルを使用しなければならない．

ロ． 使用するボックスは，「電気用品安全法」の適用を受けるものであること．

ハ． 電線を収める線ぴの長さが 12 m の場合，D 種接地工事を施さなければならない．

ニ． 線ぴ相互を接続する場合，堅ろうに，かつ，電気的に完全に接続しなければならない．

Q-11

出題年度

2019
問 28

金属管工事の記述として，**不適切なものは**．

イ． 金属管に，直径 2.6 mm の絶縁電線（屋外用ビニル絶縁電線を除く）を収めて施設した．

ロ． 金属管に，高圧絶縁電線を収めて，高圧屋内配線を施設した．

ハ． 金属管を湿気の多い場所に施設するため，防湿装置を施した．

ニ． 使用電圧が 200 V の電路に使用する金属管に D 種接地工事を施した．

A-9
答 イ

　電技解釈第 164 条により，ケーブルを造営材の下面に沿って取り付ける場合は，ケーブルの支持点間の距離は 2 m 以下（接触防護措置を施した場所で垂直に取り付ける場合は 6 m 以下）としなければならない．また，低圧屋内配線の使用電圧が 300 V 以下の場合は，防護措置の金属製部分には D 種接地工事を施す．

A-10
答 イ

　電技解釈第 161 条により，金属線ぴ工事による低圧屋内配線の電線には，絶縁電線（屋外用ビニル絶縁電線を除く）を使用しなくてはならない．なお，金属線ぴ工事に使用する金属製線ぴ及びボックスは，電気用品安全法の適用を受けるものを使用し，線ぴ相互及び線ぴとボックスとは，堅ろうに，かつ，電気的に完全に接続し，線ぴには D 種接地工事を施さなくてはならない（使用電圧が 100 V 以下の乾燥した場所に，長さ 8 m 以下の線ぴを施設するときは D 種接地工事を省略できる）．

A-11
答 ロ

　電技解釈第 168 条により，高圧屋内配線は，がいし引き工事（乾燥した展開場所に限る），ケーブル工事で施設する．金属管工事で施設してはいけない．金属管工事による低圧屋内配線は，電技解釈第 159 条により，絶縁電線（屋外用ビニル絶縁電線を除く）を使用し，使用電圧が 300 V 以下の場合は，管に D 種接地工事を施さなくてはならない．

6

電気工事施工方法

Q-12

出題年度

2018
問27

ライティングダクト工事の記述として，**不適切なものは**．

イ．ライティングダクトを1.5 mの支持間隔で造営材に堅ろうに取り付けた．

ロ．ライティングダクトの終端部を閉そくするために，エンドキャップを取り付けた．

ハ．ライティングダクトにD種接地工事を施した．

ニ．接触防護措置を施したので，ライティングダクトの開口部を上向きに取り付けた．

Q-13

出題年度

2023
AM
問28

2023
PM
問28

2022
PM
問28

2018
問28

合成樹脂管工事に使用できない絶縁電線の種類は．

イ．600 V ビニル絶縁電線

ロ．600 V 二種ビニル絶縁電線

ハ．600 V 耐燃性ポリエチレン絶縁電線

ニ．屋外用ビニル絶縁電線

Q-14

出題年度

2022
AM
問29

2022
PM
問29

2018
問29

　点検できる隠ぺい場所で，湿気の多い場所又は水気のある場所に施す使用電圧300 V以下の低圧屋内配線工事で，施設することができない工事の種類は．

イ．金属管工事

ロ．金属線ぴ工事

ハ．ケーブル工事

ニ．合成樹脂管工事

A-12
答 ニ

電技解釈第165条により，ライティングダクト工事は，ダクトの開口部を下に向けて施設しなくてはならない．また，ダクトの支持点間の距離は2m以下，終端部は閉そくし，D種接地工事を施さなくてはならない．

A-13
答 ニ

電技解釈第158条により，合成樹脂管工事に使用する電線は，屋外用ビニル絶縁電線を除く絶縁電線で，より線または直径3.2mm以下の単線を使用しなくてはならない．

A-14
答 ロ

電技解釈第156条により，点検できる隠ぺい場所で，湿気の多い場所または水気のある場所の低圧屋内配線工事は，がいし引き工事，合成樹脂管工事，金属管工事，金属可とう電線管工事，ケーブル工事で行わなければならない．金属線ぴ工事は，使用電圧300V以下の乾燥した場所で，展開した場所か点検できる隠ぺい場所に限られる．

6

電気工事施工方法

Q-15

出題年度
2017
問28

使用電圧が300 V以下のケーブル工事の記述として，**誤っているものは**．

イ．ビニルキャブタイヤケーブルを点検できない隠ぺい場所に施設した．

ロ．MIケーブルを，直接コンクリートに埋め込んで施設した．

ハ．ケーブルを収める防護装置の金属製部分に，D種接地工事を施した．

ニ．機械的衝撃を受けるおそれがある箇所に施設するケーブルには，防護装置を施した．

Q-16

出題年度
2015
問27

金属線ぴ工事の記述として，**誤っているものは**．

イ．電線には絶縁電線（屋外用ビニル絶縁電線を除く．）を使用した．

ロ．電気用品安全法の適用を受けている金属製線ぴ及びボックスその他の附属品を使用して施工した．

ハ．湿気のある場所で，電線を収める線ぴの長さが12 mなので，D種接地工事を省略した．

ニ．線ぴとボックスを堅ろうに，かつ，電気的に完全に接続した．

Q-17

出題年度
2014
問29

ライティングダクト工事の記述として，**誤っているものは**．

イ．ライティングダクトを1.5 mの支持間隔で造営材に堅ろうに取り付けた．

ロ．ライティングダクトの終端部を閉そくするために，エンドキャップを取り付けた．

ハ．ライティングダクトの開口部を人が容易に触れるおそれがないので，上向きに取り付けた．

ニ．ライティングダクトにD種接地工事を施した．

A-15
答 イ

　電技解釈第164条により，点検できない隠ぺい場所にビニルキャブタイヤケーブルは施設できない．ビニルキャブタイヤケーブルを施設できるのは，使用電圧300 V以下の展開した場所または点検できる隠ぺい場所に限られる．

A-16
答 ハ

　金属線ぴ工事は電技解釈第161条により，原則としてD種接地工事を施す．ただし，次の場合は，D種接地工事を省略できる．
- 長さ4 m以下の金属線ぴを施設する場合．
- 交流対地電圧が150 V以下の場合において，電線を収める金属線ぴの長さが8 m以下のものに簡易接触防護措置を施すとき，または乾燥した場所に施設するとき．

A-17
答 ハ

　ライティングダクト工事においては，電技解釈第165条により，ダクトの開口部は下に向けて施設しなければならない．

⚠重要　ライティングダクトの施設方法

- 支持点間の距離は2 m以下とする
- 開口部は下向きとする
- 終端部は閉そくする
- 造営材を貫通してはいけない

6

電気工事施工方法

6-2　電気設備・配線器具の設置方法

Q-1

出題年度

2021
PM

問 28

2015

問 28

絶縁電線相互の接続に関する記述として，**不適切なものは**．

イ．接続部分には，接続管を使用した．

ロ．接続部分を，絶縁電線の絶縁物と同等以上の絶縁効力のあるもの
　　で，十分に被覆した．

ハ．接続部分において，電線の引張り強さが 10 % 減少した．

ニ．接続部分において，電線の電気抵抗が 20 % 増加した．

6-3　高圧屋内配線・引込線

Q-1

出題年度

2023
AM

問 27

低圧又は高圧架空電線の高さの記述として，**不適切なものは**．

イ．高圧架空電線が道路（車両の往来がまれであるもの及び歩行の用に
　　のみ供される部分を除く．）を横断する場合は，路面上 5 m 以上と
　　する．

ロ．低圧架空電線を横断歩道橋の上に施設する場合は，横断歩道橋の路
　　面上 3 m 以上とする．

ハ．高圧架空電線を横断歩道橋の上に施設する場合は，横断歩道橋の路
　　面上 3.5 m 以上とする．

ニ．屋外照明用であって，ケーブルを使用し対地電圧 150 V 以下の低圧
　　架空電線を交通に支障のないよう施設する場合は，地表上 4 m 以上
　　とする．

A-1
答 ニ

　電技解釈第12条により，絶縁電線相互の接続は，電線の抵抗を増加させ
ないように接続しなくてはならない．また，電線の接続は次のように行わ
なければならない．

・接続部分には接続管を使用すること
・接続部分の絶縁電線の絶縁物と同等以上の絶縁効力のあるもので十分
　被覆すること
・電線の引張強さを 20 %以上減少させないこと

> **！重要　絶縁電線相互の接続**
>
> ・電線の電気抵抗を増加させない
> ・電線の引張り強さを 20 % 以上減少させない
> ・接続部分には，接続管を使うか，ろう付けをする
> ・絶縁電線の絶縁物と同等以上の絶縁効力のある接続器具を使用するか，同
> 　等以上の絶縁効力のあるもので十分に被覆する

6

電気工事施工方法

A-1
答 イ

　電技解釈第68条により，低圧架空電線又は高圧架空電線が道路（車両の
往来がまれであるもの及び歩行の用にのみ供される部分を除く）を横断す
る場合，路面上 6 m 以上と定められている．

低高圧架空電線の高さ（電技解釈第 68 条 68-1 表）

区分	高さ
道路（車両の往来がまれである もの及び歩行の用にのみ供される 部分を除く）を横断する場合	路面上 6 m 以上
低圧架空電線を横断歩道上に施設 する場合	横断歩道路面上 3 m 以上
高圧架空電線を横断歩道上に施設 する場合	横断歩道路面上 3.5 m 以上
上記以外の屋外用照明であって， 絶縁電線又はケーブルを使用した 対地電圧 150 V 以下のものを交通 に支障のないように施設する場合	地表上 4 m 以上

Q-2

出題年度
2022
PM
問27

高圧屋内配線をケーブル工事で施設する場合の記述として，**誤っている**ものは．

イ．電線を電気配線用のパイプシャフト内に施設（垂直につり下げる場合を除く）し，8 m の間隔で支持をした．

ロ．他の弱電流電線との離隔距離を 30 cm で施設した．

ハ．低圧屋内配線との間に耐火性の堅ろうな隔壁を設けた．

ニ．ケーブルを耐火性のある堅ろうな管に収め施設した．

Q-3

出題年度
2023
PM
問24
2020
問25
2014
問25

引込柱の支線工事に使用する材料の組合せとして，**正しいものは**．

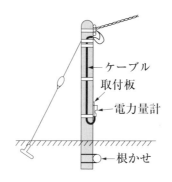

イ．亜鉛めっき鋼より線，玉がいし，アンカ

ロ．耐張クランプ，巻付グリップ，スリーブ

ハ．耐張クランプ，玉がいし，亜鉛めっき鋼より線

ニ．巻付グリップ，スリーブ，アンカ

Q-4

出題年度
2020
問28
2017
問27
2014
問28

高圧屋内配線を，乾燥した場所であって展開した場所に施設する場合の記述として，**不適切なものは**．

イ．高圧ケーブルを金属管に収めて施設した．

ロ．高圧ケーブルを金属ダクトに収めて施設した．

ハ．接触防護措置を施した高圧絶縁電線をがいし引き工事により施設した．

ニ．高圧絶縁電線を金属管に収めて施設した．

A-2 答 イ

　電技解釈第 168 条により，高圧屋内配線をケーブル工事でパイプシャフト内に垂直に取り付ける場合，電線の支持点間の距離は 6 m 以下で施設しなくてはいけない．また，低圧屋内配線，弱電流線との離隔距離は 15 cm 以上として施設するか，高圧屋内配線のケーブルを耐火性のある堅ろうな管に収め，または相互の間に堅ろうな耐火性の隔壁を設ける（内線規程 3810-2 表）．

A-3 答 イ

　引込柱の支線工事に使用する材料は，亜鉛めっき鋼より線，玉がいし，アンカである（内線規程 2205-2，同資料 2-2-3）．

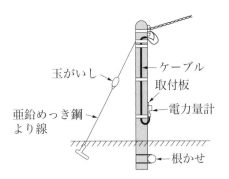

A-4 答 ニ

　電技解釈第 168 条により，高圧屋内配線は，がいし引き工事（乾燥した展開場所に限る），ケーブル工事で施設しなくてはならない．なお，がいし引き工事の場合は，接触防護措置を施し，直径 2.6 mm の軟銅線と同等以上の強さ及び太さの高圧絶縁電線を使用し，ケーブル工事の場合は，高圧ケーブルを使用する．

Q-1

出題年度

| 2021 |
| AM |
| 問 35 |
| 2016 |
| 問 37 |

　自家用電気工作物として施設する電路又は機器について，D種接地工事を**施さなければならない箇所は**.

　イ．高圧電路に施設する外箱のない変圧器の鉄心

　ロ．使用電圧 400 V の電動機の鉄台

　ハ．高圧計器用変成器の二次側電路

　ニ．6.6 kV/210 V 変圧器の低圧側の中性点

Q-2

出題年度

| 2023 |
| PM |
| 問 21 |
| 2021 |
| PM |
| 問 21 |

　B種接地工事の接地抵抗値を求めるのに**必要とするものは**.

　イ．変圧器の高圧側電路の 1 線地絡電流 ［A］

　ロ．変圧器の容量 ［kV・A］

　ハ．変圧器の高圧側ヒューズの定格電流 ［A］

　ニ．変圧器の低圧側電路の長さ ［m］

Q-3

出題年度

| 2021 |
| PM |
| 問 25 |
| 2018 |
| 問 24 |

　地中に埋設又は打ち込みをする接地極として，**不適切なものは**.

　イ．縦 900 mm × 横 900 mm × 厚さ 2.6 mm のアルミ板

　ロ．縦 900 mm × 横 900 mm × 厚さ 1.6 mm の銅板

　ハ．直径 14 mm 長さ 1.5 m の銅溶覆鋼棒

　ニ．内径 36 mm 長さ 1.5 m の厚鋼電線管

A-1

答 ハ

高圧計器用変成器の二次側電路にはD種接地工事を施さなくてはならない．使用電圧 400 V の電動機の鉄台には C 種接地工事，高圧電路に施設する外箱のない変圧器の鉄心には A 種接地工事，6.6 kV/210 V の変圧器の低圧側の中性点には B 種接地工事を施さなくてはならない（電技解釈第24 条，第 28 条，第 29 条）．

機械器具の金属製外箱等の接地（電技解釈第 29 条）

機械器具の使用電圧の区分		接地工事
低圧	300 V 以下	D 種接地工事
	300 V 超過	C 種接地工事
高圧又は特別高圧		A 種接地工事

A-2

答 イ

電技解釈第 17 条により，B 種接地工事の接地抵抗値 R_B [Ω] は，変圧器の高圧側電路の 1 線地絡電流 I_g [A] から，次式で求められる．

$$R_B = \frac{150}{I_g} \ [\Omega]$$

（※ 150 は原則の数値で，高圧電路に設けた遮断器装置の遮断時間により，300 または 600 とする）

A-3

答 イ

内線規程 1350-7 により，接地極には，銅板，銅棒，厚鋼電線管，銅覆鋼板などを用いなくてはならず，**イ**のアルミ板は接地極として使用できない．

接地極の選定（内線規程 1350-7）

材質	形状
銅板	厚さ 0.7 mm 以上，大きさ 900 cm² 以上
銅棒，銅溶覆鋼棒	直径 8 mm 以上，長さ 0.9 m 以上
厚鋼電線管	外径 25 mm 以上，長さ 0.9 m 以上
鉄棒（亜鉛めっき）	直径 12 mm 以上，長さ 0.9 m 以上

Q-4

出題年度
2020
問 35

　自家用電気工作物として施設する電路又は機器について，C 種接地工事を施さなければならないものは．

イ． 使用電圧 400 V の電動機の鉄台
ロ． 6.6 kV/210 V の変圧器の低圧側の中性点
ハ． 高圧電路に施設する避雷器
ニ． 高圧計器用変成器の二次側電路

Q-5

出題年度
2019
問 27

　接地工事に関する記述として，**不適切なものは**．

イ． 人が触れるおそれのある場所で，B 種接地工事の接地線を地表上 2 m まで金属管で保護した．
ロ． D 種接地工事の接地極を A 種接地工事の接地極（避雷器用を除く）と共用して，接地抵抗を 10 Ω 以下とした．
ハ． 地中に埋設する接地極に大きさ 900 mm × 900 mm × 1.6 mm の銅板を使用した．
ニ． 接触防護措置を施していない 400 V 低圧屋内配線において，電線を収めるための金属管に C 種接地工事を施した．

A-4
答 イ

電技解釈第 29 条により，使用電圧 400 V の電動機の鉄台には C 種接地工事を施さなくてはならない．なお，6.6 kV/210 V の変圧器の低圧側の中性点には B 種接地工事（電技解釈第 24 条），高圧電路に施設する避雷器には A 種接地工事（JESC E2018 の技術的規定により施設する場合を除く）（電技解釈第 37 条），高圧計器用変成器の二次側電路には D 種接地工事を施さなくてはならない（電技解釈第 28 条）．

機械器具の金属製外箱等の接地（電技解釈第 29 条）

機械器具の使用電圧の区分		接地工事
低圧	300 V 以下	D 種接地工事
	300 V 超過	C 種接地工事
高圧又は特別高圧		A 種接地工事

A-5
答 イ

電技解釈第17条により，B 種接地工事の接地線を人が触れるおそれのある場所に施設する場合，接地線の地下 75 cm から地表上 2 m までの部分は，電気用品安全法の適用を受ける合成樹脂管（厚さ 2 mm 未満の合成樹脂管および CD 管を除く）で保護しなくてはならない．

6

電気工事施工方法

Q-6

出題年度

2023
PM
問35

2022
AM
問35

2019
問37

2014
問36

電気設備の技術基準の解釈において，D種接地工事に関する記述として，**誤っているものは**．

イ． D種接地工事を施す金属体と大地との間の電気抵抗値が10Ω以下でなければ，D種接地工事を施したものとみなされない．

ロ． 接地抵抗値は，低圧電路において，地絡を生じた場合に0.5秒以内に当該電路を自動的に遮断する装置を施設するときは，500Ω以下であること．

ハ． 接地抵抗値は，100Ω以下であること．

ニ． 接地線は故障の際に流れる電流を安全に通じることができるものであること．

Q-7

出題年度

2023
AM
問35

2018
問35

電気設備の技術基準の解釈では，C種接地工事について「接地抵抗値は，10Ω（低圧電路において，地絡を生じた場合に0.5秒以内に当該電路を自動的に遮断する装置を施設するときは，□Ω）以下であること．」と規定されている．上記の空欄にあてはまる数値として，**正しいものは**．

イ． 50　　　**ロ．** 150　　　**ハ．** 300　　　**ニ．** 500

Q-8

出題年度

2017
問35

人が触れるおそれがある場所に施設する機械器具の金属製外箱等の接地工事について，電気設備の技術基準の解釈に**適合するものは**．ただし，絶縁台は設けないものとする．

イ． 使用電圧200Vの電動機の金属製の台及び外箱には，B種接地工事を施す．

ロ． 使用電圧6kVの変圧器の金属製の台及び外箱には，C種接地工事を施す．

ハ． 使用電圧400Vの電動機の金属製の台及び外箱には，D種接地工事を施す．

ニ． 使用電圧6kVの外箱のない乾式変圧器の鉄心には，A種接地工事を施す．

A-6

答 イ

　電技解釈第17条により，D種接地工事は，接地抵抗値100Ω（低圧電路において，地絡を生じた場合に0.5秒以内に当該電路を自動的に遮断する装置を施設するときは，500Ω）以下であること．また，D種接地工事を施す金属体と大地との間の電気抵抗値が100Ω以下である場合は，D種接地工事を施したものとみなすと規定されている．

A-7

答 ニ

　電技解釈第17条により，C種接地工事は「接地抵抗値は10Ω（低圧電路において，地絡を生じた場合に0.5秒以内に当該電路を自動的に遮断する装置を施設するときは，500Ω）以下であること．」と規定されている．また，使用する接地線については，移動して使用する電気機械器具に接地工事を施す場合を除き「引張強さ0.39kN以上の容易に腐食し難い金属線又は直径1.6mm以上の軟銅線であること．」と規定されている．

A-8

答 ニ

　電技解釈第29条により，人が触れるおそれがある場所に施設する使用電圧6kVの外箱のない乾式変圧器の鉄心にはA種接地工事を施す．なお，イの使用電圧200Vの電動機の金属製台及び外箱にはD種接地工事，ロの使用電圧6kVの変圧器の金属製台及び外箱にはA種接地工事，ハの使用電圧400Vの電動機の金属製台及び外箱にはC種接地使用電圧を施さなくてはならない．

機械器具の金属製外箱等の接地（電技解釈第29条）

機械器具の使用電圧の区分		接地工事
低 圧	300V以下	D種接地工事
	300V超過	C種接地工事
高圧又は特別高圧		A種接地工事

6

電気工事施工方法

一般に B 種接地抵抗値の計算式は,

$$\frac{150 \text{ V}}{変圧器高圧側電路の1線地絡電流 [A]} [\Omega]$$

となる.

ただし,変圧器の高低圧混触により,低圧側電路の対地電圧が 150 V を超えた場合に,1 秒以下で自動的に高圧側電路を遮断する装置を設けるときは,計算式の 150 V は □ V とすることができる.

上記の空欄にあてはまる数値は.

イ. 300   **ロ.** 400   **ハ.** 500   **ニ.** 600

接地工事に関する記述として,**不適切なものは**.

イ. 人が触れるおそれのある場所で,B 種接地工事の接地線を地表上 2 m まで CD 管で保護した.

ロ. D 種接地工事の接地極を A 種接地工事の接地極(避雷器用を除く)と共用して,接地抵抗を 10 Ω 以下とした.

ハ. 地中に埋設する接地極に大きさが 900 mm × 900 mm × 1.6 mm の銅板を使用した.

ニ. 接触防護措置を施していない 400 V 低圧屋内配線において,電線を収めるための金属管に C 種接地工事を施した.

A-9
答 ニ

電技解釈第 17 条による．一般に B 種接地抵抗値の計算式は

$$\text{B 種接地抵抗値} = \frac{150\,\text{V}}{\text{変圧器高圧側電路の 1 線地絡電流 [A]}}\ [\Omega]$$

となる．

ただし，変圧器の高低圧混触により，低圧側電路の対地電圧が 150 V を超えた場合に，1 秒以下で自動的に高圧側電路を遮断する装置を設けるときは，計算式の 150 V を 600 V とすることができる．同様に 1 秒を超え 2 秒以下で自動的に高圧側電路を遮断する装置を設けるときは，計算式の 150 V を 300 V とすることができる．

A-10
答 イ

人が触れるおそれのある場所で，B 種接地工事の接地線は，電技解釈第 17 条により，地下 75 cm から地表上 2 m までの部分は，電気用品安全法の適用を受ける合成樹脂管（厚さ 2 mm 未満の合成樹脂管および CD 管を除く）で保護しなければならない．

したがって，**イ**は不適切である．

6

電気工事施工方法

••• 第 7 章 •••

検査方法

平均出題数 **2** 問

需要家の月間などの1期間における平均力率を求めるのに必要な計器の組合せは.

イ. 電力計
　　電力量計

ロ. 電力量計
　　無効電力量計

ハ. 無効電力量計
　　最大需要電力計

ニ. 最大需要電力計
　　電力計

7-2　絶縁抵抗・接地抵抗の測定

図のような電路において, 変圧器 (6 600/210 V) の二次側の1線がB種接地工事されている. このB種接地工事の接地抵抗値が10Ω, 負荷の金属製外箱のD種接地工事の接地抵抗値が40Ωであった. 金属製外箱のA点で完全地絡を生じたとき, A点の対地電圧 [V] の値は.

ただし, 金属製外箱, 配線及び変圧器のインピーダンスは無視する.

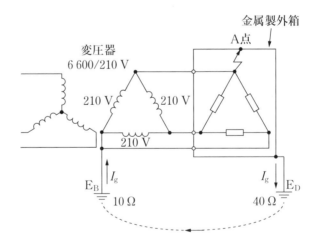

イ. 32　　　ロ. 168　　　ハ. 210　　　ニ. 420

A-1
答 □

平均力率は次式で求めることができる．

$$平均力率 = \frac{電力量}{\sqrt{電力量^2 + 無効電力量^2}}$$

よって，必要な計器は電力量計と無効電力量計である．

A-1
答 □

金属製外箱と配線および変圧器のインピーダンスは題意より無視すると
あるので，金属製外箱のA点で完全地絡を生じたときの回路は，下図のよ
うな単相交流回路になる．

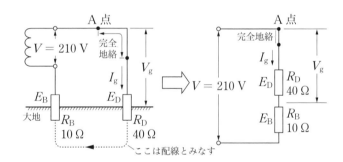

変圧器二次側の電圧 V は210Vであるから，A点で完全地絡を生じたと
きの地絡電流 I_g [A] は，

$$I_g = \frac{V}{R_B + R_D} = \frac{210}{10 + 40} = 4.2 \text{ A}$$

よって，A点の対地電圧 V_g [V] は，

$$V_g = I_g \times R_D = 4.2 \times 40 = 168 \text{ V}$$

Q-2

出題年度

2022
PM
問40

「電気設備の技術基準を定める省令」において，電気使用場所における使用電圧が低圧の開閉器又は過電流遮断器で区切ることのできる電路ごとに，電路と大地との間の絶縁抵抗値として，**不適切なものは**．

イ．使用電圧が300 V以下で対地電圧が150 V以下の場合

0.1 MΩ以上

ロ．使用電圧が300 V以下で対地電圧が150 Vを超える場合

0.2 MΩ以上

ハ．使用電圧が300 Vを超え450 V以下の場合　　0.3 MΩ以上

ニ．使用電圧が450 Vを超える場合　　　　　　0.4 MΩ以上

Q-3

出題年度

2021
AM
問36

2015
問36

高圧ケーブルの絶縁抵抗の測定を行うとき，絶縁抵抗計の保護端子（ガード端子）を使用する目的として，**正しいものは**．

イ．絶縁物の表面を流れる漏れ電流も含めて測定するため．
ロ．高圧ケーブルの残留電荷を放電するため．
ハ．絶縁物の表面を流れる漏れ電流による誤差を防ぐため．
ニ．指針の振切れによる焼損を防ぐため．

Q-4

出題年度

2022
AM
問37

2021
PM
問35

2017
問36

2014
問35

「電気設備の技術基準の解釈」において，停電が困難なため低圧屋内配線の絶縁性能を，使用電圧が加わった状態における漏えい電流を測定して判定する場合，使用電圧が200 Vの電路の漏えい電流の上限値［mA］として，**適切なものは**．

イ．0.1
ロ．0.2
ハ．0.4
ニ．1.0

A-2 答 ハ

電技省令第58条により，電気使用場所における低圧電路の電線相互間および電路と大地との絶縁抵抗は，開閉器または過電流遮断器で区切ることのできる電路ごとに，次表の値以上でなければならない．

低圧電路の絶縁性能（電技省令第58条）

電路の使用電圧の区分		絶縁抵抗値
300 V 以下	対地電圧 150 V 以下	0.1 MΩ
	その他の場合	0.2 MΩ
300 V を超える低圧回路		0.4 MΩ

7

検査方法

A-3 答 ハ

高圧ケーブルの絶縁抵抗の測定を行うとき，絶縁抵抗計の保護端子（ガード端子）を使用する目的は，絶縁物の表面を流れる漏れ電流による誤差を防ぐためである．

A-4 答 ニ

電技解釈14条により，使用電圧が低圧の電路で，絶縁抵抗測定が困難な場合においては，当該電路の使用電圧が加わった状態における漏えい電流が，1 mA 以下であることと定められている．なお，電技省令第58条により，電路の使用電圧に応じて，電路の電線相互間，電路と大地間の絶縁抵抗値は下表のように定められている．

低圧電路の絶縁性能（電技省令第58条）

電路の使用電圧の区分		絶縁抵抗値
300 V 以下	対地電圧 150 V 以下	0.1 MΩ
	その他の場合	0.2 MΩ
300 V を超える低圧回路		0.4 MΩ

低圧屋内配線の開閉器又は過電流遮断器で区切ることができる電路ごとの絶縁性能として，電気設備の技術基準（解釈を含む）に**適合するものは**．

イ． 使用電圧 100 V（対地電圧 100 V）のコンセント回路の絶縁抵抗を測定した結果，0.08 MΩ であった．

ロ． 使用電圧 200 V（対地電圧 200 V）の空調機回路の絶縁抵抗を測定した結果，0.17 MΩ であった．

ハ． 使用電圧 400 V の冷凍機回路の絶縁抵抗を測定した結果，0.43 MΩ であった．

ニ． 使用電圧 100 V の電灯回路は，使用中で絶縁抵抗測定ができないので，漏えい電流を測定した結果，1.2 mA であった．

低圧屋内配線の開閉器又は過電流遮断器で区切ることができる電路ごとの絶縁性能として，電気設備の技術基準（解釈を含む）に適合しないものは．

イ． 対地電圧 100 V の電灯回路の漏えい電流を測定した結果，0.8 mA であった．

ロ． 対地電圧 100 V の電灯回路の絶縁抵抗を測定した結果，0.15 MΩ であった．

ハ． 対地電圧 200 V の電動機回路の絶縁抵抗を測定した結果，0.18 MΩ であった．

ニ． 対地電圧 200 V のコンセント回路の漏えい電流を測定した結果，0.4 mA であった．

A-5
答　ハ

　電技省令第 58 条により，使用電圧が 300 V を超える低圧回路の場合，電路の電線相互間，電路と大地間の絶縁抵抗値は 0.4 MΩ 以上でなければならない．また，電技解釈第 14 条により，使用電圧が低圧の電路で，絶縁抵抗測定が困難な場合においては，当該電路の使用電圧が加わった状態における漏えい電流が，1 mA 以下であることと定められている．

低圧電路の絶縁性能（電技省令第 58 条）

電路の使用電圧の区分		絶縁抵抗値
300 V 以下	対地電圧 150 V 以下	0.1 MΩ
	その他の場合	0.2 MΩ
300 V を超える低圧回路		0.4 MΩ

7

検査方法

A-6
答　ハ

　電技省令第 58 条により，使用電圧が 300 V 以下，対地電圧が 150 V を超える場合，電路の電線相互間，電路と大地間の絶縁抵抗値は 0.2 MΩ 以上でなければならない．また，電技解釈第 14 条により，絶縁抵抗測定が困難な場合においては，当該電路の使用電圧が加わった状態における漏えい電流が，1 mA 以下であることと規定されている．

図のような電路において，変圧器二次側のB種接地工事の接地抵抗値が 10 Ω，金属製外箱のD種接地工事の接地抵抗値が 20 Ω であった．負荷の金属製外箱のA点で完全地絡を生じたとき，A点の対地電圧 [V] は．

ただし，金属製外箱，配線及び変圧器のインピーダンスは無視する．

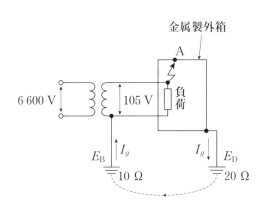

イ. 35　　**ロ**. 60　　**ハ**. 70　　**ニ**. 105

7-3　絶縁耐力試験

最大使用電圧 6 900 V の高圧受電設備の高圧電路を一括して，交流で絶縁耐力試験を行う場合の試験電圧と試験時間の組合せとして，**適切なもの**は．

イ. 試験電圧：8 625 V　　　試験時間：連続 1 分間

ロ. 試験電圧：8 625 V　　　試験時間：連続 10 分間

ハ. 試験電圧：10 350 V　　試験時間：連続 1 分間

ニ. 試験電圧：10 350 V　　試験時間：連続 10 分間

A-7　答 ハ

設問に金属製外箱，配線のインピーダンスは無視するとあるので短絡（0 Ω）と考えると，問いの図が A 点で完全地絡を生じたときの回路は，図のような単相交流回路となる.

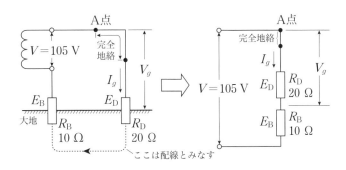

変圧器二次側の電圧 V [V] が 105 V であるから，A 点で完全地絡を生じたときの地絡電流 I_g [A] は，

$$I_g = \frac{V}{R_B + R_D} = \frac{105}{10 + 20} = 3.5 \text{ A}$$

よって，A 点の対地電圧 V_g [V] は，
$$V_g = I_g \times R_D = 3.5 \times 20 = 70 \text{ V}$$

A-1　答 二

電技解釈第15条により，高圧電路の絶縁耐力試験は，電線にケーブルを使用する交流電路においては，最大使用電圧の 1.5 倍の交流電圧を電路と大地間に連続して 10 分間加えることと定められている. このため，使用（公称）電圧 6.6 kV の電路に使用するケーブルの絶縁耐力試験を交流電圧で行う場合の試験電圧 [V] は次のようになる.

高圧電路の試験電圧（電技解釈第15条）

電路の種類		試験電圧
最大使用電圧 7 000 V 以下	交流の電路	最大使用電圧*の 1.5 倍の交流電圧

$$\text{*最大使用電圧} = \text{使用（公称）電圧} \times \frac{1.15}{1.1}$$

$$\text{試験電圧} = \text{使用（公称）電圧} \times \frac{1.15}{1.1} \times 1.5$$

$$= 6\,600 \times \frac{1.15}{1.1} \times 1.51 = 10\,350 \text{ [V]}$$

公称電圧 6.6 kV の交流電路に使用するケーブルの絶縁耐力試験を直流
電圧で行う場合の試験電圧 [V] の計算式は.

イ. $6\,600 \times 1.5 \times 2$

ロ. $6\,600 \times \dfrac{1.15}{1.1} \times 1.5 \times 2$

ハ. $6\,600 \times 2 \times 2$

ニ. $6\,600 \times \dfrac{1.15}{1.1} \times 2 \times 2$

最大使用電圧 6 900 V の交流電路に使用するケーブルの絶縁耐力試験を
直流電圧で行う場合の試験電圧 [V] の計算式は.

イ. $6\,900 \times 1.5$

ロ. $6\,900 \times 2$

ハ. $6\,900 \times 1.5 \times 2$

ニ. $6\,900 \times 2 \times 2$

A-2
答 ロ

　電技解釈第15条第1項第2号により，高圧電路に使用するケーブルの絶縁耐力試験を直流電圧で行う場合，交流の電路において規定する試験電圧の2倍の直流電圧を電路と大地間に連続して10分間加えることと定められている．このため，公称電圧6.6 kVの電路に使用するケーブルの絶縁耐力試験を直流電圧で行う場合の試験電圧［V］の計算式は次のようになる．

高圧電路の試験電圧（電技解釈第15条））

電路の種類		試験電圧
最大使用電圧 7 000 V 以下	交流の電路	最大使用電圧*の1.5倍の交流電圧

$$*最大使用電圧 = 公称電圧 \times \frac{1.15}{1.1}$$

$$直流試験電圧 = 公称電圧 \times \frac{1.15}{1.1} \times 1.5 \times 2$$
$$= 6\,600 \times \frac{1.15}{1.1} \times 1.5 \times 2$$

A-3
答 ハ

　絶縁耐力試験は電技解釈第15条による．最大使用電圧6 900 Vの交流電路に使用するケーブルの絶縁耐力試験を直流電圧で行う場合の試験電圧は，交流試験電圧の2倍であるから，

$$直流試験電圧 = 最大使用電圧 \times 1.5 \times 2 = 6\,900 \times 1.5 \times 2$$

> **⚠重要　絶縁耐力測定の試験電圧**
>
> ・交流
> 　試験電圧 = 最大使用電圧 × 1.5 ［V］
> ・直流（ケーブルの場合）
> 　試験電圧 = 交流試験電圧 × 2 ［V］

7

検査方法

Q-4

出題年度

2014
問 37

　公称電圧 6.6 kV で受電する高圧受電設備の遮断器，変圧器などの高圧側機器（避雷器を除く）を一括で絶縁耐力試験を行う場合，試験電圧 [V] の計算式は．

　イ. $6\,600 \times 1.5$

　ロ. $6\,600 \times \dfrac{1.15}{1.1} \times 1.5$

　ハ. $6\,600 \times 1.5 \times 2$

　ニ. $6\,600 \times \dfrac{1.15}{1.1} \times 2$

7-4　高圧受電設備・高圧機器検査

Q-1

出題年度

2023
AM
問 37

　$6\,600$ V CVT ケーブルの直流漏れ電流測定の結果として，ケーブルが正常であることを示す測定チャートは．

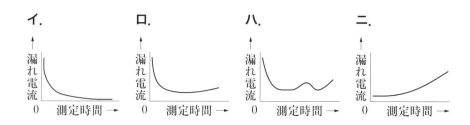

A-4
答 ロ

　高圧受電設備の遮断器，変圧器などの高圧側機器の絶縁耐力試験は電技解釈第16条により，試験電圧を10分間連続して加えると定められている．

　　試験電圧 ＝ 最大使用電圧 × 1.5 ［V］

　公称電圧が与えられたときの最大使用電圧は，電技解釈第1条により定められている．

　公称電圧が1 000 V を超え500 000 V 未満の場合は次のとおりである．

$$最大使用電圧 ＝ 公称電圧 × \frac{1.15}{1.1} ［V］$$

　したがって，試験電圧の計算式は次のようになる．

$$試験電圧 ＝ 6 600 × \frac{1.15}{1.1} × 1.5 ＝ 10 350 V$$

A-1
答 イ

　6.6 kV CVT ケーブルの直流漏れ電流測定は，ケーブル絶縁体に直流高電圧を印加し，漏れ電流の大きさと時間特性の変化から絶縁性能を調べる方法である．ケーブルが正常な場合は，直流電圧印加後の漏れ電流は時間とともに減少し，ある一定値で安定する．ケーブルが異常の場合には，測定時間中の漏れの電流値の増加あるいは電流キック現象が現れる（高圧受電設備規程 資料 1-3-2）．

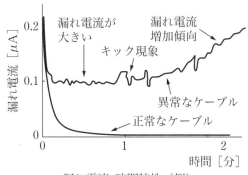

漏れ電流–時間特性（例）

7

検査方法

Q-2

出題年度

2023
PM
問37

変圧器の絶縁油の劣化診断に直接関係のないものは.

イ．油中ガス分析

ロ．真空度測定

ハ．絶縁耐力試験

ニ．酸価度試験（全酸価試験）

Q-3

出題年度

2022
PM
問37

高圧受電設備の定期点検で通常**用いないものは**.

イ．高圧検電器

ロ．短絡接地器具

ハ．絶縁抵抗計

ニ．検相器

A-2
答 ロ

　変圧器の絶縁油の劣化診断には，以下の試験がある．真空度測定は変圧器の劣化診断に直接関係はない．

絶縁油の劣化診断試験

絶縁破壊電圧試験	絶縁破壊電圧を球状電極間ギャップに商用周波数の電圧を加えて測定する
全酸価試験	絶縁油の酸価度を水酸化カリウムを用いて測定する
水分試験	試薬による容量滴定方法や電気分解による電量滴定方法により行う
油中ガス分析	絶縁油中に含まれるガスから変圧器内部の異常を診断する

7

検査方法

A-3
答 ニ

　高圧受電設備の定期点検は，年に１回程度の頻度で，受電設備を停止させて，接地抵抗測定，絶縁抵抗測定，保護継電器装置の動作試験などを行う．このとき，接地抵抗測定に接地抵抗計，点検作業の安全対策として，高圧検電器，短絡接地器具を使用する．ニの検相器は使用しない．検相器は電気設備の改修工事などを行った際，相回転を確認するために使用される測定器である．

Q-4

出題年度
2021
PM
問36

過電流継電器の最小動作電流の測定と限時特性試験を行う場合，**必要でないものは**.

イ．電力計
ロ．電流計
ハ．サイクルカウンタ
ニ．可変抵抗器

Q-5

出題年度
2021
PM
問37
2018
問37

変圧器の絶縁油の劣化診断に**直接関係のないものは**.

イ．絶縁破壊電圧試験
ロ．水分試験
ハ．真空度測定
ニ．全酸価試験

A-4
答 イ

　過電流継電器（OCR）の最小動作電流の測定と限時特性試験には，試験電源として摺動型単巻変圧器，試験電流を変化させるための可変抵抗器，動作電流の測定するための電流計，動作時間を測定するためにサイクルカウンタなどが使用される．しかし，通常の保護継電器試験では，これらの機器が内蔵された過電流継電器試験装置などの試験装置を使用するのが一般的である．

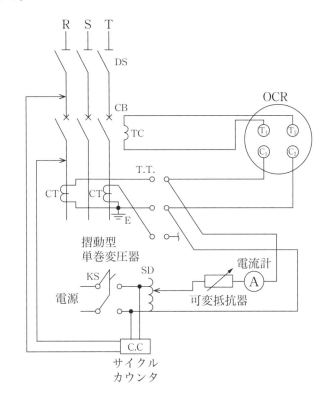

7

検査方法

A-5
答 ハ

　変圧器の絶縁油の劣化診断には，以下の試験がある．真空度測定は真空遮断器（VCB）の真空バルブの点検に行う試験である．

絶縁油の劣化診断試験

絶縁破壊電圧試験	絶縁破壊電圧を球状電極間ギャップに商用周波数の電圧を加えて測定する
全酸価試験	絶縁油の酸価度を水酸化カリウムを用いて測定する
水分試験	試薬による容量滴定方法や電気分解による電量滴定方法により行う
油中ガス分析	絶縁油中に含まれるガスから変圧器内部の異常を診断する

Q-6

出題年度

2020
問37

　CB 形高圧受電設備と配電用変電所の過電流継電器との保護協調がとれているものは.

　ただし，図中①の曲線は配電用変電所の過電流継電器動作特性を示し，②の曲線は高圧受電設備の過電流継電器と CB の連動遮断特性を示す.

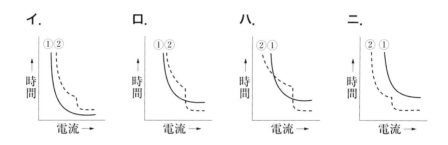

Q-7

出題年度

2022
PM
問36

2019
問36

　高圧受電設備の年次点検において，電路を開放して作業を行う場合は，感電事故防止の観点から，作業箇所に短絡接地器具を取り付けて安全を確保するが，この場合の作業方法として，**誤っているものは**.

イ. 取り付けに先立ち，短絡接地器具の取り付け箇所の無充電を検電器で確認する.

ロ. 取り付け時には，まず電路側金具を電路側に接続し，次に接地側金具を接地線に接続する.

ハ. 取り付け中は，「短絡接地中」の標識をして注意喚起を図る.

ニ. 取り外し時には，まず電路側金具を外し，次に接地側金具を外す.

Q-8

出題年度

2022
AM
問21

2017
問20

　高圧母線に取り付けられた，通電中の変流器の二次側回路に接続されている電流計を取り外す場合の手順として，**適切なものは**.

イ. 変流器の二次側端子の一方を接地した後，電流計を取り外す.

ロ. 電流計を取り外した後，変流器の二次側を短絡する.

ハ. 変流器の二次側を短絡した後，電流計を取り外す.

ニ. 電流計を取り外した後，変流器の二次側端子の一方を接地する.

A-6

答 ニ

　CB 形高圧受電設備の過電流保護継電器と CB の連動遮断時間は，波及事故を防止するため，配電用変電所の過電流継電器より短くなければならない．したがって，保護協調がとれているのは，**ニ**である．

7

検査方法

A-7

答 ロ

　労働安全衛生規則第 339 条により，高圧受電設備の電路を開放して作業する場合の措置として，感電事故を防止するため，短絡接地器具を用いることが定められている．この短絡接地器具の取り付け作業は，次の手順で行う．

　①取り付けに先立ち，短絡接地器具の取り付け箇所の無充電を検電器で確認する．

　②取り付け時には，まず接地側金具を接地線に接続し，次に電路側金具を電路側に接続する．

　③取り付け中は，「短絡接地中」の標識をして注意喚起を図る．

　④取り外し時には，まず電路側金具を外し，次に接地側金具を外す．

A-8

答 ハ

　通電中の変流器の二次側回路に接続されている電流計を取り外す場合，変流器の二次側を短絡してから電流計を取り外さなくてはならない．こ

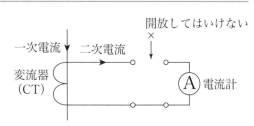

れは，変流器に一次電流が流れている状態で二次側を開放すると，流れている一次電流に対して，二次電流を流そうとして二次側に高電圧が発生し，絶縁破壊を起こすおそれがあるためである．

••• 第 8 章 •••
保安に関する法令

平均出題数 3 問

Q-1

「電気設備に関する技術基準」において，交流電圧の高圧の範囲は．

イ．750 V を超え 7000 V 以下

ロ．600 V を超え 7000 V 以下

ハ．750 V を超え 6600 V 以下

ニ．600 V を超え 6600 V 以下

Q-2

「電気事業法」において，電線路維持運用者が行う一般用電気工作物の調査に関する記述として，**不適切なものは**．

イ．一般用電気工作物の調査が 4 年に 1 回以上行われている．

ロ．登録点検業務受託法人が点検業務を受託している一般用電気工作物についても調査する必要がある．

ハ．電線路維持運用者は，調査業務を登録調査機関に委託することができる．

ニ．一般用電気工作物が設置された時に調査が行われなかった．

A-1
答 ロ

　電技省令第2条により，交流電圧の高圧の範囲は，600 V を超え7 000 V 以下と定められている．

電圧の種別（電技省令第2条）

種別	交流	直流
低圧	600 V 以下	750 V 以下
高圧	600 V を超え7 000 V 以下	750 V を超え7 000 V 以下
特別高圧	7 000 V を超えるもの	

 重要 電圧の種別

種　別	交　流	直　流
低　圧	600 V 以下	750 V 以下
高　圧	600 V を超え7 000 V 以下	750V を超え7 000 V 以下
特別高圧	7 000 V を超えるもの	

A-2
答 ニ

　電気事業法第57条同法施行規則第96条により，一般用電気工作物に電気を供給する者（電線路維持運用者）は，一般用電気工作物が経済産業省令で定める技術基準に適合しているかを調査しなくてはならない．

　また，電気事業法第57条の2では，電線路維持運用者は，登録調査機関に一般用電気工作物の調査を委託できると定めている．

8
保安に関する法令

Q-1

出題年度

2021
AM
問 39

2018
問 39

「電気工事業の業務の適正化に関する法律」において，電気工事業者の業務に関する記述として，**誤っているものは**.

イ. 営業所ごとに，絶縁抵抗計の他，法令に定められた器具を備えなければならない.

ロ. 営業所ごとに，電気工事に関し，法令に定められた事項を記載した帳簿を備えなければならない.

ハ. 営業所及び電気工事の施工場所ごとに，法令に定められた事項を記載した標識を掲示しなければならない.

ニ. 通知電気工事業者は，法令に定められた主任電気工事士を置かなければならない.

Q-2

出題年度

2023
AM
問 40

2021
PM
問 39

2016
問 39

「電気工事業の業務の適正化に関する法律」において，電気工事業者が，一般用電気工事のみの業務を行う営業所に**備え付けなくてもよい器具は**.

イ. 絶縁抵抗計

ロ. 接地抵抗計

ハ. 抵抗及び交流電圧を測定することができる回路計

ニ. 低圧検電器

Q-3

出題年度

2020
問 39

2015
問 40

「電気工事業の業務の適正化に関する法律」において，主任電気工事士に関する記述として，**誤っているものは**.

イ. 第一種電気工事士免状の交付を受けた者は，免状交付後に実務経験が無くても主任電気工事士になれる.

ロ. 第二種電気工事士は，2年の実務経険があれば，主任電気工事士になれる.

ハ. 第一種電気工事士が一般用電気工事の作業に従事する時は，主任電気工事士がその職務を行うため必要があると認めてする指示に従わなければならない.

ニ. 主任電気工事士は，一般用電気工事による危険及び障害が発生しないように一般用電気工事の作業の管理の職務を誠実に行わなければならない.

A-1
答 ニ

　電気工事業の業務の適正化に関する法律第17条の2，第19条により，通知電気工事業者とは，自家用電気工作物の電気工事のみを行う電気工事業者のことで，主任電気工事士の配置は義務付けられていない．なお，同法第24条では器具の備え付け，第25条では標識の掲示，第26条では帳簿の備付について規定している．

A-2
答 ニ

　電気工事業の業務の適正化に関する法律第24条，同法施行規則第11条により，一般用電気工事業の事業者が，営業所ごとに備え付けなくてはいけない器具は，絶縁抵抗計，接地抵抗計，回路計である．低圧検電器の設置は義務付けられていない．

A-3
答 ロ

　電気工事業の業務の適正化に関する法律第19条により，主任電気工事士となれるのは，第一種電気工事士，3年以上の実務経験を有する第二種電気工事士とされている．なお，同法第20条で，一般用電気工事の作業に従事する者は主任電気工事士の指示に従うこと，一般用電気工事による危険及び障害が発生しないように一般用電気工事の作業の管理の職務を誠実に行うことと定められている．

8

保安に関する法令

電気工事業の業務の適正化に関する法律において，**誤っていないものは**．

イ． 主任電気工事士の指示に従って，電気工事士が，電気用品安全法の表示が付されていない電気用品を電気工事に使用した．

ロ． 登録電気工事業者が，電気工事の施工場所に二日間で完了する工事予定であったため，代表者の氏名等を記載した標識を掲げなかった．

ハ． 電気工事業者が，電気工事ごとに配線図等を帳簿に記載し，3年経ったのでそれを廃棄した．

ニ． 登録電気工事業者の代表者は，電気工事士の資格を有する必要がない．

Q-5

出題年度

2023
PM
問 40

2022
AM
問 40

2014
問 38

「電気工事業の業務の適正化に関する法律」において，**正しいものは**．

イ． 電気工事士は，電気工事業者の監督の下で，「電気用品安全法」の表示が付されていない電気用品を電気工事に使用することができる．

ロ． 電気工事業者が，電気工事の施工場所に二日間で完了する工事予定であったため，代表者の氏名等を記載した標識を掲げなかった．

ハ． 電気工事業者が，電気工事ごとに配線図等を帳簿に記載し，3年経ったので廃棄した．

ニ． 一般用電気工事の作業に従事する者は，主任電気工事士がその職務を行うため必要があると認めてする指示に従わなければならない．

A-4 答 ニ

　電気工事業の業務の適正化に関する法律第3条，第4条により，登録電気事業者の代表者は電気工事士の資格を有する必要はない．なお，第23条には，電気用品安全法の表示が付されている電気用品でなければ電気工事に使用してはならないことが規定されている．また，電気工事業の業務の適正化に関する法律施行規則には，電気工事が1日で完了する場合は標識を掲げなくともよいこと（第12条），帳簿は記載の日から5年間保存しなければならないこと（第13条）が規定されている．

A-5 答 ニ

　電気工事業の業務の適正化に関する法律第20条（主任電気工事士の職務等）による．一般用電気工事の作業に従事する者は，主任電気工事士がその職務を行うため必要があると認めてする指示に従わなければならない．
　したがって，ニが正しい．
　なお，イは電気用品の使用の制限（第23条），ロは標識の掲示（第25条），ハは帳簿（同施行規則第13条）により，それぞれ誤りである．

8

保安に関する法令

Q-1

出題年度

2022
PM
問 38

「電気工事士法」において，特殊電気工事を除く工事に関し，政令で定める軽微な工事及び省令で定める軽微な作業について，**誤っているものは**.

イ. 軽微な工事については，認定電気工事従事者でなければ従事できない.

ロ. 電気工事の軽微な作業については，電気工事士でなくても従事できる.

ハ. 自家用電気工作物の軽微な工事の作業については，第一種電気工事士でなくても従事できる.

ニ. 使用電圧 600 V を超える自家用電気工作物の電気工事の軽微な作業については，第一種電気工事士でなくても従事できる.

Q-2

出題年度

2023
PM
問 38

2021
AM
問 38

「電気工事士法」において，電圧 600 V 以下で使用する自家用電気工作物に係る電気工事の作業のうち，第一種電気工事士又は認定電気工事従事者でなくても従事できるものは.

イ. ダクトに電線を収める作業

ロ. 電線管を曲げ，電線管相互を接続する作業

ハ. 金属製の線ぴを，建造物の金属板張りの部分に取り付ける作業

ニ. 電気機器に電線を接続する作業

Q-3

出題年度

2023
AM
問 38

2021
PM
問 38

「電気工事士法」において，第一種電気工事士に関する記述として，**誤っているものは**.

イ. 第一種電気工事士試験に合格したが所定の実務経験がなかったので，第一種電気工事士免状は，交付されなかった.

ロ. 自家用電気工作物で最大電力 500 kW 未満の需要設備の電気工事の作業に従事するときに，第一種電気工事士免状を携帯した.

ハ. 第一種電気工事士免状の交付を受けた日から 4 年目に，自家用電気工作物の保安に関する講習を受けた.

ニ. 第一種電気工事士の免状を持っているので，自家用電気工作物で最大電力 500 kW 未満の需要設備の非常用予備発電装置工事の作業に従事した.

A-1
答 イ

　電気工事士法第2条第3項，同法施行令第1条で定める軽微な工事（同法施行規則第2条第1項第1号イ〜ヲおよび第2項イ，ロに明示されている作業以外の作業）は，電気工事士でなくても従事できる．なお，認定電気工事従事者とは，工場やビルなどの自家用電気工作物のうち，簡易な電気工事について必要な知識および技能を有していると認定された者に交付される（同法第4条の2第4項）．

A-2
答 ニ

　電気工事士法第2条3項，同法施行令第1条により，600V以下で使用する電気機器（配線器具を除く）などに電線（コード，キャブタイヤケーブルを含む）を接続する作業は，軽微な工事として電気工事士でなくても従事できる．なお，同法施行規則2条により，ダクトに電線を収める作業，電線管を曲げ電線管相互を接続する作業，金属製の線ぴを建造物の金属板張りの部分に取り付ける作業は，電気工事士でなければ従事できない．

A-3
答 ニ

　電気工事士法第3条により，自家用電気工作物（最大電力500kW未満の需要設備）に係る電気工事のうち，非常用予備発電装置工事およびネオン工事は，当該特殊工事に係る特種電気工事資格者認定証の交付を受けたものでなければ従事できない．

8

保安に関する法令

「電気工事士法」において，第一種電気工事士免状の交付を受けている者のみが従事できる電気工事の作業は．

イ． 最大電力 400 kW の需要設備の 6.6 kV 変圧器に電線を接続する作業

ロ． 出力 300 kW の発電所の配電盤を造営材に取り付ける作業

ハ． 最大電力 600 kW の需要設備の 6.6 kV 受電用ケーブルを電線管に収める作業

ニ． 配電電圧 6.6 kV の配電用変電所内の電線相互を接続する作業

電気工事士法において，自家用電気工作物（最大電力 500 kW 未満の需要設備）に係る電気工事のうち「ネオン工事」又は「非常用予備発電装置工事」に**従事することのできる者**は．

イ． 認定電気工事従事者

ロ． 特種電気工事資格者

ハ． 第一種電気工事士

ニ． 5 年以上の実務経験を有する第二種電気工事士

「電気工事士法」において第一種電気工事士免状の交付を受けている者でなければ**従事できない作業**は．

イ． 最大電力 800 kW の需要設備の 6.6 kV 変圧器に電線を接続する作業

ロ． 出力 500 kW の発電所の配電盤を造営材に取り付ける作業

ハ． 最大電力 400 kW の需要設備の 6.6 kV 受電用ケーブルを電線管に収める作業

ニ． 配電電圧 6.6 kV の配電用変電所内の電線相互を接続する作業

A-4　答 イ

電気工事士法第3条により，第一種電気工事士の免状を受けている者でなければ，自家用電気工作物（最大電力 500 kW 未満の需要設備に限る）に係る電気工事に従事できない．このため，**イ**が第一種電気工事士免状の交付を受けている者のみが従事できる電気工事である．

A-5　答 ロ

電気工事士法第3条により，自家用電気工作物（最大電力 500 kW 未満の需要設備）に係る電気工事のうち，ネオン工事および非常用予備発電装置工事は，当該特殊電気工事に係る特種電気工事資格者認定証の交付を受けたものでなければ従事できない．

A-6　答 ハ

電気工事士法第3条により，自家用電気工作物（最大電力 500 kW 未満の需要設備に限る）に係る電気工事は，第一種電気工事士免状の交付を受けている者でなければ従事できない．

8

保安に関する法令

電気工事士法において，第一種電気工事士に関する記述として，**誤っているものは.**

イ. 第一種電気工事士は，一般用電気工作物に係る電気工事の作業に従事するときは，都道府県知事が交付した第一種電気工事士免状を携帯していなければならない.

ロ. 第一種電気工事士は，電気工事の業務に関して，都道府県知事から報告を求められることがある.

ハ. 都道府県知事は，第一種電気工事士が電気工事士法に違反したときは，その電気工事士免状の返納を命ずることができる.

ニ. 第一種電気工事士試験の合格者には，所定の実務経験がなくても第一種電気工事士免状が交付される.

8-4　電気用品安全法

「電気用品安全法」において，交流の電路に使用する定格電圧 100 V 以上 300 V 以下の機械器具であって，特定電気用品は.

イ. 定格電圧 100 V，定格電流 60 A の配線用遮断器
ロ. 定格電圧 100 V，定格出力 0.4 kW の単相電動機
ハ. 定格静電容量 100 μF の進相コンデンサ
ニ. 定格電流 30 A の電力量計

A-7
答 二

　　第一種電気工事士免状は，第一種電気工事士試験に合格するだけでなく，所定の実務経験がないと免状は交付されない．

A-1
答 イ

　　電気用品安全法施行令第1条の2，別表第1，別表第2により，**イ**の定格電流 60 A の配線用遮断器は，電気用品安全法による特定電気用品の適用を受ける．なお，**ロ**の定格出力 0.4 kW の単相電動機は特定電気用品以外の適用を受ける．**ハ**の進相コンデンサと，**ニ**の定格 30 A の電力量計は電気用品の適用を受けない．

Q-2

出題年度

2022
PM
問 39

2020
問 38

「電気工事士法」及び「電気用品安全法」において，**正しいものは**．

イ．交流 50 Hz 用の定格電圧 100 V，定格消費電力 56 W の電気便座は，特定電気用品ではない．

ロ．特定電気用品には，(PS)E と表示されているものがある．

ハ．第一種電気工事士は，「電気用品安全法」に基づいた表示のある電気用品でなければ，一般用電気工作物の工事に使用してはならない．

ニ．定格電圧が 600 V のゴム絶縁電線（公称断面積 22 mm²）は，特定電気用品ではない．

Q-3

出題年度

2019
問 40

2014
問 39

電気用品安全法の適用を受けるもののうち，**特定電気用品でないものは**．

イ．差込み接続器（定格電圧 125 V，定格電流 15 A）

ロ．タイムスイッチ（定格電圧 125 V，定格電流 15 A）

ハ．合成樹脂製のケーブル配線用スイッチボックス

ニ．600 V ビニル絶縁ビニルシースケーブル
　　（導体の公称断面積が 8 mm²，3 心）

Q-4

出題年度

2023
AM
問 39

2017
問 40

電気用品安全法の適用を受ける特定電気用品は．

イ．交流 60 Hz 用の定格電圧 100 V の電力量計

ロ．交流 50 Hz 用の定格電圧 100 V，定格消費電力 56 W の電気便座

ハ．フロアダクト

ニ．定格電圧 200 V の進相コンデンサ

A-2

答 ハ

　電気用品安全法において，電気用品とは，一般用電気工作物の部分となる機械，器具又は材料を指す．このため，電気用品安全法に基づいた表示のある電気用品でなければ，一般用電気工作物の工事に使用してはならない．また，電気用品のうち，特定電気用品とは，構造や使用の方法などから危険・傷害の発生するおそれが高い電気製品のことで，〈PS〉と表示するが，電線など，構造上表示スペースを確保することができない場合は，<PS>E とすることができる．なお，定格電圧 100 V，定格消費電力 56 W の電気便座は特定電気用品の適用を受ける（同法別表第 1）．

8

保安に関する法令

┌───┐
│ **！重要**　**特定電気用品の主な種類** │
│   │
│ ・30 A 以下の点滅器（タイムスイッチ等）　・50 A 以下の接続器 │
│ ・100 A 以下の開閉器（配線用遮断器等）　・100 mm² 以下の絶縁電線 │
│ ・22 mm² 以下，7 心以下のケーブル │
│ ・30 V 以上 300 V 以下の携帯発電機 │
│ 定格電圧→電線は 100 V 以上 600 V 以下，配線器具は 100 V 以上 300 V 以下 │
└───┘

A-3

答 ハ

　電気用品安全法施行令第 1 条，第 1 条の 2，別表第 1，別表第 2 により，タイムスイッチ（定格電圧 125 V，定格電流 15 A），差込み接続器（定格電圧 125 V，定格電流 15 A），600 V ビニル絶縁ビニルシースケーブル（導体の公称断面積 8 mm²，3 心）は特定電気用品の適用を受ける．合成樹脂製のケーブル配線用スイッチボックスは特定電気用品以外の電気用品である．

A-4

答 ロ

　電気用品安全法施行令の別表第 1（第 1 条，第 1 条の 2，第 2 条関係）により，電熱器具（定格電圧 100 V 以上 300 V 以下で定格消費電力が 10 kW 以下のもの）として電気便座は特定用品と定められている．

••• 第 **9** 章 •••

鑑 別

平均出題数 **5** 問

示された写真について問われる鑑別問題は，一般問題で毎年 5 問程度出題され，配線図問題にも必ず出題されています．名称や形状，用途や機能までまとめて理解しましょう．

Q-1

写真に示す品物が一般的に使用される場所は.

イ．低温室露出場所

ロ．防爆室露出場所

ハ．フリーアクセスフロア内隠ぺい場所

ニ．天井内隠ぺい場所

Q-2

写真はシーリングフィッチングの外観で，図は防爆工事のシーリングフィッチングの施設例である．①の部分に使用する材料の名称は.

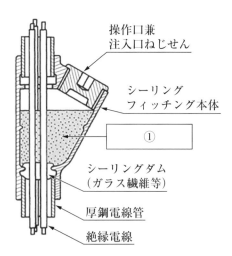

操作口兼
注入口ねじせん

シーリング
フィッチング本体

①

シーリングダム
（ガラス繊維等）

厚鋼電線管

絶縁電線

イ．シリコンコーキング

ロ．耐火パテ

ハ．シーリングコンパウンド

ニ．ボンドコーキング

A-1 答 ハ

　写真で示す材料はハーネスジョイントボックスである．フリーアクセスフロア内隠ぺい場所で，主線相互の接続に加え，ハーネス用の電源タップやコンセントなどを接続するための材料である．

A-2 答 ハ

　シーリングフィッチングとは，ガスなどが存在する場所と他の場所を金属管工事で配線する場合，管を通じて他の場所にガスなどが移行するのを防止するために用いる材料である．防爆工事のシーリングフィッチングの施工は，シーリングダムで配管内部にコンパウンドが流出しないよう堰き止めを構築し，シーリングコンパウンドを充填し密栓する（内線規程3415-1 図）．

9

鑑別

Q-3

2023
PM
問 23

写真に示す過電流蓄勢トリップ付地絡トリップ形（SOG）の地絡継電装置付高圧交流負荷開閉器（GR付PAS）の記述として，**誤っているものは**．

イ．一般送配電事業者の配電線への波及事故の防止に効果がある．

ロ．自家用側の高圧電路に地絡事故が発生したとき，一般送配電事業者の配電線を停止させることなく，自動遮断する．

ハ．自家用側の高圧電路に短絡事故が発生したとき，一般送配電事業者の配電線を停止させることなく，自動遮断する．

ニ．自家用側の高圧電路に短絡事故が発生したとき，一般送配電事業者の配電線を一時停止させることがあるが，配電線の復旧を早期に行うことができる．

Q-4

出題年度

2023
PM
問 26

写真の器具の使用方法の記述として，**正しいものは**．

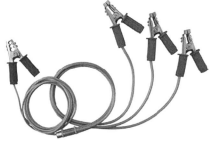

イ．墜落制止用器具の一種で高所作業時に使用する．

ロ．高圧受電設備の工事や点検時に使用し，誤送電による感電事故の防止に使用する．

ハ．リレー試験時に使用し，各所のリレーに接続する．

ニ．変圧器等の重量物を吊り下げ運搬，揚重に使用する．

　写真に示す過電流蓄勢トリップ付地絡トリップ形（SOG）の地絡継電装置付高圧交流負荷開閉器（GR付PAS）は，需要家側高圧電路に短絡事故が発生したとき，開閉機構をロックし，無電圧を検出して自動的に開放する機能を内蔵している．また，需要家側電気設備の地絡事故時は，高圧交流負荷開閉器を開放することで，一般電気事業者の波及事故を防止する．

9

鑑
別

　写真に示す器具は短絡接地器具である．高圧受電設備の工事や点検時に使用し，誤送電による感電事故の防止に使用するものである．停電作業時は短絡接地器具を用いて短絡接地を行わなければならない（労働安全衛生規則第339条第1項3号）．

Q-5

出題年度

2022
AM
問 14

写真に示す照明器具の主要な使用場所は.

イ．極低温となる環境の場所

ロ．物が接触し損壊するおそれのある場所

ハ．海岸付近の塩害の影響を受ける場所

ニ．可燃性のガスが滞留するおそれのある場所

Q-6

出題年度

2022
AM
問 23

写真の機器の矢印で示す部分の主な役割は.

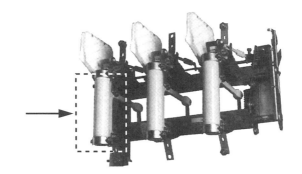

イ．高圧電路の地絡保護

ロ．高圧電路の過電圧保護

ハ．高圧電路の高調波電流抑制

ニ．高圧電路の短絡保護

A-5
答 ニ

写真で示す照明器具は，左上部の位置ボックスの構造より，防爆形照明器具なので，可燃性のガスが滞留するおそれのある場所で主に使用される．電技解釈第176条により，可燃性ガスまたは引火性物質の蒸気が漏れまたは滞留する場所で使用する電気機械器具は，電気機械器具防爆構造規格に適合するものを使用しなくてはならない．

A-6
答 ニ

写真の機器の矢印で示す部分は，限流ヒューズ付高圧交流負荷開閉器 (PF付LBS) の限流ヒューズである．短絡電流を限流遮断することで電路を保護する機器で，遮断時にはストライカと呼ばれる動作表示装置が突出して LBS を開放する．

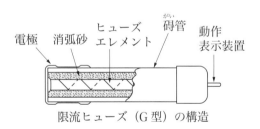

限流ヒューズ（G型）の構造

写真に示す配線器具（コンセント）で 200 V の回路に**使用できないもの**は.

イ.

ロ.

ハ.

ニ.

写真に示す住宅用の分電盤において，矢印部分に一般的に設置される機器の名称は.

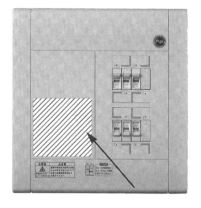

イ. 電磁開閉器

ロ. 漏電遮断器（過負荷保護付）

ハ. 配線用遮断器

ニ. 避雷器

A-7

答 ハ

　写真に示す配線器具（コンセント）で，200 V の回路に使用できないものは，ハの単相 100 V 15 A 接地極付引掛形コンセントである．イは単相 200 V 15 A 接地極付コンセント，ロは三相 200 V 20 A コンセント，ニは三相 200 V 15 A コンセントである（内線規程 3202-4，3202-2 表，3202-3 表）．

A-8

答 ロ

　写真に示す住宅用の分電盤において，矢印部分に一般的に使用されるのは，ロの漏電遮断器（過負荷保護付）である．需要家の過負荷や短絡事故，地絡事故から保護する目的で，各分岐回路の電源側に施設される．

9

鑑別

写真に示す品物を組み合わせて使用する場合の目的は.

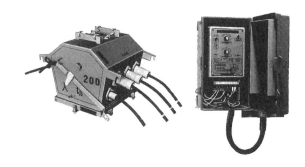

イ. 高圧需要家構内における高圧電路の開閉と, 短絡事故が発生した場合の高圧電路の遮断.

ロ. 高圧需要家の使用電力量を計量するため高圧の電圧, 電流を低電圧, 小電流に変成.

ハ. 高圧需要家構内における高圧電路の開閉と, 地絡事故が発生した場合の高圧電路の遮断.

ニ. 高圧需要家構内における遠方制御による高圧電路の開閉.

Q-10
出題年度
2021
AM
問 14
2015
問 15

写真で示す電磁調理器（IH 調理器）の加熱原理は.

イ. 誘導加熱　　ロ. 誘電加熱　　ハ. 抵抗加熱　　ニ. 赤外線加熱

A-9
答 ハ

　写真に示す機器はGR付PAS（地絡継電装置付高圧交流負荷開閉器）と地絡継電装置である．これらの機器は，高圧需要家構内の地絡事故を検出して高圧交流負荷開閉器を開放する機器なので，**ハ**が正しい．GR付PASは短絡電流の遮断能力がないため，高圧需要家構内に短絡事故が発生しても自動遮断することはできない．

A-10
答 イ

　写真で示す電磁調理器（IH調理器）の加熱原理は誘導加熱である．誘導加熱とは，交番磁界中に鉄などの導電性物質を置くと，導電性物質中には電磁誘導作用により渦電流が発生する．この渦電流により発生したジュール熱を利用した加熱方法のことである．

Q-11

出題年度

2023
PM
問 15

2021
AM
問 15

写真に示す雷保護用として施設される機器の名称は.

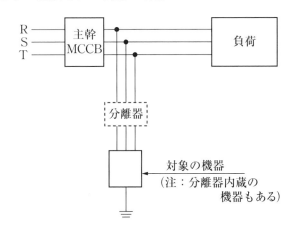

イ. 地絡継電器

ロ. 漏電遮断器

ハ. 漏電監視装置

ニ. サージ防護デバイス（SPD）

Q-12

出題年度

2023
AM
問 23

2021
AM
問 22

2017
問 23

写真に示す機器の文字記号（略号）は.

イ. DS　　ロ. PAS　　ハ. LBS　　ニ. VCB

A-11
答 二

　写真に示す雷保護用として施設される機器は，サージ防護デバイス（SPD）である．SPDとは，雷などによって生じる過渡的な異常高電圧（雷サージ）が電力線を伝わり電気設備に侵入するのを防止する機器のことである（JIS C 5381-11）．

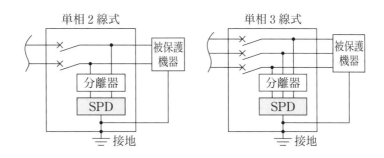

A-12
答 二

　写真に示す機器は真空遮断器で，略号（文字記号）はVCB（Vacuum Circuit Breaker）である．真空遮断器は，真空バルブ（円筒形の絶縁容器）の中で接点を開閉する遮断器で，小形軽量で遮断性能に優れている．

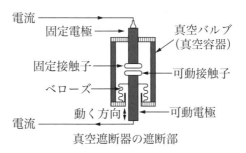

真空遮断器の遮断部

9

鑑別

Q-13

出題年度

2021
AM
問 23

写真に示す品物の名称は.

イ．高圧ピンがいし
ロ．長幹がいし
ハ．高圧耐張がいし
ニ．高圧中実がいし

Q-14

出題年度

2021
AM
問 26

2015
問 24

写真に示すもののうち，CVT150 mm² のケーブルを，ケーブルラック上に延線する作業で，一般的に**使用されないものは**.

イ．

ロ．

ハ．

ニ．

拡大

Q-15

出題年度

2021
PM
問 14

写真の三相誘導電動機の構造において矢印で示す部分の名称は.

イ．固定子巻線
ロ．回転子鉄心
ハ．回転軸
ニ．ブラケット

A-13

答 ハ

写真に示す品物は高圧耐張がいしである．高圧耐張がいしは，電柱など
の支持物に電線を引き留めるときに使用され，通常は使用電圧などに応じ
て複数個連結して使用される（JIS C 3826）．

A-14

答 ハ

写真に示すもののうち，CVT150 mm² のケーブルを，ケーブルラック上
に延線する作業では，ハの油圧式パイプベンダは一般的に使用しない．油
圧式パイプベンダは金属管の曲げ作業に使用する工具である．なお，**イ**は
ケーブルジャッキ，**ロ**は延線ローラ，**ニ**はケーブルグリップで，一般的な
ケーブル延線作業に使用される．

A-15

答 ロ

写真に示す三相誘導電動機の構造において，矢印で示す部分の名称は，
回転子鉄心（ロータ）である．なお，一般的な三相誘導電動機は次のよう
な構造になっている．

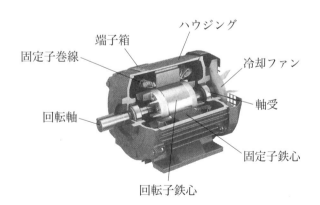

9

鑑
別

Q-16
出題年度
2021
PM
問 15

写真に示す矢印の機器の名称は.

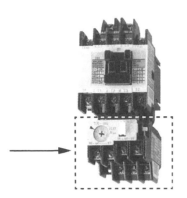

イ. 自動温度調節器
ロ. 漏電遮断器
ハ. 熱動継電器
ニ. タイムスイッチ

Q-17
出題年度
2021
PM
問 22
2014
問 22

写真に示す機器の文字記号（略号）は.

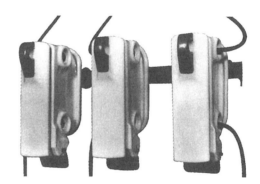

イ. CB
ロ. PC
ハ. DS
ニ. LBS

A-16

答 ハ

　写真に示す機器の名称は，熱動継電器である．電動機などの過負荷保護装置として用いられる．過電流によりヒータの発熱を利用して動作させるので，熱動継電器と呼ばれる．

A-17

答 ロ

　写真に示す機器は高圧カットアウトなので，文字記号（略号）は PC である．高圧カットアウトは，高圧の配電路の開閉や，変圧器の一次側に設置して，開閉動作や過負荷保護用として使用される機器である．

写真に示す機器の用途は.

イ. 力率を改善する.
ロ. 電圧を変圧する.
ハ. 突入電流を抑制する.
ニ. 高調波を抑制する.

写真に示すコンセントの記述として, **誤っているものは**.

イ. 病院などの医療施設に使用されるコンセントで, 手術室や集中治療
室 (ICU) などの特に重要な施設に設置される.

ロ. 電線及び接地線の接続は, 本体裏側の接続用の穴に電線を差し込
み, 一般のコンセントに比べ外れにくい構造になっている.

ハ. コンセント本体は, 耐熱性及び耐衝撃性が一般のコンセントに比べ
て優れている.

ニ. 電源の種別 (一般用・非常用等) が容易に識別できるように, 本体
の色が白の他, 赤や緑のコンセントもある.

A-18
答 イ

　写真に示す機器は高圧進相コンデンサなので，高圧回路の力率を改善する機器である．直列リアクトルと組み合わせて使用される（高圧受電設備規程 1150-9，JIS C 4902-1）．

A-19
答 ロ

　写真に示すコンセントは医用コンセントである．医用コンセントは病院などの医療施設の中でも手術室や集中治療室（ICU）などの特に重要な施設に使用されるコンセントである．コンセント本体は，耐熱性，耐衝撃性に優れたものになっており，電源の種別も容易に識別できるように，白色（商用電源），赤色（非常用電源），緑色（無停電非常電源）などに区分けされている．なお，電源や接地線の接続は，他のコンセントと同様に外れにくい構造となっている（内線規程 3202-3，JIS T 1021，JIS T 1022）．

9

鑑
別

Q-20

出題年度

2023
AM
問 26

2021
PM
問 26

次に示す工具と材料の組合せで，**誤っているものは．**

	工具	材料
イ		材料
ロ		
ハ		
ニ	黄色 	

ロが誤りである．ロの工具は手動油圧式圧着器で，太い電線の圧着接続に使用する．材料はボルト形コネクタで，張力のかからない架空配電線の分岐や端末電線の接続に使用する．なお，**イ**は張線器（シメラー）とちょう架用線にハンガー，**ハ**はボードアンカー取付工具とボードアンカー，**ニ**はリングスリーブ用圧着ペンチとリングスリーブ（E形）で，工具と材料の組合せとして正しい．

9

鑑
別

Q-21

出題年度
2023 AM
問 15
2020
問 14

低圧電路で地絡が生じたときに，自動的に電路を遮断するものは．

イ.

ロ.

ハ.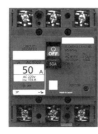

ニ.

写真に示す自家用電気設備の説明として，**最も適当なものは**．

イ. 低圧電動機などの運転制御，保護などを行う設備

ロ. 受変電制御機器や，停電時に非常用照明器具などに電力を供給する設備

ハ. 低圧の電源を分岐し，単相負荷に電力を供給する設備

ニ. 一般送配電事業者から高圧電力を受電する設備

計測表示

拡大

拡大

A-21
答 イ

低圧電路で地絡が生じたときに，自動的に電路を遮断する装置は，**イ**の漏電遮断器である．**ロ**はリモコンリレー，**ハ**は配線用遮断器，**ニ**は電磁開閉器である．

A-22
答 ロ

写真に示す自家用電気設備は，蓄電池設備である．これは，受変電制御機器や，停電時に非常用照明器具などに電力を供給する設備で，蓄電池（設問下段の拡大写真），整流装置などで構成される．

Q-23

出題年度

2020
問22

2015
問23

写真に示す GR 付 PAS を設置する場合の記述として，**誤っているもの**は.

- イ．自家用側の引込みケーブルに短絡事故が発生したとき，自動遮断する.
- ロ．電気事業用の配電線への波及事故の防止に効果がある.
- ハ．自家用側の高圧電路に地絡事故が発生したとき，自動遮断する.
- ニ．電気事業者との保安上の責任分界点又はこれに近い箇所に設置する.

Q-24

出題年度

2020
問23

写真に示す機器の用途は.

- イ．零相電流を検出する.
- ロ．高電圧を低電圧に変成し，計器での測定を可能にする.
- ハ．進相コンデンサに接続して投入時の突入電流を抑制する.
- ニ．大電流を小電流に変成し，計器での測定を可能にする.

A-23
答 イ

　GR付PAS（地絡継電装置付高圧交流負荷開閉器）は，自家用需要設備内の地絡事故を検出して高圧交流負荷開閉器を開放する機器である．GR付PASは短絡電流の遮断能力がないため，自家用需要設備内に短絡事故が発生しても自動遮断することはできない．

A-24
答 ニ

　写真に示す機器は高圧用の変流器（CT）である．大電流を小電流に変成し，計器での測定を可能にする機器である．

Q-25

出題年度
2020
問26

写真のうち，鋼板製の分電盤や動力制御盤を，コンクリートの床や壁に設置する作業において，一般的に使用されない工具はどれか．

イ.

ロ.

ハ.

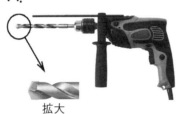

拡大

ニ.

拡大

Q-26

出題年度
2019
問14

写真に示すものの名称は．

イ．周波数計

ロ．照度計

ハ．放射温度計

ニ．騒音計

A-25
答 イ

　写真のうち，鋼板製の分電盤や動力制御盤を，コンクリートの床や壁に設置する作業で使用しないのは，**イ**の油圧パイプベンダである．この工具は太い金属管の曲げ加工に使用される．**ロ**はトルクレンチ，**ハ**はコンクリート用の振動ドリル，**ニ**は水平器で，いずれも分電盤や動力制御盤の設置工事に使用される．

A-26
答 ロ

　写真に示す測定器は照度計である．目盛板に照度の単位である「lx」とあることで判断できる．

Q-27

写真に示す材料の名称は.

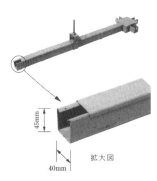

45mm

40mm　拡大図

イ. 二種金属製線ぴ

ロ. 金属ダクト

ハ. フロアダクト

ニ. ライティングダクト

Q-28

写真に示す品物の用途は.

イ. 大電流を小電流に変流する.

ロ. 高調波電流を抑制する.

ハ. 負荷の力率を改善する.

ニ. 高電圧を低電圧に変圧する.

Q-29

写真に示す品物の名称は.

イ. 電力需給用計器用変成器

ロ. 高圧交流負荷開閉器

ハ. 三相変圧器

ニ. 直列リアクトル

写真に示す材料は二種金属製線ぴ（レースウェイ）である．二種金属製線ぴは，天井のない倉庫などで照明器具の取り付けや電線の収容に使用する材料である．また，幅が 5 cm を超えると電気設備技術基準上，金属ダクトとして取り扱う必要がある．

写真に示す機器は直列リアクトル（SR）である．直列リアクトルは，進相コンデンサを電路に接続したときに生じる高調波電流を抑制するために使用する機器である．

9

鑑別

写真に示す機器は電力需給用計器用変成器（VCT）である．高圧の電圧・電流を計器の入力に適した値に変成し，電力量計と組み合わせて電力測定に用いる機器である．

爆燃性粉じんのある危険場所での金属管工事において，施工する場合に
使用できない材料は．

イ.

ロ.

ハ.

ニ.

Q-31

出題年度

2023
PM
問14

2022
PM
問14

2018
問14

写真に示すものの名称は．

イ. 金属ダクト

ロ. バスダクト

ハ. トロリーバスダクト

ニ. 銅帯

電技解釈第 175 条により，爆燃性粉じんのある危険場所での金属管工事は，管相互および管とボックスその他の付属品，プルボックスまたは電気機械器具とは，5 山以上ねじ合わせて接続する方法その他これと同等以上の効力のある方法で堅ろうに接続し，内部に粉じんが侵入しないように施設しなくてはならない．ロの材料は，ねじなし電線管用ユニバーサルで，粉じんの多い場所での使用はできない．

写真に示すものの名称は，バスダクトである．バスダクトは，H 鋼に似た形状をしていて，アルミまたは銅を導体として，導体の外側を絶縁物で覆った幹線用の部材のことである．数千アンペアの許容電流があるため，主幹線として使用することでコスト改善を図ることができるが，曲がりが多くなると施工性が悪くなる．

Q-32

出題年度
2018
問15

写真に示すモールド変圧器の矢印部分の名称は.

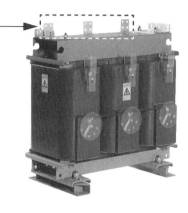

イ．タップ切替端子

ロ．耐震固定端部

ハ．一次（高電圧側）端子

ニ．二次（低電圧側）端子

Q-33

出題年度
2018
問22

写真の機器の矢印で示す部分に関する記述として，**誤っているものは**.

イ．小形，軽量であるが，定格遮断電流は大きく 20 kA，40 kA 等がある.

ロ．通常は密閉されているが，短絡電流を遮断するときに放出口からガスを放出する.

ハ．短絡電流を限流遮断する.

ニ．用途によって，T, M, C, G の4種類がある.

Q-34

出題年度
2018
問23

写真に示す機器の用途は.

イ．高圧電路の短絡保護

ロ．高圧電路の地絡保護

ハ．高圧電路の雷電圧保護

ニ．高圧電路の過負荷保護

A-32 答 二

写真に示すモールド変圧器の矢印部分の名称は，下図に示すように，二次（低電圧側）端子である．

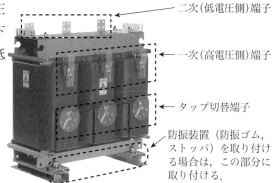

二次(低電圧側)端子

一次(高電圧側)端子

タップ切替端子

防振装置（防振ゴム，ストッパ）を取り付ける場合は，この部分に取り付ける．

A-33 答 ロ

写真の機器の矢印で示す部分は，限流ヒューズ付高圧交流負荷開閉器（PF付LBS）の限流ヒューズである．短絡電流を限時遮断し，密閉されているのでガスの放出はなく，電路を保護する機器であり，遮断時にはストライカと呼ばれる動作表示装置が突出することでLBSを開放する．また，小形，軽量で，T（変圧器用），M（電動機用），C（コンデンサ用），G（一般用）の4種類があり，用途によって使い分けられる．

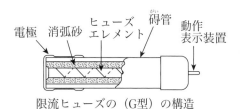

電極　消弧砂　ヒューズエレメント　碍管　動作表示装置

限流ヒューズの（G型）の構造

A-34 答 ハ

写真に示す機器は避雷器で，高圧電路の雷電圧保護に使用される．避雷器は，落雷時に構内へ侵入してくる異常電圧を抑制させるため，引込口近くに設置し，雷撃による異常電圧を大地に放電させ，電気機器の絶縁を保護する役割をもっている．

Q-35

出題年度

2022
PM
問25

2018
問26

2015
問25

写真に示す配線器具を取り付ける施工方法の記述として，**不適切なもの**は．

イ．定格電流 20 A の配線用遮断器に保護されている電路に取り付けた．

ロ．単相 200 V の機器用コンセントとして取り付けた．

ハ．三相 400 V の機器用コンセントとしては使用できない．

ニ．接地極には D 種接地工事を施した．

Q-36

出題年度

2017
問14

2015
問14

写真の照明器具には矢印で示すような表示マークが付されている．この器具の用途として，**適切なものは**．

日本照明工業会
SB・SGI・SG形適合品

イ．断熱材施工天井に埋め込んで使用できる．

ロ．非常用照明として使用できる．

ハ．屋外に使用できる．

ニ．ライティングダクトに設置して使用できる．

Q-37

出題年度

2022
AM
問15

2017
問15

写真に示す機器の矢印部分の名称は．

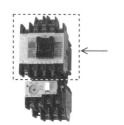

イ．熱動継電器

ロ．電磁接触器

ハ．配線用遮断器

ニ．限時継電器

A-35
答 イ

写真に示す配線器具は，単相 200 V 30 A 引掛形接地極付コンセントである．電技解釈第 149 条により，定格電流 20 A の配線用遮断器で保護することはできない．

分岐回路の施設（電技解釈第 149 条）

分岐過電流遮断器の 定格電流	コンセント
15 A	15 A 以下
20 A（配線用遮断器）	20 A 以下
20 A（ヒューズ）	20 A
30 A	20 A 以上 30 A 以下

A-36
答 イ

一般のダウンライト（埋込み形照明器具）を断熱材の下に施工すると，照明器具の発熱により火災の危険性がある．このような場所に使用するダウンライトは，(一社)日本照明工業会規格のS_B・S_{GI}・S_G形適合品である．S_B形は断熱材などの施工に対して特別の注意を要しないが，S_{GI}形とS_G形は，使用できない断熱材の材質や施工法がある．

A-37
答 ロ

写真に示す器具の□で囲まれた部分は電磁接触器である．下部に接続されている熱動継電器と組み合わせ，電磁開閉器として電動機負荷などの開閉器として使用される．

9

鑑別

Q-38

出題年度

2023
PM
問 22

2017
問 22

写真に示す機器の用途は.

イ. 高電圧を低電圧に変圧する.

ロ. 大電流を小電流に変流する.

ハ. 零相電圧を検出する.

ニ. コンデンサ回路投入時の突入電流を抑制する.

Q-39

出題年度

2017
問 25

写真に示す材料のうち, 電線の接続に使用しないものは.

イ.

ロ.

ハ.

ニ.

Q-40

出題年度

2022
AM
問 26

2017
問 26

写真に示す工具の名称は.

イ. トルクレンチ

ロ. 呼び線挿入器

ハ. ケーブルジャッキ

ニ. 張線器

Q-41

出題年度

2016
問 14

写真に示す品物の名称は.

イ. ハロゲン電球

ロ. キセノンランプ

ハ. 電球形 LED ランプ

ニ. 高圧ナトリウムランプ

A-38

答 イ

　写真に示す機器は計器用変圧器（VT）である．計器用変圧器は，計器や継電器を接続するために高電圧回路の電圧を低電圧に変圧する（通常は110 V）機器である．

A-39

答 イ

　写真に示す材料のうち，**イ**はコンクリート用あと施工アンカーで，電気機器などの固定に使用する材料である．なお，**ロ**はボルト形コネクタ，**ハ**は圧着スリーブ（P形），**ニ**は差込形コネクタで，電線の接続に使用する材料である．

A-40

答 ニ

　写真に示す工具は，張線器（シメラー）である．架空線工事で，電線のたるみを取るのに用いる．

A-41

答 イ

　写真に示す品物の名称は，ハロゲン電球である．よう素電球ともいい，電球内によう素を封入している．白熱電球の一種で，小形，長寿命である．

Q-42

出題年度
2016
問15

写真に示す矢印の機器の名称は.

イ. 自動温度調節器

ロ. 熱動継電器

ハ. 漏電遮断器

ニ. タイムスイッチ

Q-43

出題年度
2022
AM
問22
2016
問22

写真に示す品物の用途は.

イ. 容量 300 kV・A 未満の変圧器の
一次側保護装置として用いる.

ロ. 保護継電器と組み合わせて, 遮
断器として用いる.

ハ. 電力ヒューズと組み合わせて,
高圧交流負荷開閉器として用い
る.

ニ. 停電作業などの際に, 電路を開
路しておく装置として用いる.

Q-44

出題年度
2016
問24

写真に示す配線器具の名称は.

（表）　　　　（裏）

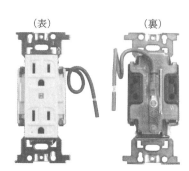

イ. 接地端子付コンセント

ロ. 抜止形コンセント

ハ. 防雨形コンセント

ニ. 医用コンセント

A-42

答 ロ

　写真に示す機器の名称は，熱動継電器である．電動機などの過負荷保護装置として用いる．過電流によりヒータの発熱を利用して動作させるので，熱動継電器と呼ばれる．なお，電磁接触器と熱動継電器を組み合わせたものを電磁開閉器という．

A-43

答 ニ

　写真に示す品物は断路器で，停電作業などの際に電路を開路しておく装置である．遮断器とは違い，電流の開閉はできないので，無負荷状態で開閉を行わなくてはならない．

9

鑑
別

A-44

答 ニ

　写真に示す配線器具の名称は，医用コンセントである．前面に「H」の記号があることと，接地線から判断できる．

Q-45

出題年度

2023
PM
問25

2016
問25

写真に示す材料の名称は.

イ. ボードアンカ
ロ. インサート
ハ. ボルト形コネクタ
ニ. ユニバーサルエルボ

Q-46

出題年度

2014
問14

写真に示す品物の名称は.

イ. アウトレットボックス
ロ. コンクリートボックス
ハ. フロアボックス
ニ. スイッチボックス

Q-47

出題年度

2014
問15

写真に示す品物の名称は.

イ. シーリングフィッチング
ロ. カップリング
ハ. ユニバーサル
ニ. ターミナルキャップ

Q-48

出題年度

2014
問23

写真の矢印で示す部分の役割は.

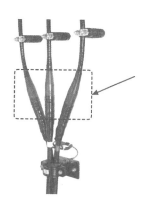

イ. 水の浸入を防止する.
ロ. 電流の不平衡を防止する.
ハ. 遮へい端部の電位傾度を緩和する.
ニ. 機械的強度を補強する.

A-45

答 ロ

写真に示す材料の名称は，インサートである．コンクリート天井に埋め込み，つりボルトを接続して照明器具などの機器を吊り下げるのに用いる．

A-46

答 ロ

写真に示す品物の名称は，コンクリートボックス（八角形）である．バックプレートとボックスが分離できる構造となっているので，アウトレットボックスとの違いがわかる．

A-47

答 イ

写真に示す品物の名称は，シーリングフィッチングである．ガスなどが存在する場所と他の場所を金属管工事で配線する場合，管と通じて他の場所にガスなどが移行するのを防止するために用いる．

9

鑑別

A-48

答 ハ

矢印で示す部分はストレスコーンである．この部分の主な役割は，遮へい端部の電位傾度を緩和することである．ケーブルの絶縁部を段むきにした場合，図aのように電気力線は切断部に集中し，耐電圧特性を低下させる．これを改善するため，図bのようにストレスコーン部を設けて電気力線の集中を緩和させている．

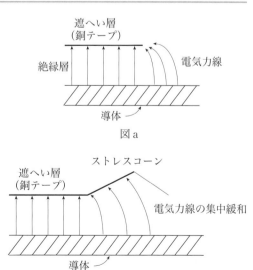

図a

図b

写真に示す工具の名称は.

イ．ケーブルジャッキ

ロ．パイプベンダ

ハ．延線ローラ

ニ．ワイヤストリッパ

写真に示す工具の名称は，パイプベンダである．金属管の曲げ加工に用いる．

•••• 第 10 章 ••••
施工方法

平均出題数 5 問

示された図から施工方法を問われます．
近年は毎年 5 問出題されています．高
圧受電設備や高圧引込線にかかわる問題
が多いので，本書第 6 章と組み合わせ
て学習しましょう．

Q-1

出題年度

2023
AM
問 30

①に示す高圧引込ケーブルに関する施工方法等で, **不適切なものは**.

イ. ケーブルには, トリプレックス形 6 600 V 架橋ポリエチレン絶縁ビニルシースケーブルを使用して施工した.

ロ. 施設場所が重汚損を受けるおそれのある塩害地区なので, 屋外部分の終端処理はゴムとう管形屋外終端処理とした.

ハ. 電線の太さは, 受電する電流, 短時間耐電流などを考慮し, 電気事業者と協議して選定した.

ニ. ケーブルの引込口は, 水の浸入を防止するためケーブルの太さ, 種類に適合した防水処理を施した.

Q-2

出題年度

2023
AM
問 31

②に示す避雷器の設置に関する記述として, **不適切なものは**.

イ. 受電電力 500 kW 未満の需要場所では避雷器の設置義務はないが, 雷害の多い地区であり, 電路が架空電線路に接続されているので, 引込口の近くに避雷器を設置した.

ロ. 保安上必要なため, 避雷器には電路から切り離せるように断路器を施設した.

ハ. 避雷器の接地は A 種接地工事とし, サージインピーダンスをできるだけ低くするため, 接地線を太く短くした.

ニ. 避雷器には電路を保護するため, その電源側に限流ヒューズを施設した.

Q-3

出題年度

2023
AM
問 32

③に示す機器（CT）に関する記述として, **不適切なものは**.

イ. CT には定格負担（単位 [V·A]）が定められており, 計器類の皮相電力 [V·A], 二次側電路の損失などの皮相電力 [V·A] の総和以上のものを選定した.

ロ. CT の二次側電路に, 電路の保護のため定格電流 5 A のヒューズを設けた.

ハ. CT の二次側に, 過電流継電器と電流計を接続した.

ニ. CT の二次側電路に, D 種接地工事を施した.

A-1
答 ロ

　施設場所が重汚損を受けるおそれのある塩害地区における屋外部分の終端処理は，JCAA（日本電力ケーブル接続技術協会）規格により，耐塩害屋外終端処理としなければならない．なお，軽汚損・中汚損を受けるおそれのある地区は，ゴムとう管形屋外終端処理でよい．

A-2
答 二

　避雷器は，雷や開閉サージなどの過大な異常電圧が電路に加わった場合，これに伴う電流を大地に放電して異常電圧が機器に加わるのを制限するために設置する．避雷器の電源側に限流ヒューズを設けて動作した場合には，大地に雷電流を放電できないので，過大な電圧が機器に加わることになり不適切である．

10

施工方法

A-3
答 ロ

　③に示す機器（CT）の二次電路にはヒューズを設けてはいけない．これは，一次電流が流れている状態で二次側が開放されると二次側に高電圧が発生し，CT が焼損する恐れがあるためである．また，電技解釈第 28 条により，高圧計器用変成器の 2 次側電路には，D 種接地工事を施す．

④に示す高圧ケーブル内で地絡が発生した場合，確実に地絡事故を検出できるケーブルシールドの接地方法として，**正しいものは**．

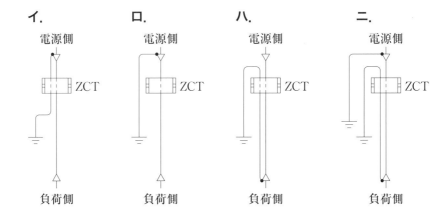

イ.   **ロ.**   **ハ.**   **ニ.**

電源側   電源側   電源側   電源側

ZCT   ZCT   ZCT   ZCT

負荷側   負荷側   負荷側   負荷側

⑤に示す高圧進相コンデンサ設備は，自動力率調整装置によって自動的に力率調整を行うものである．この設備に関する記述として，**不適切なものは**．

イ. 負荷の力率変動に対してできるだけ最適な調整を行うよう，コンデンサは異容量の2群構成とした．

ロ. 開閉装置は，開閉能力に優れ自動で開閉できる，高圧交流真空電磁接触器を使用した．

ハ. 進相コンデンサの一次側には，限流ヒューズを設けた．

ニ. 進相コンデンサに，コンデンサリアクタンスの5%の直列リアクトルを設けた．

A-4
答 イ

④に示すケーブル内で地絡事故が発生した場合，確実に地絡事故を検出するためには，地絡電流が ZCT 内を通過するようにケーブルシールドの接地を施さなくてはいけない．

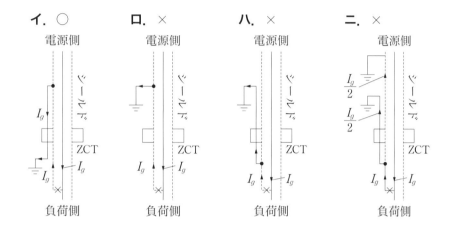

イ. ○   **ロ.** ×   **ハ.** ×   **ニ.** ×

A-5
答 ニ

高圧受電設備規程1150-9より，高圧進相コンデンサには，高調波電流による障害防止およびコンデンサ回路の開閉による突入電流抑制のために，直列リアクトルを施設する．直列リアクトルの容量は，コンデンサリアクタンスの 6 ％または 13 ％である．

10

施工方法

　図は，自家用電気工作物構内の受電設備を表した図である．この図に関する各問いには，4通りの答え（**イ，ロ，ハ，ニ**）が書いてある．それぞれの問いに対して，答えを1つ選びなさい．

　〔注〕図において，問いに直接関係のない部分等は，省略又は簡略化してある．

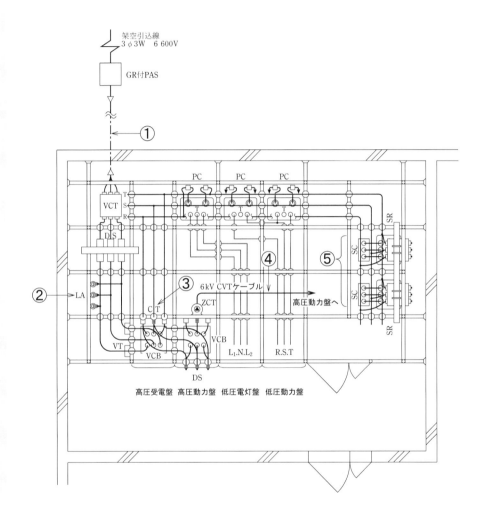

　図は，自家用電気工作物構内の受電設備を表した図である．この図に関する各問いには，4通りの答え（**イ，ロ，ハ，ニ**）が書いてある．それぞれの問いに対して，答えを1つ選びなさい．

　〔注〕図において，問いに直接関係のない部分等は，省略又は簡略化してある．

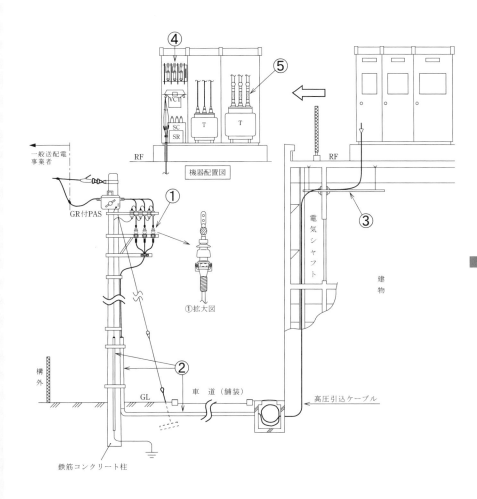

Q-1

出題年度

2023
PM
問 30

①に示す CVT ケーブルの終端接続部の名称は.

- イ. 耐塩害屋外終端接続部
- ロ. ゴムとう管形屋外終端接続部
- ハ. ゴムストレスコーン形屋外終端接続部
- ニ. テープ巻形屋外終端接続部

Q-2

出題年度

2023
PM
問 31

②に示す引込柱及び引込ケーブルの施工に関する記述として, **不適切な
もの**は.

- イ. 引込ケーブル立ち上がり部分を防護するため, 地表からの高さ2 m,
  地表下 0.2 m の範囲に防護管（鋼管）を施設し, 雨水の浸入を防止
  する措置を行った.
- ロ. 引込ケーブルの地中埋設部分は, 需要設備構内であるので,「電力
  ケーブルの地中埋設の施工方法（JIS C 3653)」に適合する材料を使
  用し, 舗装下面から 30 cm 以上の深さに埋設した.
- ハ. 地中引込ケーブルは, 鋼管による管路式としたが, 鋼管に防食措置
  を施してあるので地中電線を収める鋼管の金属製部分の接地工事を
  省略した.
- ニ. 引込柱に設置した避雷器に接地するため, 接地極からの電線を薄鋼
  電線管に収めて施設した.

Q-3

出題年度

2023
PM
問 32

③に示すケーブルラックの施工に関する記述として, **誤っているもの**は.

- イ. 長さ 3 m, 床上 2.1 m の高さに設置したケーブルラックを乾燥した
  場所に施設し, A 種接地工事を省略した.
- ロ. ケーブルラック上の高圧ケーブルと弱電流電線を 15 cm 離隔して施
  設した.
- ハ. ケーブルラック上の高圧ケーブルの支持点間の距離を, ケーブルが
  移動しない距離で施設した.
- ニ. 電気シャフトの防火壁のケーブルラック貫通部に防火措置を施した.

A-1
答 イ

　①に示すCVTケーブルの終端接続部の名称は，耐塩害屋外終端接続部である．JCAA（日本電力ケーブル接続技術協会）規格による．

A-2
答 ニ

　引込柱に設置した避雷器の接地工事はA種接地工事である．電技解釈第17条により，この接地線の地下75 cmから地表上2 mまでの部分は電気用品安全法の適用を受ける合成樹脂管（厚さ2 mm未満の合成樹脂管およびCD管を除く）またはこれと同等以上の絶縁効力および強さのあるもので覆わなければならない．したがって，接地線を薄鋼電線管に収めて施設するのは不適切である．

10

施工方法

A-3
答 イ

　③に示す高圧引込ケーブルのケーブルラックは，電技解釈第168条によりA種接地工事を施さなくてはならず，省略はできない．なお，接触防護措置を施す場合はD種接地工事によることができる．高圧ケーブルと弱電流電線は15 cm以上隔離して施設し，防火壁のケーブル貫通部には防火措置を施す．また，内線規程3165-2により，ケーブルラック上のケーブルの支持点間の距離は，ケーブルが移動しない距離とする．

④に示す PF・S 形の主遮断装置として，**必要でないものは**．

イ．過電流ロック機能
ロ．ストライカによる引外し装置
ハ．相間，側面の絶縁バリア
ニ．高圧限流ヒューズ

⑤に示す可とう導体を使用した施設に関する記述として，**不適切なものは**．

イ．可とう導体を使用する主目的は，低圧母線に銅帯を使用したとき，過大な外力によりブッシングやがいし等の損傷を防止しようとするものである．
ロ．可とう導体には，地震による外力等によって，母線が短絡等を起こさないよう，十分な余裕と絶縁セパレータを施設する等の対策が重要である．
ハ．可とう導体は，低圧電路の短絡等によって，母線に異常な過電流が流れたとき，限流作用によって，母線や変圧器の損傷を防止できる．
ニ．可とう導体は，防振装置との組合せ設置により，変圧器の振動による騒音を軽減することができる．ただし，地震による機器等の損傷を防止するためには，耐震ストッパの施設と併せて考慮する必要がある．

A-4 答 イ

　④に示す PF・S 形の主遮断装置として過電流ロック機能は必要でない．過電流ロック機能が必要なのは引込柱に施設されている GR 付 PAS である．過電流ロック機能とは，GR 付 PAS などに短絡電流（過大電流）が流れたときに検知して開閉器をロック（閉じた状態を保つ）することである．その後，配電用変電所の遮断器が動作して配電線が無電圧になったことを検知して開閉器を開くことになる．

A-5 答 ハ

　可とう導体を使用する主な目的は，低圧母線に銅帯を使用したとき，過大な外力によりブッシングやがいし等の損傷を防止しようとするためである．可とう導体は母線に異常な過電流が流れたときの限流作用はない．

10

施工方法

Q-1

出題年度

2022
AM
問30

①に示す地絡継電装置付き高圧交流負荷開閉器（UGS）に関する記述として，**不適切なものは**．

イ．電路に地絡が生じた場合，自動的に電路を遮断する機能を内蔵している．

ロ．定格短時間耐電流は，系統（受電点）の短絡電流以上のものを選定する．

ハ．短絡事故を遮断する能力を有する必要がある．

ニ．波及事故を防止するため，一般送配電事業者の地絡保護継電装置と動作協調をとる必要がある．

Q-2

出題年度

2022
AM
問31

②に示す構内の高圧地中引込線を施設する場合の施工方法として，**不適切なものは**．

イ．地中電線に堅ろうながい装を有するケーブルを使用し，埋設深さ（土冠）を 1.2 m とした．

ロ．地中電線を収める防護装置に鋼管を使用した管路式とし，管路の接地を省略した．

ハ．地中電線を収める防護装置に波付硬質合成樹脂管（FEP）を使用した．

ニ．地中電線路を直接埋設式により施設し，長さが 20 m であったので電圧の表示を省略した．

Q-3

出題年度

2022
AM
問32

③に示す電路及び接地工事の施工として，**不適切なものは**．

イ．建物内への地中引込の壁貫通に防水鋳鉄管を使用した．

ロ．電気室内の高圧引込ケーブルの防護管（管の長さが 2 m の厚鋼電線管）の接地工事を省略した．

ハ．ピット内の高圧引込ケーブルの支持に樹脂製のクリートを使用した．

ニ．接地端子盤への接地線の立上りに硬質ポリ塩化ビニル電線管を使用した．

A-1 答 ハ

①に示す地絡継電装置付き高圧交流負荷開閉器（UGS）は，電路に短絡事故が発生したとき，開閉機構をロックし，無電圧を検出して自動的に開放する機能を内蔵している．このため，短絡事故を遮断する能力は必要としない．また，UGS は電路に地絡事故が発生したとき，電路を自動的に遮断する機能を内蔵しているが，波及事故を防止するため，一般送配電事業者の地絡継電保護装置と動作協調をとる必要がある．

A-2 答 ニ

②に示す高圧地中引込線の施設は，電技解釈第 120 条により，管路式で施設する場合は，管にはこれに加わる重量物の圧力に耐えるものを使用する．また，金属製の管路は D 種接地工事を省略できる（電技解釈第 123 条）．直接埋設式で施設する場合は，地中電線の埋設深さは，重量物の圧力を受けるおそれがある場所では 1.2 m 以上とし，需要場所に施設する高圧地中電線路であって，その長さが 15 m 以下の場合，電圧の表示を省略できる．

10 施工方法

A-3 答 ロ

③に示す電気室内の高圧引込ケーブルの防護管は，長さに関わらず，ケーブルを収める防護装置の金属製部分に A 種接地工事（接触防護措置を施す場合は D 種接地工事）を施さなくてはならない（電技解釈第 168 条）．

④に示すケーブルラックの施工に関する記述として，**誤っているものは**．

イ． ケーブルラックの長さが15mであったが，乾燥した場所であったため，D種接地工事を省略した．

ロ． ケーブルラックは，ケーブル重量に十分耐える構造とし，天井コンクリートスラブからアンカーボルトで吊り，堅固に施設した．

ハ． 同一のケーブルラックに電灯幹線と動力幹線のケーブルを布設する場合，両者の間にセパレータを設けなくてもよい．

ニ． ケーブルラックが受電室の壁を貫通する部分は，火災延焼防止に必要な防火処理を施した．

⑤に示す高圧受電設備の絶縁耐力試験に関する記述として，**不適切なものは**．

イ． 交流絶縁耐力試験は，最大使用電圧の1.5倍の電圧を連続して10分間加え，これに耐える必要がある．

ロ． ケーブルの絶縁耐力試験を直流で行う場合の試験電圧は，交流の1.5倍である．

ハ． ケーブルが長く静電容量が大きいため，リアクトルを使用して試験用電源の容量を軽減した．

ニ． 絶縁耐力試験の前後には，1000V以上の絶縁抵抗計による絶縁抵抗測定と安全確認が必要である．

A-4
答 イ

電技解釈 164 条，内線規程 3165-8 により，使用電圧が 300 V 以下で乾燥した場所に，長さが 4 m 以下のケーブルラックを施設した場合は，ケーブルラックの D 種接地工事を省略できるが，④に示すケーブルラックは長さが 15 m なので，D 種接地工事を省略できない．

A-5
答 ロ

⑤に示す高圧受電設備の絶縁耐力試験は，電技解釈第 16 条により，変圧器，遮断器などの機械器具等の交流絶縁耐力試験は，最大使用電圧の 1.5 倍の電圧を連続して 10 分間加える．電技解釈第 15 条により，ケーブルの絶縁耐力試験を直流で行う場合の試験電圧は，交流の場合の 2 倍の電圧を連続して 10 分間加える．また，ケーブルは静電容量が大きいため，リアクトルを使用して試験用電源の容量を軽減する．

10

施工方法

　図は，一般送配電事業者の供給用配電箱（高圧キャビネット）から自家用構内を経由して，地下1階電気室に施設する屋内キュービクル式高圧受電設備（JIS C 4620適合品）に至る電線路及び低圧屋内幹線設備の一部を表した図である．

　この図に関する各問いには，4通りの答え（**イ，ロ，ハ，ニ**）が書いてある．それぞれの問いに対して，答えを1つ選びなさい．

〔注〕1．図において，問いに直接関係のない部分等は，省略又は簡略化してある．

　　　2．UGS：地中線用地絡継電装置付き高圧交流負荷開閉器

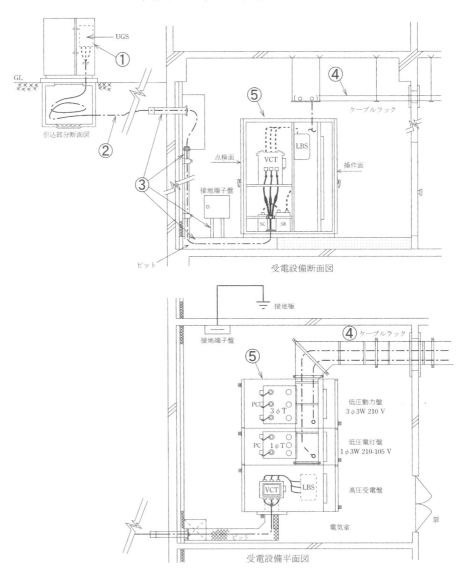

　　図は，自家用電気工作物（500 kW 未満）の引込柱から屋内キュービクル式高圧受電設備（JIS C 4620 適合品）に至る施設の見取図である．この図に関する各問いには，4 通りの答え（**イ**，**ロ**，**ハ**，**ニ**）が書いてある．それぞれの問いに対して，答えを一つ選びなさい．

　　〔注〕図において，問いに直接関係のない部分等は，省略又は簡略化してある．

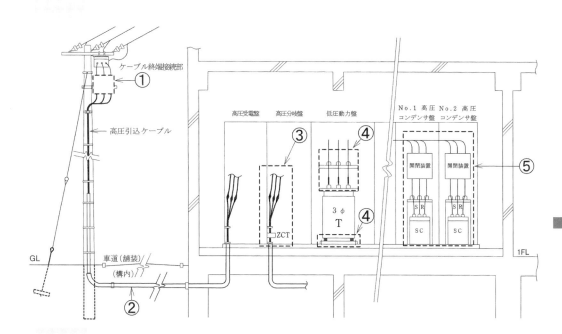

Q-1

①に示すケーブル終端接続部に関する記述として，**不適切なものは.**

イ．ストレスコーンは雷サージ電圧が浸入したとき，ケーブルのストレスを緩和するためのものである．

ロ．終端接続部の処理では端子部から雨水等がケーブル内部に浸入しないように処理する必要がある．

ハ．ゴムとう管形屋外終端接続部にはストレスコーン部が内蔵されているので，あらためてストレスコーンを作る必要はない．

ニ．耐塩害終端接続部の処理は海岸に近い場所等，塩害を受けるおそれがある場所に適用される．

Q-2

②に示す高圧引込の地中電線路の施工として，**不適切なものは.**

イ．地中埋設管路長が 20 m であるため，物件の名称，管理者名及び電圧を表示した埋設表示シートの施設を省略した．

ロ．高圧地中引込線を収める防護装置に鋼管を使用した管路式とし，地中埋設管路長が 20 m であるため，管路の接地を省略した．

ハ．高圧地中引込線と地中弱電流電線との離隔が 20 cm のため，高圧地中引込線を堅ろうな不燃性の管に収め，その管が地中弱電流電線と直接接触しないように施設した．

ニ．高圧地中引込線と低圧地中電線との離隔を 20 cm で施設した．

A-1
答 イ

　ストレスコーン部分の主な役割は，遮へい端部の電位傾度を緩和することである．ケーブルの絶縁部を段むきにした場合，電気力線は切断部に集中するので（図a），ストレスコーンを設けて電気力線の集中を緩和させている（図b）．なお，雷サージの侵入対策には，避雷器が用いられる．

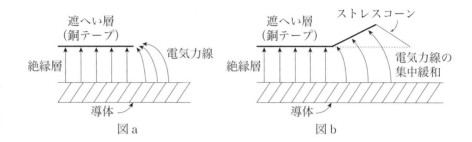

図a　　　　　　　　　図b

A-2
答 イ

　②に示す高圧地中引込線を管路式により施設する場合は，管にはこれに加わる重量物の圧力に耐えるものを使用する．需要場所に施設する高圧地中電線路であって，その長さが15 m以下の場合は，電圧の表示を省略できる．また，金属製の管路はD種接地工事を省略できる．高圧地中電線路と低圧地中電線路との離隔距離は0.15 m以上，地中弱電流電線との離隔距離は0.3 m以上とするか，高圧地中電線を堅ろうな不燃性の管に収めて弱電流線と直接接触しないように施設する（電技解釈第120条，第123条，第125条）．

10

施工方法

③に示す高圧ケーブルの施工として，**不適切なものは**．

ただし，高圧ケーブルは 6 600 V CVT ケーブルを使用するものとする．

イ． 高圧ケーブルの終端接続に 6 600 V CVT ケーブル用ゴムストレスコーン形屋内終端接続部の材料を使用した．

ロ． 高圧分岐ケーブル系統の地絡電流を検出するための零相変流器を R 相と T 相に設置した．

ハ． 高圧ケーブルの銅シールドに，A 種接地工事を施した．

ニ． キュービクル内の高圧ケーブルの支持にケーブルブラケットを使用し，3 線一括で固定した．

④に示す変圧器の防振又は，耐震対策等の施工に関する記述として，**適切でないものは**．

イ． 低圧母線に銅帯を使用したので，変圧器の振動等を考慮し，変圧器と低圧母線との接続には可とう導体を使用した．

ロ． 可とう導体は，地震時の振動でブッシングや母線に異常な力が加わらないよう十分なたるみを持たせ，かつ，振動や負荷側短絡時の電磁力で母線が短絡しないように施設した．

ハ． 変圧器を基礎に直接支持する場合のアンカーボルトは，移動，転倒を考慮して引き抜き力，せん断力の両方を検討して支持した．

ニ． 変圧器に防振装置を使用する場合は，地震時の移動を防止する耐震ストッパが必要である．耐震ストッパのアンカーボルトには，せん断力が加わるため，せん断力のみを検討して支持した．

A-3
答 ロ

③に示す高圧ケーブルの施工で，高圧分岐ケーブル系統の地絡電流を検出するための零相変流器（ZCT）は，3相とも ZCT 内を貫通させて使用する．これは，各相に流れる電流のベクトル和の大きさから地絡事故を検出するためである．

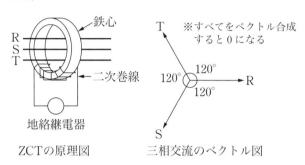

ZCTの原理図　　　　三相交流のベクトル図

A-4
答 ニ

④に示す変圧器の防振または耐震対策を施す場合，直接支持するアンカーボルトだけでなく，ストッパのアンカーボルトも引き抜き力，せん断力の両方を検討する必要がある．

10

施工方法

⑤で示す高圧進相コンデンサに用いる開閉装置は，自動力率調整装置により自動で開閉できるよう施設されている．このコンデンサ用開閉装置として，**最も適切なものは**.

イ．高圧交流真空電磁接触器
ロ．高圧交流真空遮断器
ハ．高圧交流負荷開閉器
ニ．高圧カットアウト

A-5
答 イ

　⑤に示す自動力率調整装置が施設された高圧進相コンデンサ設備は，開閉頻度が非常に多くなるので，負荷開閉の耐久性が高い高圧交流真空電磁接触器（VMC）が用いられる．高圧交流真空電磁接触器は，真空バルブ内で主接触子を電磁石の力で開閉する装置で，頻繁な開閉を行う高圧機器の開閉器として使用される．

10

施工方法

Q-1

出題年度
2021
AM
問 30

①に示す地絡継電装置付き高圧交流負荷開閉器（GR付PAS）に関する記述として，**不適切なものは**．

イ． GR付PASは，保安上の責任分界点に設ける区分開閉器として用いられる．

ロ． GR付PASの地絡継電装置は，波及事故を防止するため，一般送配電事業者側との保護協調が大切である．

ハ． GR付PASは，短絡等の過電流を遮断する能力を有しないため，過電流ロック機能が必要である．

ニ． GR付PASの地絡継電装置は，需要家内のケーブルが長い場合，対地静電容量が大きく，他の需要家の地絡事故で不必要動作する可能性がある．このような施設には，地絡過電圧継電器を設置することが望ましい．

Q-2

出題年度
2021
AM
問 31

②に示す引込柱及び高圧引込ケーブルの施工に関する記述として，**不適切なものは**．

イ． A種接地工事に使用する接地線を人が触れるおそれがある引込柱の側面に立ち上げるため，地表からの高さ2m，地表下0.75mの範囲を厚さ2mm以上の合成樹脂管（CD管を除く）で覆った．

ロ． 造営物に取り付けた外灯の配線と高圧引込ケーブルを0.1m離して施設した．

ハ． 高圧引込ケーブルを造営材の側面に沿って垂直に支持点間6mで施設した．

ニ． 屋上の高圧引込ケーブルを造営材に堅ろうに取り付けた堅ろうなトラフに収め，トラフには取扱者以外の者が容易に開けることができない構造の鉄製のふたを設けた．

A-1
答 ニ

　GR 付 PAS の地絡継電器（GR）は，需要家内のケーブルが長い場合，対地静電容量が大きく，他の需要家の事故で不必要動作する可能性があるので，地絡方向継電器（DGR）を設置することが望ましい．また，地絡方向継電器も地絡継電器と同様に波及事故を防止するため，一般送配電事業者側との保護協調をとる必要がある．

A-2
答 ロ

　造営物に取り付けた低圧電線，管灯回路の配線，弱電流線などと高圧ケーブルが接近する場合，0.15 m 以上離して施設しなくてはいけない．なお，A 種接地工事の接地線は，地下 75 cm から地表上 2 m までの部分は，合成樹脂管（CD 管を除く）で覆うこと．高圧屋側電線路に使用するケーブルを造営材の側面に沿って垂直に取り付ける場合は，支持点間 6 m（側面または下面に取り付ける場合は 2 m）以下とする．高圧引込ケーブルを造営材に堅ろうな管またはトラフに収め，取扱者以外の者が容易に開けることができない構造を有する堅ろうなふたを設けなければならない（電技解釈第 111 条 3，第 17 条，第 111 条 2，第 114 条）．

10

施工方法

③に示す地中にケーブルを施設する場合，使用する材料と埋設深さの組合せとして，**不適切なものは**.

ただし，材料は JIS 規格に適合するものとする.

イ．ポリエチレン被覆鋼管　舗装下面から 0.3 m
ロ．硬質ポリ塩化ビニル電線管　舗装下面から 0.3 m
ハ．波付硬質合成樹脂管　舗装下面から 0.6 m
ニ．コンクリートトラフ　舗装下面から 0.6 m

④に示す PF・S 形の主遮断装置として，**必要でないものは**.

イ．過電流継電器
ロ．ストライカによる引外し装置
ハ．相間，側面の絶縁バリア
ニ．高圧限流ヒューズ

⑤に示す高圧キュービクル内に設置した機器の接地工事に使用する軟銅線の太さに関する記述として，**適切なものは**.

イ．高圧電路と低圧電路を結合する変圧器の金属製外箱に施す接地線に，直径 2.0 mm の軟銅線を使用した.
ロ．LBS の金属製部分に施す接地線に，直径 2.0 mm の軟銅線を使用した.
ハ．高圧進相コンデンサの金属製外箱に施す接地線に，3.5 mm^2 の軟銅線を使用した.
ニ．定格負担 100 V・A の高圧計器用変成器の 2 次側電路に施す接地線に，3.5 mm^2 の軟銅線を使用した.

A-3 答 ニ

　車道など，車両その他の重量物の圧力を受けるおそれがある場所の地中にケーブルを施設する場合，管路式にあっては，管径が 200 mm 以下で JIS に適合するポリエチレン被覆鋼管，硬質ポリ塩化ビニル電線管（VE），硬質ポリ塩化ビニル管（VP），波付硬質合成樹脂管（FEP）を使用し，地表面（舗装下面）から 0.3 m 以上の埋設深さで施設する．また，直接埋設式で施設する場合は，コンクリートトラフを使用し，埋設深さは 1.2 m 以上なければならない（高圧受電設備規程 1120-3）．

A-4 答 イ

　④に示す PF・S 形の主遮断装置は，高圧限流ヒューズ（PF）と高圧交流負荷開閉器（LBS）を組み合わせたもので，短絡電流が流れたときは，高圧限流ヒューズで遮断するため，過電流継電器を必要としない．高圧限流ヒューズは，遮断時にはストライカと呼ばれる動作表示器が突出することで LBS を開放する．絶縁バリアは，高圧限流ヒューズが溶断したときに他相などへアークなどの影響を与えないように設けられるものである．

10

施工方法

A-5 答 ニ

　高圧計器用変成器の 2 次側電路には D 種接地工事を施し，接地線の最小太さは直径 1.6 mm（≒ 断面積 2 mm²）以上の軟銅線を使用しなくてはならないので，ニが正しい．イの高圧電路と低圧電路を結合する変圧器の金属製外箱，ロの LBS の金属製部分，ハの高圧進相コンデンサの金属製外箱には A 種接地工事を施し，接地線の最小太さは直径 2.6 mm（≒ 断面積 5.5 mm²）以上の軟銅線を使用する（電技解釈第 17 条，第 28 条，第 29 条）．

　図は，自家用電気工作物構内の高圧受電設備を表した図である．この図に関する各問いには，4通りの答え（**イ**，**ロ**，**ハ**，**ニ**）が書いてある．それぞれの問いに対して，答えを1つ選びなさい．

　〔注〕図において，問いに直接関係のない部分等は，省略又は簡略化してある．

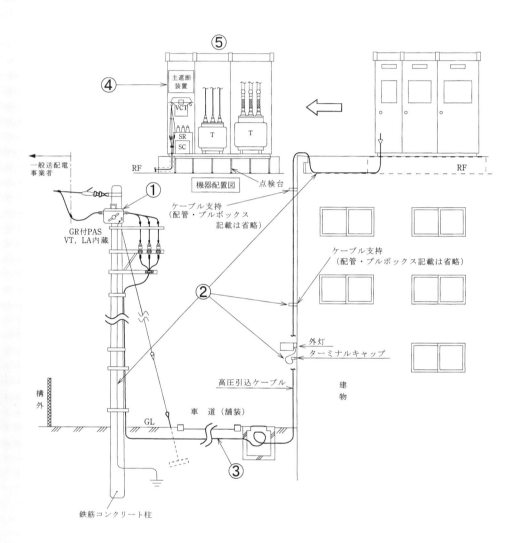

図は，自家用電気工作物構内の高圧受電設備を表した図である．

この図に関する各問いには，4通りの答え（**イ**，**ロ**，**ハ**，**ニ**）が書いて
ある．それぞれの問いに対して，答えを1つ選びなさい．

〔注〕図において，問いに直接関係のない部分等は，省略又は簡略化し
てある．

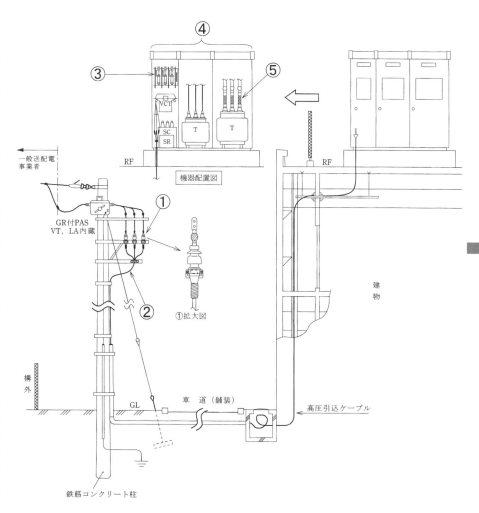

機器配置図

一般送配電
事業者

GR付PAS
VT, LA内蔵

①拡大図

構外

GL

車道（舗装）

高圧引込ケーブル

建物

RF

鉄筋コンクリート柱

10

施工方法

Q-1

出題年度

2021
PM
問30

①に示すCVTケーブルの終端接続部の名称は．

イ．ゴムとう管形屋外終端接続部

ロ．耐塩害屋外終端接続部

ハ．ゴムストレスコーン形屋外終端接続部

ニ．テープ巻形屋外終端接続部

Q-2

出題年度

2021
PM
問31

②に示す高圧引込ケーブルの太さを検討する場合に，**必要のない事項は．**

イ．受電点の短絡電流

ロ．電路の完全地絡時の1線地絡電流

ハ．電線の短時間耐電流

ニ．電線の許容電流

Q-3

出題年度

2021
PM
問32

③に示す高圧受電盤内の主遮断装置に，限流ヒューズ付高圧交流負荷開閉器を使用できる受電設備容量の最大値は．

イ．200 kW

ロ．300 kW

ハ．300 kV・A

ニ．500 kV・A

Q-4

出題年度

2021
PM
問33

④に示す受電設備の維持管理に必要な定期点検のうち，年次点検で通常**行わないものは．**

イ．絶縁耐力試験

ロ．保護継電器試験

ハ．接地抵抗の測定

ニ．絶縁抵抗の測定

A-1
答 ロ

①に示す CVT ケーブルの終端接続部の名称は，耐塩害屋外終端接続部である．CVT ケーブル用差込形屋外耐塩害用終端接続部とも呼ばれている（JCAA：日本電力ケーブル接続技術協会 C3101）．

A-2
答 ロ

②に示す高圧ケーブルの太さを検討する場合は，高圧受電設備規程 1120-1，1150-1 により，電線の許容電流や短時間耐電流，電路の短絡容量などを考慮して決定する．電路の完全地絡時の 1 線地絡電流の検討は必要ない．

10

施工方法

A-3
答 ハ

③に示すキュービクル式高圧受電盤内の主遮断装置に，限流ヒューズ付高圧交流負荷開閉器（PF 付 LBS）を使用できる受電設備の最大値は，高圧受電設備規程 1110-5，1110-1 表により，300 kV・A である．

A-4
答 イ

④に示す受電設備の維持管理に必要な定期点検として，絶縁耐力試験は，電気設備の新設や増設工事の終了時に行う試験であるため，通常の年次点検では行わない．一般的には次のような点検項目について実施する．

・外観点検　　　・絶縁抵抗測定
・接地抵抗測定　・保護継電器動作試験
・開閉器動作試験

⑤に示す可とう導体を使用した施設に関する記述として，**不適切なもの**は．

イ． 可とう導体は，低圧電路の短絡等によって，母線に異常な過電流が流れたとき，限流作用によって，母線や変圧器の損傷を防止できる．

ロ． 可とう導体には，地震による外力等によって，母線が短絡等を起こさないよう，十分な余裕と絶縁セパレータを施設する等の対策が重要である．

ハ． 可とう導体を使用する主目的は，低圧母線に銅帯を使用したとき，過大な外力により，ブッシングやがいし等の損傷を防止しようとするものである．

ニ． 可とう導体は，防振装置との組合せ設置により，変圧器の振動による騒音を軽減することができる．ただし，地震による機器等の損傷を防止するためには，耐震ストッパの施設を併せて考慮する必要がある．

A-5
答 イ

⑤に示す可とう導体を使用する主な目的は，低圧母線に銅帯を使用したとき，地震などによる過大な外力によるブッシングやがいし等の損傷を防止するためである．可とう導体には，母線に異常な過電流が流れたときの限流作用はない．

10

施工方法

Q-1

出題年度
2020
問30

①に示す DS に関する記述として, **誤っているものは**.

イ. DS は負荷電流が流れている時, 誤って開路しないようにする.

ロ. DS の接触子 (刃受) は電源側, ブレード (断路刃) は負荷側にして施設する.

ハ. DS は断路器である.

ニ. DS は区分開閉器として施設される.

Q-2

出題年度
2020
問31

②に示す避雷器の設置に関する記述として, **不適切なものは**.

イ. 保安上必要なため, 避雷器には電路から切り離せるように断路器を施設した.

ロ. 避雷器には電路を保護するため, その電源側に限流ヒューズを施設した.

ハ. 避雷器の接地は A 種接地工事とし, サージインピーダンスをできるだけ低くするため, 接地線を太く短くした.

ニ. 受電電力が 500 kW 未満の需要場所では避雷器の設置義務はないが, 雷害の多い地域であり, 電路が架空電線路に接続されているので, 引込口の近くに避雷器を設置した.

Q-3

出題年度
2020
問32

③に示す受電設備内に使用される機器類などに施す接地に関する記述で, **不適切なものは**.

イ. 高圧電路に取り付けた変流器の二次側電路の接地は, D 種接地工事である.

ロ. 計器用変圧器の二次側電路の接地は, B 種接地工事である.

ハ. 高圧変圧器の外箱の接地の主目的は, 感電保護であり, 接地抵抗値は 10 Ω 以下と定められている.

ニ. 高圧電路と低圧電路を結合する変圧器の低圧側の中性点又は低圧側の 1 端子に施す接地は, 混触による低圧側の対地電圧の上昇を制限するための接地であり, 故障の際に流れる電流を安全に通じることができるものであること.

A-1
答 二

　高圧受電設備規程 1110-2 により，保安上の責任分界点には区分開閉器を施設し，区分開閉器には高圧交流負荷開閉器を使用しなくてはならない．このため，断路器（DS）を区分開閉器として施設することはできない．また，断路器は負荷電流が流れているときは開路できないように施設し，断路器のブレード（断路刃）は開路した場合に充電しないよう負荷側に接続する（高圧受電設備規程 1150-2）．

A-2
答 ロ

　避雷器の電源側には，雷や開閉サージの異常電圧から電気機器の絶縁を保護できなくなるためヒューズは設置しない．避雷器の設置については，電技解釈第 37 条により，高圧電路の引込口に設置し，避雷器には A 種接地工事を施すことになっている．また，避雷器は，保護する機器のもっとも近い位置に施設し，保安上必要な場合は電路から切り離せるように断路器等を施設する（高圧受電設備規程 1150-10）．

A-3
答 ロ

　電技解釈第 28 条により，高圧計器用変成器（計器用変圧器，変流器）の二次側電路の接地は D 種接地工事である．なお，高圧変圧器の外箱の接地は A 種接地工事を施すので，接地抵抗は $10\,\Omega$ 以下とする（電技解釈第 29 条）．また，高圧電路と低圧電路を結合する変圧器の低圧側の中性点には，混触による低圧側の対地電圧の上昇を制限するため，B 種接地工事を施さなければならない（電技解釈第 24 条）．

10

施工方法

④に示す高圧ケーブル内で地絡が発生した場合，確実に地絡事故を検出できるケーブルシールドの接地方法として，**正しいものは**．

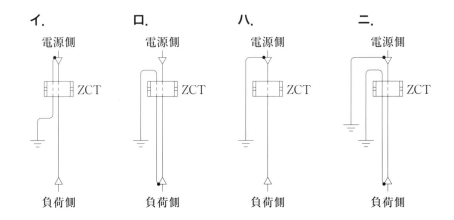

⑤に示すケーブルラックに施設した高圧ケーブル配線，低圧ケーブル配線，弱電流電線の配線がある．これらの配線が接近又は交差する場合の施工方法に関する記述で，**不適切なものは**．

イ．高圧ケーブルと低圧ケーブルを 15 cm 離隔して施設した．

ロ．複数の高圧ケーブルを離隔せずに施設した．

ハ．高圧ケーブルと弱電流電線を 10 cm 離隔して施設した．

ニ．低圧ケーブルと弱電流電線を接触しないように施設した．

A-4 答 イ

④に示すケーブル内で地絡事故が発生した場合，確実に地絡事故を検出するためには，地絡電流がZCT内を通過するようにケーブルシールドの接地を施さなくてはいけない．

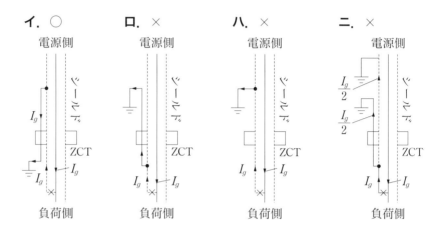

A-5 答 ハ

電技解釈第168条，内線規程3810-2表により，高圧ケーブルと低圧ケーブル及び弱電流電線とは15 cm以上離隔して施設する．なお，高圧ケーブル相互の離隔距離は問われていない．また，電技解釈第167条，内線規程3102-5表により，低圧ケーブルと弱電流配線とは直接接触しないように施設する．

10

施工方法

　図は，自家用電気工作物構内の受電設備を表した図である．この図に関する各問いには，4 通りの答え（**イ**，**ロ**，**ハ**，**ニ**）が書いてある．それぞれの問いに対して，答えを 1 つ選びなさい．

〔注〕図において，問いに関連した部分及び直接関係のない部分等は，省略又は簡略化してある．

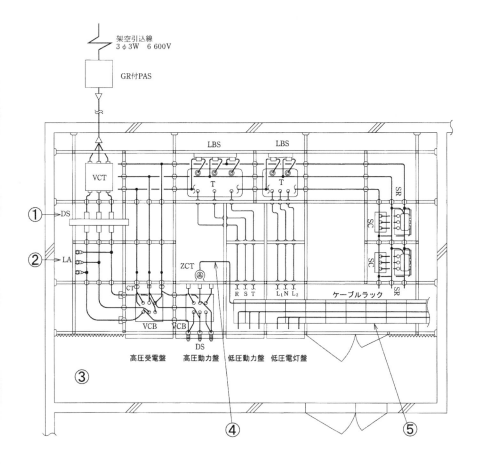

　図は，一般送配電事業者の供給用配電箱（高圧キャビネット）から自家用構内を経由して，地下1階電気室に施設する屋内キュービクル式高圧受電設備（JIS C 4620 適合品）に至る電線路及び低圧屋内幹線設備の一部を表した図である．

　この図に関する各問いには，4通りの答え（**イ**，**ロ**，**ハ**，**ニ**）が書いてある．それぞれの問いに対して，答えを1つ選びなさい．

〔注〕1. 図において，問いに直接関係のない部分等は，省略又は簡略化してある．

　　　2. UGS：地中線用地絡継電装置付き高圧交流負荷開閉器

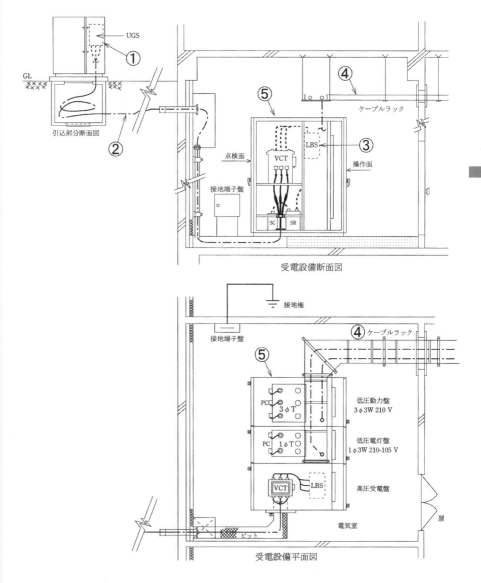

10

施工方法

Q-1

①に示す地絡継電装置付き高圧交流負荷開閉器（UGS）に関する記述として，**不適切なものは**．

イ．電路に地絡が生じた場合，自動的に電路を遮断する機能を内蔵している．

ロ．定格短時間耐電流は，系統（受電点）の短絡電流以上のものを選定する．

ハ．短絡事故を遮断する能力を有する必要がある．

ニ．波及事故を防止するため，一般送配電事業者の地絡保護継電装置と動作協調をとる必要がある．

Q-2

②に示す構内の高圧地中引込線を施設する場合の施工方法として，**不適切なものは**．

イ．地中電線に堅ろうながい装を有するケーブルを使用し，埋設深さ（土冠）を 1.2 m とした．

ロ．地中電線を収める防護装置に鋼管を使用した管路式とし，管路の接地を省略した．

ハ．地中電線を収める防護装置に波付硬質合成樹脂管（FEP）を使用した．

ニ．地中電線路を直接埋設式により施設し，長さが 20 m であったので電圧の表示を省略した．

Q-3

③に示す PF・S 形の主遮断装置として，**必要でないものは**．

イ．相間，側面の絶縁バリア

ロ．ストライカによる引外し装置

ハ．過電流ロック機能

ニ．高圧限流ヒューズ

A-1
答 ハ

①に示す地絡継電装置付き高圧交流負荷開閉器（UGS）は，電路に短絡事故が発生したとき，開閉機構をロックし，無電圧を検出して自動的に開放する機能を内蔵している．このため，短絡事故を遮断する能力は必要としない．また，UGS は電路に地絡事故が発生したとき，電路を自動的に遮断する機能を内蔵しているが，波及事故を防止するため，一般送配電事業者の地絡継電保護装置と動作協調をとる必要がある．

A-2
答 ニ

②に示す高圧地中引込線の施設は，電技解釈第 120 条により，管路式で施設する場合は，管にはこれに加わる重量物の圧力に耐えるものを使用する．また，金属製の管路は D 種接地工事を省略できる（電技解釈第 123 条）．直接埋設式で施設する場合は，地中電線の埋設深さは，重量物の圧力を受けるおそれがある場所では 1.2 m 以上とし，需要場所に施設する高圧地中電線路であって，その長さが 15 m 以下の場合，電圧の表示を省略できる．

10

施工方法

A-3
答 ハ

③に示す PF・S 形の主遮断装置は，高圧限流ヒューズ（PF）と高圧交流負荷開閉器（LBS）を組み合わせたもので，短絡電流が流れたときは，高圧限流ヒューズで遮断するため，過電流ロック機能を必要としない．過電流ロック機能とは，短絡事故による過電流が発生した場合に，開閉機構をロック状態とし，一般送配電事業者が停電したのを検出して開放する機能のことである．引込柱に設置される GR 付 PAS などは短絡電流を遮断できないので過電流ロック機能を必要とする．

④に示すケーブルラックの施工に関する記述として，**誤っているものは**．

イ．ケーブルラックの長さが 15 m であったが，乾燥した場所であったため，D 種接地工事を省略した．

ロ．ケーブルラックは，ケーブル重量に十分耐える構造とし，天井コンクリートスラブからアンカーボルトで吊り，堅固に施設した．

ハ．同一のケーブルラックに電灯幹線と動力幹線のケーブルを布設する場合，両者の間にセパレータを設けなくてもよい．

ニ．ケーブルラックが受電室の壁を貫通する部分は，火災延焼防止に必要な耐火処理を施した．

⑤に示す高圧受電設備の絶縁耐力試験に関する記述として，**不適切なものは**．

イ．交流絶縁耐力試験は，最大使用電圧の 1.5 倍の電圧を連続して 10 分間加え，これに耐える必要がある．

ロ．ケーブルの絶縁耐力試験を直流で行う場合の試験電圧は，交流の 1.5 倍である．

ハ．ケーブルが長く静電容量が大きいため，リアクトルを使用して試験用電源の容量を軽減した．

ニ．絶縁耐力試験の前後には，1 000 V 以上の絶縁抵抗計による絶縁抵抗測定と安全確認が必要である．

A-4
答 イ

　電技解釈 164 条，内線規程 3165-8 により，使用電圧が 300 V 以下で乾燥した場所に，長さが 4 m 以下のケーブルラックを施設した場合は，ケーブルラックの D 種接地工事を省略できるが，④に示すケーブルラックは長さが 15 m なので，D 種接地工事を省略できない．

A-5
答 ロ

　⑤に示す高圧受電設備の絶縁耐力試験は，電技解釈第 16 条により，変圧器，遮断器などの機械器具等の交流絶縁耐力試験は，最大使用電圧の 1.5 倍の電圧を連続して 10 分間加える．電技解釈第 15 条により，ケーブルの絶縁耐力試験を直流で行う場合の試験電圧は，交流の場合の 2 倍の電圧を連続して 10 分間加える．また，ケーブルは静電容量が大きいため，リアクトルを使用して試験用電源の容量を軽減する．

10

施工方法

Q-1

出題年度

2018
問30

①に示す地絡継電装置付き高圧交流負荷開閉器（GR付PAS）に関する記述として, **不適切なものは**.

イ. GR付PASの地絡継電装置は, 需要家内のケーブルが長い場合, 対地静電容量が大きく, 他の需要家の地絡事故で不必要動作する可能性がある. このような施設には, 地絡方向継電器を設置することが望ましい.

ロ. GR付PASは, 地絡保護装置であり, 保安上の責任分界点に設ける区分開閉器ではない.

ハ. GR付PASの地絡継電装置は, 波及事故を防止するため, 一般送配電事業者との保護協調が大切である.

ニ. GR付PASは, 短絡等の過電流を遮断する能力を有しないため, 過電流ロック機能が必要である.

Q-2

出題年度

2018
問31

②に示す高圧架空引込ケーブルによる, 引込線の施工に関する記述として, **不適切なものは**.

イ. ちょう架用線に使用する金属体には, D種接地工事を施した.

ロ. 高圧架空電線のちょう架用線は, 積雪などの特殊条件を考慮した想定荷重に耐える必要がある.

ハ. 高圧ケーブルは, ちょう架用線の引き留め箇所で, 熱収縮と機械的振動ひずみに備えてケーブルにゆとりを設けた.

ニ. 高圧ケーブルをハンガーにより, ちょう架用線に1mの間隔で支持する方法とした.

A-1 答 ロ

　高圧受電設備規程 1110-1，2，4 により，保安上の責任分界点は，自家用電気工作物設置者の構内に設定し，区分開閉器を施設しなくてはならない．また，区分開閉器には，地絡継電装置付き高圧交流負荷開閉器（GR 付 PAS）を使用することと規定されている．

A-2 答 ニ

　電技解釈第 67 条により，高圧架空引込ケーブルによる引込線の施工は，ケーブルハンガーにより，ちょう架用線で支持する場合，ハンガーの間隔は 50 cm 以下としなくてはならない．ちょう架用線およびケーブルの被覆に使用する金属体には，D 種接地工事を施し，ちょう架用線は断面積 22 mm² 以上の亜鉛めっき鉄より線を使用しなくてはならない．

10

施工方法

Q-3

出題年度

2018

問 32

③に示す VT に関する記述として，**誤っているものは**．

イ．VT には，定格負担（単位 ［V・A］）があり，定格負担以下で使用する必要がある．

ロ．VT の定格二次電圧は，110 V である．

ハ．VT の電源側には，十分な定格遮断電流を持つ限流ヒューズを取り付ける．

ニ．遮断器の操作電源の他，所内の照明電源としても使用することができる．

Q-4

出題年度

2018

問 33

④に示す低圧配電盤に設ける過電流遮断器として，**不適切なものは**．

イ．単相 3 線式（210/105 V）電路に設ける配線用遮断器には 3 極 2 素子のものを使用した．

ロ．電動機用幹線の許容電流が 100 A を超え，過電流遮断器の標準の定格に該当しないので，定格電流はその値の直近上位のものを使用した．

ハ．電動機用幹線の過電流遮断器は，電線の許容電流の 3.5 倍のものを取り付けた．

ニ．電灯用幹線の過電流遮断器は，電線の許容電流以下の定格電流のものを取り付けた．

Q-5

出題年度

2018

問 34

⑤の高圧屋内受電設備の施設又は表示について，電気設備の技術基準の解釈で**示されていないものは**．

イ．出入口に火気厳禁の表示をする．

ロ．出入口に立ち入りを禁止する旨を表示する．

ハ．出入口に施錠装置等を施設して施錠する．

ニ．堅ろうな壁を施設する．

A-3

答 二

　VT（Voltage Transformer）は計器用変圧器のことで，高電圧を電圧計，電力計などの指示計器や保護継電器などが接続できる低電圧（一般的には定格二次電圧 110 V）に変換する機器である．定格負担は 50，100，200 V・A と小さく照明電源などの負荷設備に使用する機器ではない（JIS C 1731-2）．

A-4

答 ハ

　電技解釈第 148 条により，電路を保護する過電流遮断器は，定格電流が当該低圧幹線の許容電流以下でなくてはならないが，低圧幹線に電動機等が接続される場合，次のように過電流遮断器の定格電流が規定されている．
　① 電動機の定格電流の 3 倍に他の電気機械器具の定格電流を加えた値以下とすること．
　② また，この値が低圧幹線の許容電流の 2.5 倍を超える場合は，低圧幹線の許容電流の 2.5 倍した値以下であること．
　③ 低圧幹線の許容電流が 100 A を超え，過電流遮断器の標準定格に該当しないとき，定格電流はその値の直近上位であること．

10

施工方法

A-5

答 イ

　電技解釈第 21 条により，高圧の機械器具の施設について，次のように規定されている．
　① 屋内で，取扱者以外の者が出入りできないように措置（施錠など）した場所に施設すること．
　② 人が触れるおそれがないように，機械器具の周囲に適当なさく，へい等を設けること．
　③ 危険である旨の表示をすること．

　図は，自家用電気工作物（500 kW 未満）の高圧受電設備を表した図及び高圧架空引込線の見取図である．

　この図に関する各問いには，4 通りの答え（**イ，ロ，ハ，ニ**）が書いてある．それぞれの問いに対して，答えを一つ選びなさい．

〔注〕図において，問いに直接関係のない部分等は，省略又は簡略化してある．

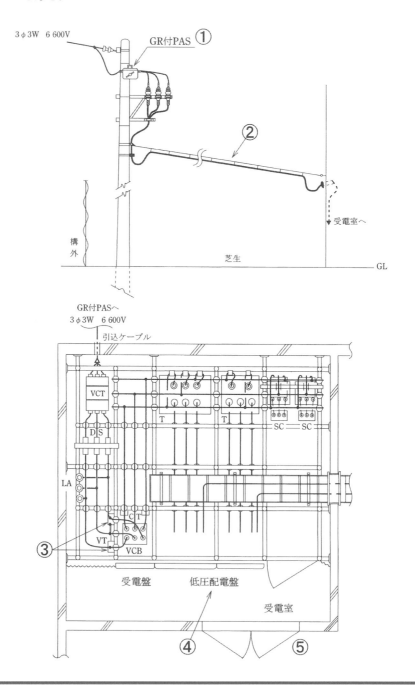

　図は，自家用電気工作物（500 kW 未満）の引込柱から屋内キュービクル式高圧受電設備（JIS C 4620 適合品）に至る施設の見取図である．この図に関する各問いには 4 通りの答え（**イ**，**ロ**，**ハ**，**ニ**）が書いてある．それぞれの問いに対して，答えを一つ選びなさい．

　〔注〕図において，問いに直接関係ない部分等は省略又は簡略化してある．

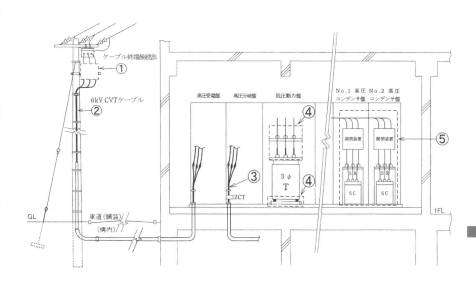

Q-1

①に示すケーブル終端接続部に関する記述として, **不適切なものは.**

イ. ストレスコーンは雷サージ電圧が浸入したとき, ケーブルのストレスを緩和するためのものである.

ロ. 終端接続部の処理では端子部から雨水等がケーブル内部に浸入しないように処理する必要がある.

ハ. ゴムとう管形屋外終端接続部にはストレスコーン部が内蔵されているので, あらためてストレスコーンを作る必要はない.

ニ. 耐塩害終端接続部の処理は海岸に近い場所等, 塩害を受けるおそれがある場所に適用される.

Q-2

②に示す高圧ケーブルの太さを検討する場合に必要のない事項は.

イ. 電線の許容電流　　ロ. 電線の短時間耐電流

ハ. 電路の地絡電流　　ニ. 電路の短絡電流

Q-3

③に示す高圧ケーブル内で地絡が発生した場合, 確実に地絡事故を検出できるケーブルシールドの接地方法として, **正しいものは.**

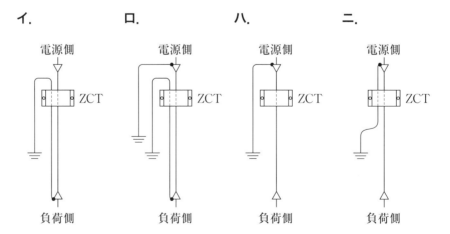

A-1　答 イ

　ストレスコーン部分の主な役割は，遮へい端部の電位傾度を緩和することである．ケーブルの絶縁部を段むきにした場合，電気力線は切断部に集中するので（図 a），ストレスコーンを設けて電気力線の集中を緩和させている（図 b）．なお，雷サージの侵入対策には，避雷器が用いられる．

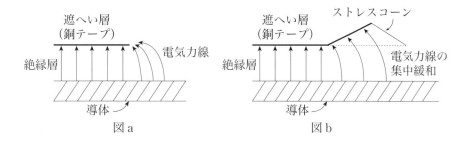

図 a　　　　　　　　　　　図 b

A-2　答 ハ

　②に示す高圧ケーブルの太さを検討する場合は，高圧受電設備規程 1120-1，1150-1 により，電路の許容電流や短時間耐電流，電路の短絡容量などを考慮して決定する．電路の地絡電流を検討する必要はない．

A-3　答 ニ

　③に示すケーブル内で地絡事故が発生した場合，確実に検出するためには，地絡電流が ZCT を通過するようにケーブルシールドの接地を施さなくてはならない．したがって，**ニ**が正しい．

イ. 検出できない　**ロ.** 検出できない　**ハ.** 検出できない　**ニ. 検出できる**

10
施工方法

④に示す変圧器の防振又は，耐震対策等の施工に関する記述として，**適切でないものは**.

イ. 低圧母線に銅帯を使用したので，変圧器の振動等を考慮し，変圧器と低圧母線との接続には可とう導体を使用した.

ロ. 可とう導体は，地震時の振動でブッシングや母線に異常な力が加わらないよう十分なたるみを持たせ，かつ，振動や負荷側短絡時の電磁力で母線が短絡しないように施設した.

ハ. 変圧器を基礎に直接支持する場合のアンカーボルトは，移動，転倒を考慮して引き抜き力，せん断力の両方を検討して支持した.

ニ. 変圧器に防振装置を使用する場合は，地震時の移動を防止する耐震ストッパが必要である. 耐震ストッパのアンカーボルトには，せん断力が加わるため，せん断力のみを検討して支持した.

⑤で示す高圧進相コンデンサに用いる開閉装置は，自動力率調整装置により自動で開閉できるよう施設されている. このコンデンサ用開閉装置として，**最も適切なものは**.

イ. 高圧交流真空電磁接触器
ロ. 高圧交流真空遮断器
ハ. 高圧交流負荷開閉器
ニ. 高圧カットアウト

A-4

答 二

　変圧器の防振または耐震対策を施す場合，直接支持するアンカーボルトだけでなく，ストッパのアンカーボルトも引き抜き力，せん断力の両方を検討する必要がある．

A-5

答 イ

　自動力率調整装置が施設された高圧進相コンデンサ設備は開閉頻度が非常に多くなるので，負荷開閉の耐久性が高い高圧交流真空電磁接触器（VMC）が用いられる．高圧交流真空電磁接触器は，真空バルブ内で主接触子を電磁石の力で開閉する装置で，頻繁な開閉を行う高圧機器の開閉器として使用される．

10

施工方法

Q-1

出題年度
2016
問 30

　①に示す地中線用地絡継電装置付き高圧交流負荷開閉器（UGS）に関する記述として, **不適切なものは**.

　イ. 電路に地絡が生じた場合, 自動的に電路を遮断する機能を内蔵している.

　ロ. 定格短時間耐電流が, 系統（受電点）の短絡電流以上のものを選定する.

　ハ. 電路に短絡が生じた場合, 瞬時に電路を遮断する機能を有している.

　ニ. 波及事故を防止するため, 電気事業者の地絡保護継電装置と動作協調をとる必要がある.

Q-2

出題年度
2016
問 31

　②に示す地中高圧ケーブルが屋内に引き込まれる部分に使用される材料として, **最も適切なものは**.

　イ. 合成樹脂管
　ロ. 防水鋳鉄管
　ハ. 金属ダクト
　ニ. シーリングフィッチング

Q-3

出題年度
2016
問 32

　③に示す高圧キュービクル内に設置した機器の接地工事において, 使用する接地線の太さ及び種類について, **適切なものは**.

　イ. 変圧器二次側, 低圧の1端子に施す接地線に, 断面積 $3.5\,\mathrm{mm^2}$ の軟銅線を使用した.

　ロ. 変圧器の金属製外箱に施す接地線に, 直径 $2.0\,\mathrm{mm}$ の硬アルミ線を使用した.

　ハ. LBS の金属製部分に施す接地線に, 直径 $1.6\,\mathrm{mm}$ の硬銅線を使用した.

　ニ. 高圧進相コンデンサの金属製外箱に施す接地線に, 断面積 $5.5\,\mathrm{mm^2}$ の軟銅線を使用した.

A-1

答 ハ

地中線用地絡継電装置付き高圧交流負荷開閉器（UGS）は，電路に地絡事故が発生した場合に，電力会社の地絡継電器よりも早く動作して波及事故を防止する装置である．UGS は高圧交流負荷開閉器なので，短絡電流を遮断する機能はない．

A-2

答 ロ

地下の受電室に地中ケーブルを引き込む場合は，防水処理が必要であることから，防水鋳鉄管を用いて防水措置を施さなくてはならない．

10

施工方法

A-3

答 ニ

電技解釈第 29 条により，高圧進相コンデンサの外箱には A 種接地工事を施さなくてはならない．また，A 種接地工事は直径 2.6 mm 以上（≒ 断面積 5.5 mm^2）の軟銅線を使用しなくてはならない．

④に示すケーブルラックの施工に関する記述として，**誤っているものは**．

イ． 同一のケーブルラックに電灯幹線と動力幹線のケーブルを布設する場合，両者の間にセパレータを設けなければならない．

ロ． ケーブルラックは，ケーブル重量に十分耐える構造とし，天井コンクリートスラブからアンカーボルトで吊り，堅固に施設した．

ハ． ケーブルラックには，D種接地工事を施した．

ニ． ケーブルラックが受電室の壁を貫通する部分は，火災の延焼防止に必要な耐火処理を施した．

図に示す受電設備（UGS含む）の維持管理に必要な定期点検のうち，年次点検で通常**行わないものは**．

イ． 接地抵抗測定

ロ． 保護継電器試験

ハ． 絶縁耐力試験

ニ． 絶縁抵抗測定

A-4
答 イ

　同一ケーブルラックに，電灯幹線と動力ケーブルを布設する場合はセパレータを設ける必要はない．セパレータは，電技解釈第 167 条により，低圧配線と弱電流電線等が接触する場合に，ケーブル間に誘導等による干渉が生じないようにする目的で設けるものである．

A-5
答 ハ

　絶縁耐力試験は，電気設備の新設や増設工事の終了時に行う試験で，通常の年次点検では行わない．なお，絶縁耐力試験の試験基準等については，電技解釈第 15，16 条で定められている．

10

施工方法

図は，供給用配電箱（高圧キャビネット）から自家用構内を経由して，地下１階電気室に施設する屋内キュービクル式高圧受電設備（JIS C 4620適合品）に至る電線路及び低圧屋内幹線設備の一部を表した図である．この図に関する各問いには，4通りの答え（**イ**，**ロ**，**ハ**，**ニ**）が書いてある．それぞれの問いに対して，答えを1つ選びなさい．

〔注〕1. 図において，問いに直接関係のない部分等は，省略又は簡略化してある．

2. UGS：地中線用地絡継電装置付き高圧交流負荷開閉器

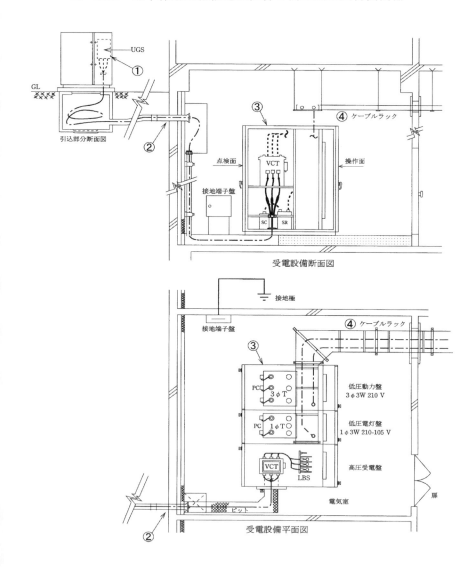

　図は，自家用電気工作物構内の受電設備を表した図である．この図に関する各問いには，4通りの答え（**イ**，**ロ**，**ハ**，**ニ**）が書いてある．それぞれの問いに対して，答えを1つ選びなさい．

　〔注〕図において，問いに直接関係のない部分等は，省略又は簡略化してある．

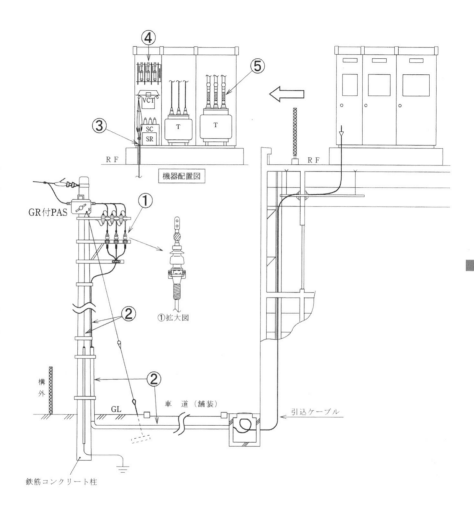

Q-1

出題年度

2015

問30

①に示すCVTケーブルの終端接続部の名称は.

イ．耐塩害屋外終端接続部

ロ．ゴムとう管形屋外終端接続部

ハ．ゴムストレスコーン形屋外終端接続部

ニ．テープ巻形屋外終端接続部

Q-2

出題年度

2015

問31

②に示す引込柱及び引込ケーブルの施工に関する記述として, **不適切なものは**.

イ．引込ケーブル立ち上がり部分を防護するため, 地表からの高さ2m, 地表下0.2mの範囲に防護管（鋼管）を施設し, 雨水の浸入を防止する措置を行った.

ロ．引込ケーブルの地中埋設部分は, 需要設備構内であるので, 「電力ケーブルの地中埋設の施工方法（JIS C 3653）」に適合する材料を使用し, 舗装下面から30cm以上の深さに埋設した.

ハ．地中引込ケーブルは, 鋼管による管路式としたが, 鋼管に防食措置を施してあるので地中電線を収める鋼管の金属製部分の接地工事を省略した.

ニ．引込柱に設置した避雷器に接地するため, 接地極からの電線を薄鋼電線管に収めて施設した.

Q-3

出題年度

2015

問32

③に示すケーブル引込口などに, 必要以上の開口部を設けない主な理由は.

イ．火災時の放水, 洪水等で容易に水が浸入しないようにする.

ロ．鳥獣類などの小動物が侵入しないようにする.

ハ．ケーブルの外傷を防止する.

ニ．キュービクルの底板の強度を低下させないようにする.

A-1
答 イ

①に示す CVT ケーブルの終端接続部の名称は，耐塩害屋外終端接続部である．JCAA（日本電力ケーブル接続技術協会）規格による．

A-2
答 ニ

引込柱に設置した避雷器の接地工事は A 種接地工事である．電技解釈第 17 条により，この接地線の地下 75 cm から地表上 2 m までの部分は電気用品安全法の適用を受ける合成樹脂管（厚さ 2 mm 未満の合成樹脂管および CD 管を除く）またはこれと同等以上の絶縁効力および強さのあるもので覆わなければならない．したがって，接地線を薄鋼電線管に収めて施設するのは不適切である．

10

施工方法

A-3
答 ロ

③に示すキュービクル式受電設備のケーブル引込口などに，必要以上の開口部を設けない主な理由は，鳥獣類などの小動物が侵入しないようにするためである．

④に示す PF・S 形の主遮断装置として，**必要でないものは**．

イ．過電流ロック機能
ロ．ストライカによる引外し装置
ハ．相間，側面の絶縁バリア
ニ．高圧限流ヒューズ

⑤に示す可とう導体を使用した施設に関する記述として，**不適切なもの
は**．

イ．可とう導体を使用する主目的は，低圧母線に銅帯を使用したとき，
過大な外力によりブッシングやがいし等の損傷を防止しようとする
ものである．

ロ．可とう導体には，地震による外力等によって，母線が短絡等を起こ
さないよう，十分な余裕と絶縁セパレータを施設する等の対策が重
要である．

ハ．可とう導体は，低圧電路の短絡等によって，母線に異常な過電流が
流れたとき，限流作用によって，母線や変圧器の損傷を防止できる．

ニ．可とう導体は，防振装置との組合せ設置により，変圧器の振動によ
る騒音を軽減することができる．ただし，地震による機器等の損傷
を防止するためには，耐震ストッパの施設と併せて考慮する必要が
ある．

A-4 答 イ

④に示す PF・S 形の主遮断装置として過電流ロック機能は必要でない．過電流ロック機能が必要なのは引込柱に施設されている GR 付 PAS である．過電流ロック機能とは，GR 付 PAS などに短絡電流（過大電流）が流れたときに検知して開閉器をロック（閉じた状態を保つ）することである．その後，配電用変電所の遮断器が動作して配電線が無電圧になったことを検知して開閉器を開くことになる．

A-5 答 ハ

可とう導体を使用する主な目的は，低圧母線に銅帯を使用したとき，過大な外力によりブッシングやがいし等の損傷を防止しようとするためである．可とう導体は母線に異常な過電流が流れたときの限流作用はない．

10

施工方法

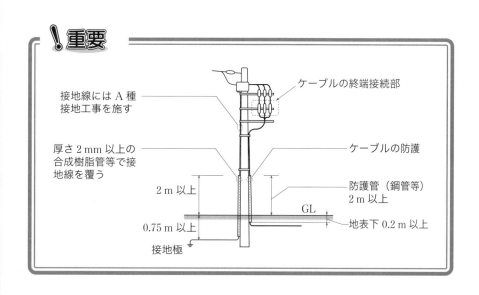

Q-1

出題年度
2014
問 30

①に示す高圧引込ケーブルに関する施工方法等で, **不適切なものは.**

イ. ケーブルには, トリプレックス形 6 600 V 架橋ポリエチレン絶縁ビニルシースケーブルを使用して施工した.

ロ. 施設場所が重汚損を受けるおそれのある塩害地区なので, 屋外部分の終端処理はゴムとう管形屋外終端処理とした.

ハ. 電線の太さは, 受電する電流, 短時間耐電流などを考慮し, 電気事業者と協議して選定した.

ニ. ケーブルの引込口は, 水の浸入を防止するためケーブルの太さ, 種類に適合した防水処理を施した.

Q-2

出題年度
2014
問 31

②に示す避雷器の設置に関する記述として, **不適切なものは.**

イ. 受電電力 500 kW 未満の需要場所では避雷器の設置義務はないが, 雷害の多い地区であり, 電路が架空電線路に接続されているので, 引込口の近くに避雷器を設置した.

ロ. 保安上必要なため, 避雷器には電路から切り離せるように断路器を施設した.

ハ. 避雷器の接地はA種接地工事とし, サージインピーダンスをできるだけ低くするため, 接地線を太く短くした.

ニ. 避雷器には電路を保護するため, その電源側に限流ヒューズを施設した.

A-1
答 ロ

　施設場所が重汚損を受けるおそれのある塩害地区における屋外部分の終端処理は，JCAA（日本電力ケーブル接続技術協会）規格により，耐塩害屋外終端処理としなければならない．なお，軽汚損・中汚損を受けるおそれのある地区は，ゴムとう管形屋外終端処理でよい．

A-2
答 ニ

　避雷器は，雷や開閉サージなどの過大な異常電圧が電路に加わった場合，これに伴う電流を大地に放電して異常電圧が機器に加わるのを制限するために設置する．避雷器の電源側に限流ヒューズを設けて動作した場合には，大地に雷電流を放電できないので，過大な電圧が機器に加わることになり不適切である．

10

施工方法

③に示す変圧器は，単相変圧器2台を使用して三相200Vの動力電源を得ようとするものである．この回路の高圧側の結線として，**正しいものは**．

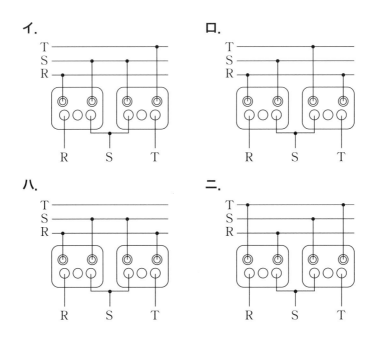

④に示す高圧進相コンデンサ設備は，自動力率調整装置によって自動的に力率調整を行うものである．この設備に関する記述として，**不適切なものは**．

イ． 負荷の力率変動に対してできるだけ最適な調整を行うよう，コンデンサは異容量の2群構成とした．

ロ． 開閉装置は，開閉能力に優れ自動で開閉できる，高圧交流真空電磁接触器を使用した．

ハ． 進相コンデンサの一次側には，限流ヒューズを設けた．

ニ． 進相コンデンサに，コンデンサリアクタンスの5%の直列リアクトルを設けた．

A-3
答 イ

　単相変圧器 2 台を使用して三相 200 V の動力電源を得るには，V−V 結線にすればよい．**イ**の結線は描き換えると図のようになり，V−V 結線である．

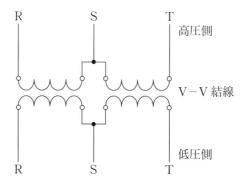

A-4
答 ニ

　高圧受電設備規程 1150-9 より，高圧進相コンデンサには，高調波電流による障害防止およびコンデンサ回路の開閉による突入電流抑制のために，直列リアクトルを施設する．直列リアクトルの容量は，コンデンサリアクタンスの 6 ％または 13 ％である．

10

施工方法

⑤に示す高圧ケーブル内で地絡が発生した場合，確実に地絡事故を検出できるケーブルシールドの接地方法として，**正しいものは**．

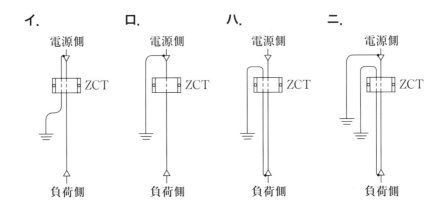

A-5

答 イ

⑤に示すケーブル内で地絡が発生した場合，確実に地絡事故を検出できるケーブルシールドの接地方法は，**イ**の方法である．図のような理由による．

イ．検出できる

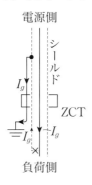

ロ．検出できない

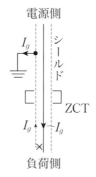

ハ．検出できない

電源側

シールド

I_g

ZCT

I_g ～I_g

負荷側

ニ．検出できない

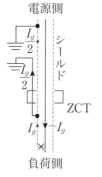

10

施工方法

　図は，自家用電気工作物構内の受電設備を表した図である．この図に関する各問いには，4通りの答え（**イ，ロ，ハ，ニ**）が書いてある．それぞれの問いに対して，答えを1つ選びなさい．

　〔注〕図において，問いに直接関係のない部分等は，省略又は簡略化してある．

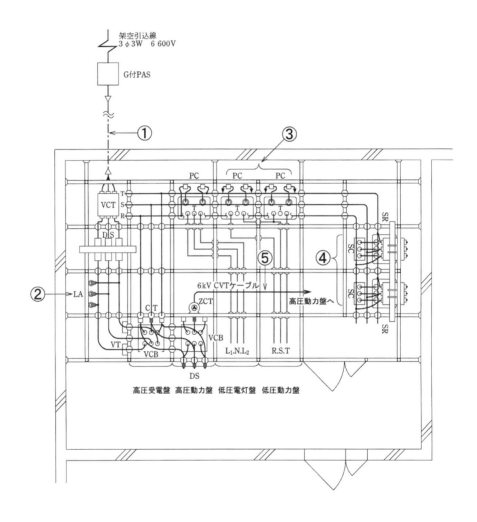

••• 第 11 章 •••
制御回路図

出題数 5 問

制御回路図からの問題は 10 年間で 6 回
出題されています．使用機器の図記号か
ら回路の種類まで，しっかり覚えておき
ましょう．

Q-1

出題年度

2023
PM

問41

①の部分に設置する機器は.

イ. 配線用遮断器

ロ. 電磁接触器

ハ. 電磁開閉器

ニ. 漏電遮断器（過負荷保護付）

Q-2

出題年度

2023
PM

問42

②で示す図記号の接点の機能は.

イ. 手動操作手動復帰

ロ. 自動操作手動復帰

ハ. 手動操作自動復帰

ニ. 限時動作自動復帰

Q-3

出題年度

2023
PM

問43

③で示す機器は.

イ.

ロ.

ハ.

ニ.

A-1
答 ニ

①で示す部分は，遮断器と零相変流器の図記号なので，漏電遮断器（過負荷保護付）である．零相変流器で地絡電流を検出し，遮断器が回路を遮断して電動機と配線の漏電事故を防止する．

A-2
答 ハ

②に示す図記号は，押しボタンスイッチのブレーク接点である．この接点の機能は，手動操作自動復帰（モーメンタリー動作）である．

A-3
答 ニ

③の部分は，上部が停止用の押しボタンスイッチ（押しボタンスイッチのブレーク接点），下部が運転用の押しボタンスイッチ（押しボタンスイッチのメーク接点）の図記号なので，ニの電磁開閉器用押しボタンスイッチを示している．

11

制御回路図

④で示す部分に使用される接点の図記号は.

イ. 　　　ロ. 　　　ハ. 　　　ニ.

⑤で示す部分に使用されるブザーの図記号は.

イ.　　　　ロ.　　　　ハ.　　　　ニ.

A-4
答 ロ

　この制御回路は，「三相誘導電動機を，押しボタンの操作により始動さ
せ，タイマの設定時間で停止させる制御回路」と示されているため，②で
示す部分には，三相誘導電動機の始動後，④に示すタイマの設定時間で停
止させるための接点が必要である．このため，**ロ**のブレーク接点（b接点）
の限時動作瞬時復帰接点が正しい．**イ**はメーク接点（a接点）の限時動作
瞬時復帰接点，**ハ**はメーク接点の瞬時動作限時復帰接点，**ニ**はブレーク接
点の瞬時動作限時復帰接点を示す．なお，限時動作瞬時復帰（オンディ
レー）とは，入力信号を受けると設定時間だけ遅れて動作し，入力信号が
なくなると瞬時に復帰するタイマのことで，瞬時動作限時復帰（オフディ
レー）とは，入力信号を受けると瞬時に動作し，復帰するときに，設定時
間だけ遅れて動作するタイマのことである．

A-5
答 イ

　⑤で示すブザー（BZ）の図記号は，**イ**が正しい．熱動継電器（THR）
が動作したときの警報として，ランプ表示（SL−1）とともにブザー音で
異常を知らせる制御回路となっている．なお，**ロ**はサイレン，**ハ**は音響信
号装置（ベル，ホーン等），**ニ**は片打ベル（旧図記号で現在は削除されてい
る．）の図記号である．

11

制
御
回
路
図

　図は，三相誘導電動機を，押しボタンの操作により始動させ，タイマの設定時間で停止させる制御回路である．この図の矢印で示す

　5箇所に関する各問いには，4通りの答え（**イ**，**ロ**，**ハ**，**ニ**）が書いてある．それぞれの問いに対して，答えを1つ選びなさい．

　〔注〕図において，問いに直接関係のない部分等は，省略又は簡略化してある．

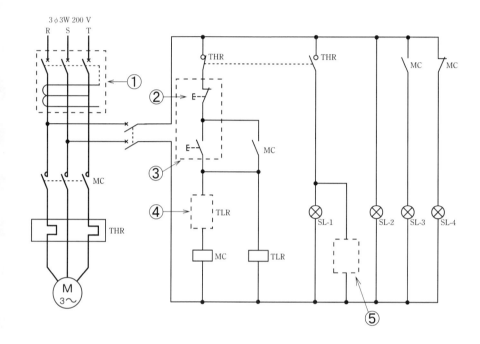

　図は，三相誘導電動機を，押しボタンの操作により始動させ，タイマの設定時間で停止させる制御回路である．この図の矢印で示す5箇所に関する各問いには，4通りの答え（**イ**，**ロ**，**ハ**，**ニ**）が書いてある．それぞれの問いに対して，答えを1つ選びなさい．

　〔注〕図において，問いに直接関係のない部分等は，省略又は簡略化してある．

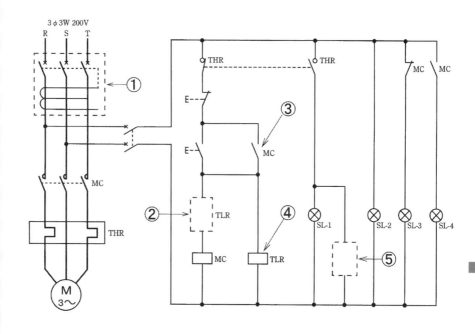

11

制御回路図

Q-1

出題年度
2022 PM 問41
2016 問41

①の部分に設置する機器は.

イ．配線用遮断器

ロ．電磁接触器

ハ．電磁開閉器

ニ．漏電遮断器（過負荷保護付）

Q-2

出題年度
2022 PM 問42
2016 問42

②で示す部分に使用される接点の図記号は.

イ． 　　ロ． 　　ハ． 　　ニ．

Q-3

出題年度
2022 PM 問43
2016 問43

③で示す接点の役割は.

イ．押しボタンスイッチのチャタリング防止

ロ．タイマの設定時間経過前に電動機が停止しないためのインタロック

ハ．電磁接触器の自己保持

ニ．押しボタンスイッチの故障防止

A-1
答 二

①で示す部分は，遮断器と零相変流器の図記号なので，漏電遮断器（過負荷保護付）である．零相変流器で地絡電流を検出し，遮断器が回路を遮断して電動機と配線の漏電事故を防止する．

A-2
答 ロ

この制御回路は，「三相誘導電動機を，押しボタンの操作により始動させ，タイマの設定時間で停止させる制御回路」と示されているため，②で示す部分には，三相誘導電動機の始動後，④に示すタイマの設定時間で停止させるための接点が必要である．このため，**ロ**のブレーク接点（b接点）の限時動作瞬時復帰接点が正しい．**イ**はメーク接点（a接点）の限時動作瞬時復帰接点，**ハ**はメーク接点の瞬時動作限時復帰接点，**ニ**はブレーク接点の瞬時動作限時復帰接点を示す．なお，限時動作瞬時復帰（オンディレー）とは，入力信号を受けると設定時間だけ遅れて動作し，入力信号がなくなると瞬時に復帰するタイマのことで，瞬時動作限時復帰（オフディレー）とは，入力信号を受けると瞬時に動作し，復帰するときに，設定時間だけ遅れて動作するタイマのことである．

A-3
答 ハ

③で示す接点の役割は，電磁接触器（MC）を自己保持するための接点である．押しボタンスイッチ（メーク接点スイッチ）を押すと電磁接触器（MC）が閉じ，同時に③の接点により自己保持され，押しボタンスイッチの接点が開放しても，三相誘導電動機が運転する回路となっている．

11

制御回路図

④に設置する機器は.

イ.

ロ.

ハ.

ニ.

⑤で示す部分に使用されるブザーの図記号は.

イ.　　　　　ロ.　　　　　ハ.　　　　　ニ.

A-4

答 ニ

④で示す図記号の文字記号の「TL」は遅れ（タイムラグ）を，「R」はリレー（継電器）を示すので，「TLR」は限時継電器（タイマ）を示す．よって，時間を設定するセットダイヤルがある**ニ**が正しい．この制御回路では，三相誘導電動機の運転時間を制御する目的でタイマが利用されている．なお，**イ**は補助継電器（リレー），**ロ**は電磁接触器（MC），**ハ**はタイムスイッチであり，タイムスイッチには，時刻設定のダイヤルがある．

A-5

答 イ

⑤で示すブザー（BZ）の図記号は，**イ**が正しい．熱動継電器（THR）が動作したときの警報として，ランプ表示（SL−1）とともにブザー音で異常を知らせる制御回路となっている．なお，**ロ**はサイレン，**ハ**は音響信号装置（ベル，ホーン等），**ニ**は片打ベル（旧図記号で現在は削除されている．）の図記号である．

Q-1

出題年度

2020
問 41

①で示す接点が開路するのは.

イ. 電動機が正転運転から逆転運転に切り替わったとき
ロ. 電動機が停止したとき
ハ. 電動機に, 設定値を超えた電流が継続して流れたとき
ニ. 電動機が始動したとき

Q-2

出題年度

2020
問 42

②で示す接点の役目は.

イ. 押しボタンスイッチ PB-2 を押したとき, 回路を短絡させないためのインタロック
ロ. 押しボタンスイッチ PB-1 を押した後に電動機が停止しないためのインタロック
ハ. 押しボタンスイッチ PB-2 を押し, 逆転運転起動後に運転を継続するための自己保持
ニ. 押しボタンスイッチ PB-3 を押し, 逆転運転起動後に運転を継続するための自己保持

A-1

答 ハ

①で示す図記号は熱動継電器（THR）のブレーク接点である．この接点は，電動機の過負荷防止のため，設定値を超えた電流が継続して流れたときに開路し，電磁接触器（MC-1, 2）を遮断させることで電動機を保護する．

A-2

答 ニ

②で示す接点は，電磁接触器 MC-2 の補助メーク接点である．この接点は，逆転運転用の押しボタンスイッチ PB-3 を押すことで逆転運転起動後に MC-2 の励磁を保持し，運転を継続するための自己保持接点である．

11

制御回路図

Q-3

出題年度

2020

問43

③で示す図記号の機器は.

イ.

ロ.

ハ.

ニ.

Q-4

出題年度

2020

問44

④で示す押しボタンスイッチ PB-3 を正転運転中に押したとき，電動機の動作は.

イ．停止する.

ロ．逆転運転に切り替わる.

ハ．正転運転を継続する.

ニ．熱動継電器が動作し停止する.

Q-5

出題年度

2020

問45

⑤で示す部分の結線図は.

イ.

ロ.

ハ.

ニ.
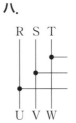

A-3

答 イ

　③で示す図記号はブザーなので，**イ**が正しい．電動機の過負荷などで熱動継電器（THR）が動作したとき，表示灯 SL-3 とともにブザー音で知らせるためのものである．**ロ**は表示灯，**ハ**は押しボタンスイッチ，**ニ**はベルである．

A-4

答 ハ

　④に示す押しボタンスイッチ PB-3 を正転運転中に押しても，インターロック回路の MC-1 補助ブレーク接点が開路されているため，逆転運転用の MC-2 は動作しない．また，MC-1 も自己保持が維持されるので，電動機は正転運転を継続する．

A-5

答 ハ

　⑤で示す部分の結線は，三相誘導電動機の逆転運転の接続部分になるので，三相電源のうち 2 相を入れ替えて接続している，**ハ**が正しい．

11

制御回路図

　図は，三相誘導電動機を，押しボタンの操作により正逆運転させる制御回路である．この図の矢印で示す5箇所に関する各問いには，4通りの答え（**イ**，**ロ**，**ハ**，**ニ**）が書いてある．それぞれの問いに対して，答えを1つ選びなさい．

　〔注〕図において，問いに直接関係のない部分等は，省略又は簡略化してある．

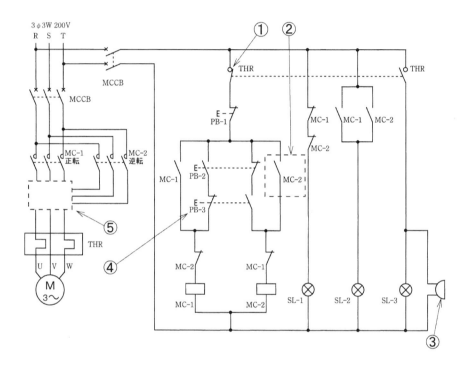

　図は，三相誘導電動機（Y-△始動）の始動制御回路図である．この図の矢印で示す5箇所に関する各問いには，4通りの答え（**イ**，**ロ**，**ハ**，**ニ**）が書いてある．それぞれの問いに対して，答えを1つ選びなさい．

　〔注〕図において，問いに直接関係のない部分等は，省略又は簡略化してある．

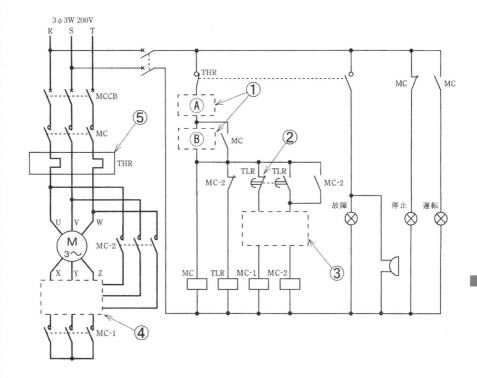

Q-1

出題年度

2019

問 41

①で示す部分の押しボタンスイッチの図記号の組合せで, **正しいものは.**

	イ	ロ	ハ	ニ
Ⓐ	E--	F--	F--	E--
Ⓑ	E--	F--	F--	E--

Q-2

出題年度

2019

問 42

②で示すブレーク接点は.

イ. 手動操作残留機能付き接点

ロ. 手動操作自動復帰接点

ハ. 瞬時動作限時復帰接点

ニ. 限時動作瞬時復帰接点

Q-3

出題年度

2019

問 43

③の部分のインタロック回路の結線図は.

イ.　　　　　　　　　　　　ロ.

　　MC-1 ⊢ ⊣ MC-2　　　　　MC-2 ⊣ ⊢ MC-1

ハ.　　　　　　　　　　　　ニ.

　　MC-2 ⊣ ⊣ MC-1　　　　　MC-2 ⊢ ⊣ MC-1

A-1 答 イ

　Ⓐの部分は電動機の停止用の押しボタンスイッチ（押しボタンスイッチのブレーク接点），Ⓑの部分は電動機の運転用の押しボタンスイッチ（押しボタンスイッチのメーク接点）である．

A-2 答 ニ

　②で示す図記号は限時動作瞬時復帰のブレーク接点である．この接点は，限時継電器（TLR）の設定時間後に開き，電動機の Y 結線用電磁接触器 MC-1 の励磁を開放する役割をもっている．

A-3 答 ロ

　③で示す部分のインタロック回路の結線は，図のように MC-1 と MC-2 が同時に動作しない回路としなくてはならない．

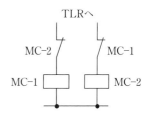

11

制御回路図

④の部分の結線図で，**正しいものは**.

イ. 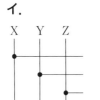 ロ. 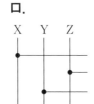 ハ. 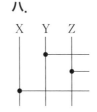 ニ.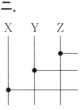

⑤で示す図記号の機器は.

イ.

ロ.

ハ.

ニ.

A-4
答 ハ

④に示す部分の結線は，電動機の巻線を△接続とする電動機主回路なので，**ハ**の接続としなくてはならない．

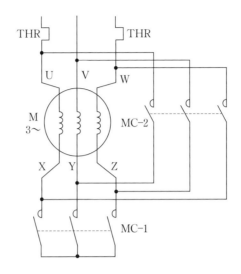

A-5
答 ハ

⑤で示す図記号は，**ハ**の熱動継電器（サーマルリレー）で，三相誘導電動機の過負荷保護に用いる継電器である．なお，**イ**は補助継電器（リレー），**ロ**は電磁開閉器（MS)，**ニ**は限時継電器（タイマ）である．

11

制御回路図

Q-1

出題年度

2014

問41

①で示す押しボタンスイッチの操作で，停止状態から正転運転した後，逆転運転までの手順として，**正しいものは**．

イ．PB−3 → PB−2 → PB−1

ロ．PB−3 → PB−1 → PB−2

ハ．PB−2 → PB−1 → PB−3

ニ．PB−2 → PB−3 → PB−1

Q-2

出題年度

2014

問42

②で示す回路の名称として，**正しいものは**．

イ．AND 回路

ロ．OR 回路

ハ．NAND 回路

ニ．NOR 回路

A-1
答 ハ

①で示す押しボタンスイッチの操作で，停止状態から正転運転した後，逆転運転までの手順は次のようになる．

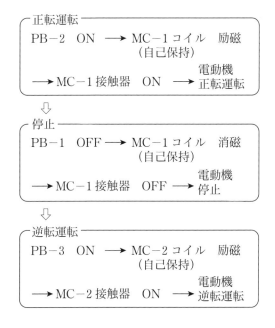

正転運転
PB−2　ON　⟶　MC−1 コイル　励磁
　　　　　　　　　　　（自己保持）

　　⟶ MC−1 接触器　ON　⟶　電動機
　　　　　　　　　　　　　　　　正転運転

⇩

停止
PB−1　OFF　⟶　MC−1 コイル　消磁
　　　　　　　　　　　（自己保持）

　　⟶ MC−1 接触器　OFF　⟶　電動機
　　　　　　　　　　　　　　　　停止

⇩

逆転運転
PB−3　ON　⟶　MC−2 コイル　励磁
　　　　　　　　　　　（自己保持）

　　⟶ MC−2 接触器　ON　⟶　電動機
　　　　　　　　　　　　　　　　逆転運転

A-2
答 ロ

②で示す回路は，MC−1 または MC−2 により出力されるので，OR 回路である．

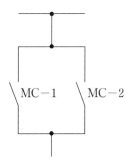

11

制御回路図

Q-3

出題年度

2014

問 43

③で示す各表示灯の用途は.

イ. SL−1 停止表示　　　SL−2 運転表示　　　SL−3 故障表示
ロ. SL−1 運転表示　　　SL−2 故障表示　　　SL−3 停止表示
ハ. SL−1 正転運転表示　SL−2 逆転運転表示　SL−3 故障表示
ニ. SL−1 故障表示　　　SL−2 正転運転表示　SL−3 逆転運転表示

Q-4

出題年度

2014

問 44

④で示す図記号の機器は.

イ.

ロ.

ハ.

ニ.

Q-5

出題年度

2014

問 45

⑤で示す部分の結線図で，**正しいものは**.

イ.

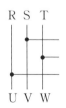

ロ.

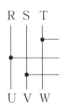

ハ.

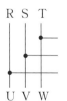

ニ.

A-3 答 イ

・SL-1 表示灯は，MC-1 のブレーク接点と MC-2 のブレーク接点が閉じているとき点灯し，MC-1 のブレーク接点，または MC-2 のブレーク接点が開いているとき消灯するので，停止表示である．

・SL-2 表示灯は，MC-1 のメーク接点，また MC-2 のメーク接点が閉じたとき点灯し，MC-1 のメーク接点と MC-2 のメーク接点が開いているとき消灯するので，運転表示である．

・SL-3 表示灯は，THR（熱動継電器）のメーク接点が閉じると点灯し，THR のメーク接点が開くと消灯する．THR のメーク接点は通常は開いており，電動機の故障時に閉じるので，故障表示である．

A-4 答 ロ

④で示す図記号は熱動継電器（サーマルリレー）であるから，**ロ**の機器である．なお，**イ**の機器はリミットスイッチ，**ハ**の機器は補助継電器，**ニ**の機器はタイマである．

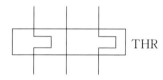

THR

11

制御回路図

A-5 答 ハ

⑤で示す部分の結線図は下図のようになるので，**ハ**が正しい．

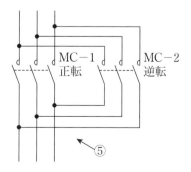

　図は，三相誘導電動機を，押しボタンスイッチの操作により正逆運転させる制御回路である．この図の矢印で示す5箇所に関する各問いには，4通りの答え（**イ，ロ，ハ，ニ**）が書いてある．それぞれの問いに対して，答えを1つ選びなさい．

　〔注〕図において，問いに直接関係のない部分等は，省略又は簡略化してある．

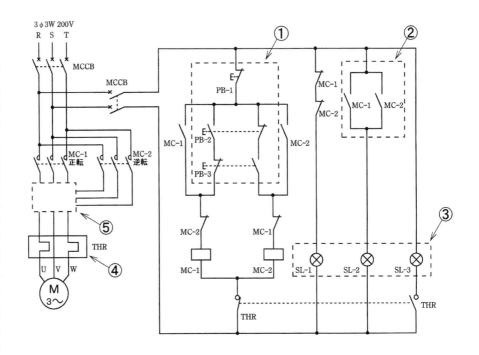

第 12 章
配線図

出題数 5 ～ 10 問

　毎年必ず出題され，問題数は 5 ～ 10 問
と試験結果に大きく影響する項目となっ
ています.
　高圧受電設備の単線結線図からの出題に
なるので，図記号，機器の用途や組合せ,
施工方法など，過去の出題から学んでい
きましょう.

Q-1

①で示す機器の役割は.

イ. 需要家側高圧電路の地絡電流を検出し, 事故電流による高圧交流負荷開閉器の遮断命令を一旦記憶する. その後, 一般送配電事業者側からの送電が停止され, 無充電を検知することで自動的に負荷開閉器を開路する.

ロ. 需要家側高圧電路の短絡電流を検出し, 高圧交流負荷開閉器を瞬時に開路する.

ハ. 一般送配電事業者側の地絡電流を検出し, 高圧交流負荷開閉器を瞬時に開路する.

ニ. 需要家側高圧電路の短絡電流を検出し, 事故電流による高圧交流負荷開閉器の遮断命令を一旦記憶する. その後, 一般送配電事業者側からの送電が停止され, 無充電を検知することで自動的に負荷開閉器を開路する.

Q-2

②の端末処理の際に, **不要なものは**.

イ.

ロ.

ハ.

ニ.

A-1 答 ニ

①に示す機器は，地絡継電装置付高圧交流負荷開閉器（GR 付 PAS，SOG 機能付）である．需要家側高圧電路に短絡事故が発生したとき，開閉機構をロックし，無電圧を検出して自動的に開放する機能を内蔵している．また，需要家側電気設備の地絡事故時は，高圧交流負荷開閉器を開放することで，一般電気事業者の波及事故を防止する．

A-2 答 ハ

②はケーブル端末処理であるから，**イ**のラチェット式ケーブルカッタ，**ロ**の電工ナイフ，**ニ**のはんだごては施工に必要である．**ハ**のパイプカッタは金属管工事などに使用するものなのでケーブル端末処理には不要である．

12

配線図

③で示す装置を使用する主な目的は.

イ. 計器用変圧器を雷サージから保護する.

ロ. 計器用変圧器の内部短絡事故が主回路に波及することを防止する.

ハ. 計器用変圧器の過負荷を防止する.

ニ. 計器用変圧器の欠相を防止する.

④に設置する機器は.

イ.

ロ.

ハ.

ニ.

⑤で示す機器の役割として，**正しいものは**.

イ. 電路の点検時等に試験器を接続し，電圧計の指示校正を行う.

ロ. 電路の点検時等に試験器を接続し，電流計切替スイッチの試験を行う.

ハ. 電路の点検時等に試験器を接続し，地絡方向継電器の試験を行う.

ニ. 電路の点検時等に試験器を接続し，過電流継電器の試験を行う.

A-3

答 ロ

③で示す装置は計器用変圧器の限流ヒューズである．使用する主な目的は，計器用変圧器の内部短絡事故が主回路に波及することを防止するためである．

A-4

答 イ

④に設置する機器の図記号 ⊗ は表示灯（パイロットランプ）であるから，**イ**を設置する．なお，**ロ**は電圧計切換開閉器，**ハ**はブザー，**ニ**は押しボタンスイッチである．

A-5

答 ニ

⑤で示す機器は CT の二次側に接続されている試験端子（電流端子）である．電路の点検時等に試験器を接続し，過電流継電器の試験や計器の校正などを行うための端子である．他に，VT 二次側に接続される試験端子（電圧端子）などがある．

Q-6

出題年度

2023
AM
問46

⑥で示す部分に施設する機器の複線図として，**正しいものは**.

イ.
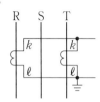

ロ.
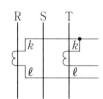

ハ.
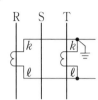

ニ.
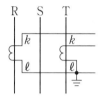

Q-7

出題年度

2023
AM
問47

⑦で示す部分に使用できる変圧器の最大容量［kV・A］は.

イ. 100　　**ロ.** 200　　**ハ.** 300　　**ニ.** 500

Q-8

出題年度

2023
AM
問48

⑧で示す機器の役割として，**誤っているものは**.

イ. コンデンサ回路の突入電流を抑制する.
ロ. 第5調波等の高調波障害の拡大を防止する.
ハ. 電圧波形のひずみを改善する.
ニ. コンデンサの残留電荷を放電する.

A-6
答 二

⑥に示す図記号を複線図で表すと図のようになるので，**二**の変流器 (CT)，2 台の接続が正しい．なお，CT の ℓ 側は D 種接地工事を施さなくてはいけない．

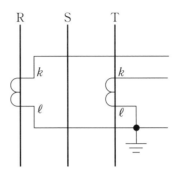

A-7
答 ハ

⑦で示す部分は単相変圧器で一次側の開閉装置が PC（高圧カットアウト）であるから，使用できる変圧器の最大容量は，高圧受電設備規程 1150-8 より 300 kV·A である．

12

配線図

A-8
答 二

⑧で示す機器の図記号 ⊶ は直列リアクトルであるから，役割として，**イ**のコンデンサ回路の突入電流の抑制，**ロ**の第 5 調波障害の拡大防止，**ハ**の電圧波形のひずみの改善はそれぞれ正しい．なお，コンデンサの残留電荷の放電は放電抵抗であり，一般的にコンデンサに内蔵されている．また，別置の放電機器として，放電コイルがある．

⑨で示す機器の目的は.

イ．変圧器の温度異常を検出して警報する.

ロ．低圧電路の短絡電流を検出して警報する.

ハ．低圧電路の欠相による異常電圧を検出して警報する.

ニ．低圧電路の地絡電流を検出して警報する.

⑩で示す部分に使用する CVT ケーブルとして，**適切なものは**.

イ．

導体
内部半導電層
架橋ポリエチレン
外部半導電層
銅シールド
ビニルシース

ロ．

導体
内部半導電層
架橋ポリエチレン
外部半導電層
銅シールド
ビニルシース

ハ．

導体
ビニル絶縁体
ビニルシース

ニ．

導体
架橋ポリエチレン
ビニルシース

A-9

答 二

⑨に示す部分は，変圧器低圧側の B 種接地線に零相変流器 $\overset{\oplus}{}\!\!\!/\!\!\!/$，地絡継電器 $\boxed{I \rightleftharpoons >}$ とブザーが組み合わされているので，この機器の目的は，低圧電路の地絡電流を検出して警報するものである．

A-10

答 二

⑩で示す部分は低圧部分の配線であるから，二の銅シールドのない，600 V 単心 3 個より（トリプレックス）形架橋ポリエチレン絶縁ビニルシースケーブル（600 V CVT）を使用する．なお，銅シールド（高圧用）のあるイは 6 600 V CVT ケーブル，ロは 6 600 V 3 心 CV ケーブル，丸形で銅シールドがないのでハは 600 V 3 心 VVR ケーブルである．

12

配線図

図は，高圧受電設備の単線結線図である．この図の矢印で示す10箇所に関する各問いには4通りの答え（**イ，ロ，ハ，ニ**）が書いてある．それぞれの問いに対して，答えを1つ選びなさい．

〔注〕図において，問いに直接関係のない部分等は，省略又は簡略化してある．

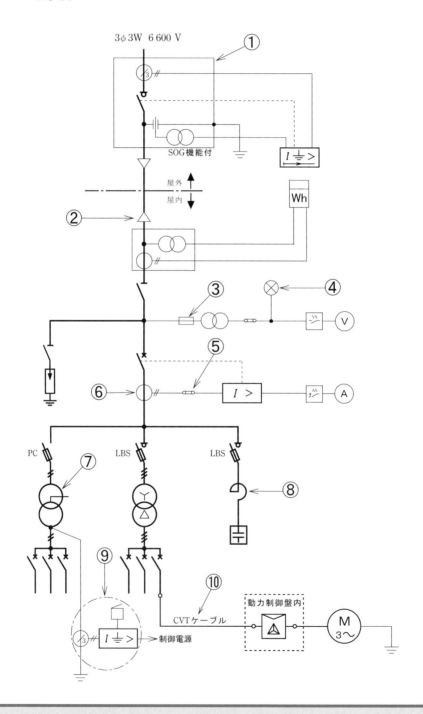

図は，高圧受電設備の単線結線図である．この図の矢印で示す5箇所に関する各問いには，4通りの答え（**イ**，**ロ**，**ハ**，**ニ**）が書いてある．それぞれの問いに対して，答えを1つ選びなさい．

〔注〕図において，問いに直接関係のない部分等は，省略又は簡略化してある．

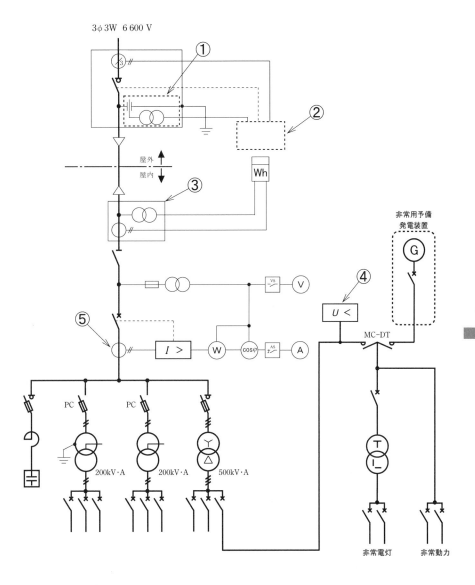

Q-1

出題年度

2023
PM
問46

①で示す機器を設置する目的として，**正しいものは**.

イ．零相電流を検出する.
ロ．零相電圧を検出する.
ハ．計器用の電流を検出する.
ニ．計器用の電圧を検出する.

Q-2

出題年度

2023
PM
問47

②に設置する機器の図記号は.

イ． $I \overset{=}{=} >$ 　　　ロ． $I \overset{=}{=} <$ 　　　ハ． $I \quad <$ 　　　ニ． $I \overset{=}{=} >$

Q-3

出題年度

2023
PM
問48

③に示す機器と文字記号（略号）の組合せで，**正しいものは**.

イ．

VCT

ロ．

PAS

ハ．

VCT

ニ．

VCB

A-1
答 ロ

①で示す図記号はコンデンサ形接地電圧検出装置（ZPD）で，零相電圧を検出するために使用する機器である．ZPDは，コンデンサで地絡故障時に発生する零相電圧を分圧して零相電圧に比例した電圧を取り出すことができ，地絡方向継電器と組み合わせて使用する．

A-2
答 ニ

②の機器は，高圧交流負荷開閉器（LBS），零相変流器（ZCT），コンデンサ形接地電圧検出装置（ZPD）に接続されていることから，地絡方向継電器（DGR）である．地絡方向継電器は，事故電流を零相変流器とコンデンサ形接地電圧検出装置の組み合わせで検出し，その大きさと両者の位相関係で動作する継電器である．なお，**イ**は地絡継電器（GR），**ロ**は短絡方向継電器（DSR），**ハ**は不足電流継電器（UCR）である．

A-3
答 ハ

③に示す機器は電力需給用計器用変成器（VCT）である．電力需給用計器用変成器とは，計器用変圧器と変流器を一つの箱に組み込んだもので，電力量計と組み合わせ，電力測定に用いる機器のことである．

12

配線図

④で示す機器は.

イ. 不足電力継電器
ロ. 不足電圧継電器
ハ. 過電流継電器
ニ. 過電圧継電器

⑤で示す部分に設置する機器と個数は.

イ.

1 個

ロ.

1 個

ハ.

2 個

ニ.

2 個

A-4

答 ロ

④で示す図記号は不足電圧継電器（UVR）である．低圧側の電気的事故を電圧低下により検出するためのものである．キュービクルなどの受変電設備に設置され，停電を検出して非常用発電機を運転させたり，停電時に非常用照明を点灯させるなどの用途に利用される．

A-5

答 二

⑤で示す図記号は変流器（CT）である．また，配線図から個数が 2 個であることがわかる．イ，ハは零相変流器であり，この部分では使用しない．なお，この部分の結線は図のようになる．

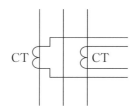

12

配
線
図

Q-1

①の端末処理の際に，不要なものは．

イ.

ロ.

ハ.

ニ.

Q-2

②で示すストレスコーン部分の主な役割は．

イ．機械的強度を補強する．

ロ．遮へい端部の電位傾度を緩和する．

ハ．電流の不平衡を防止する．

ニ．高調波電流を吸収する．

A-1 答 ハ

①はケーブル端末処理であるから，**イ**のケーブルカッタ，**ロ**の電工ナイフ，**ニ**のはんだごては施工に必要である．しかし，**ハ**の合成樹脂管用カッタは不要である．

A-2 答 ロ

ストレスコーン部分の主な役割は遮へい端部の電位傾度を緩和するためである．

ケーブルの絶縁部を段むきにした場合，図 a のように電気力線は切断部に集中し，耐電圧特性を低下させる．これを改善するため，図 b のようにストレスコーン部を設けて電気力線の集中を緩和させている．

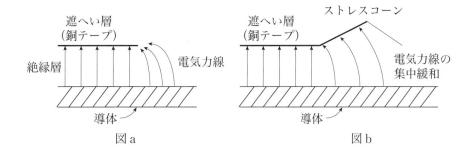

Q-3

出題年度

2022
AM
問43

③で示す@，ⓑ，ⓒの機器において，この高圧受電設備を点検時に停電
させる為の開路手順として，**最も不適切なものは**．

イ．ⓐ→ⓑ→ⓒ

ロ．ⓑ→ⓐ→ⓒ

ハ．ⓒ→ⓐ→ⓑ

ニ．ⓒ→ⓑ→ⓐ

Q-4

出題年度

2022
AM
問44

④で示す装置を使用する主な目的は．

イ．計器用変圧器を雷サージから保護する．

ロ．計器用変圧器の内部短絡事故が主回路に波及することを防止する．

ハ．計器用変圧器の過負荷を防止する．

ニ．計器用変圧器の欠相を防止する．

Q-5

出題年度

2022
AM
問45

⑤に設置する機器は．

イ． 　　　ロ．

ハ． 　　　ニ．

A-3
答 ロ

　③で示すⓑの機器は断路器である．断路器は，負荷電流を遮断することができない．このため，高圧受電設備の点検時に，最初に開放することはできないので，**ロ**が誤りである．ⓐは地絡継電装置付高圧交流負荷開閉器（GR 付 PAS）で，負荷電流は遮断できるが短絡電流は遮断できない．ⓒは遮断器（CB）で，負荷電流，短絡電流とも遮断できる．

A-4
答 ロ

　③で示す装置は計器用変圧器の限流ヒューズである．使用する主な目的は，計器用変圧器の内部短絡事故が主回路に波及することを防止するためである．

A-5
答 イ

　④に設置する機器の図記号 ⊗ は表示灯（パイロットランプ）であるから，**イ**を設置する．なお，**ロ**は電圧計切換開閉器，**ハ**はブザー，**ニ**は押しボタンスイッチである．

12

配線図

Q-6

出題年度

2022
AM
問46

⑥で示す図記号の器具の名称は.

イ．試験用端子（電流端子）
ロ．試験用電流切換スイッチ
ハ．試験用端子（電圧端子）
ニ．試験用電圧切換スイッチ

Q-7

出題年度

2022
AM
問47

⑦に設置する機器として，一般的に使用されるものの図記号は.

イ． 　ロ． 　ハ． 　ニ．

Q-8

出題年度

2022
AM
問48

⑧で示す機器の名称は.

イ．限流ヒューズ付高圧交流遮断器
ロ．ヒューズ付高圧カットアウト
ハ．限流ヒューズ付高圧交流負荷開閉器
ニ．ヒューズ付断路器

A-6
答 ハ

⑥で示す図記号の器具は，VT の二次側に接続されているので，試験用端子（電圧端子：VTT［Voltage Testing Terminal]）である．試験用端子とは，配電盤などに設けられる継電器の試験や計器類の校正を行うための端子のことである．ほかに，CT 二次側に接続される試験用端子（電流端子：CTT［Current Testing Terminal]）などがある．

A-7
答 ハ

⑤に設置する機器は，一般的に断路器と避雷器であるから，図記号は次に示すとおりである．

A-8
答 ハ

⑧に示す機器は限流ヒューズ付高圧交流負荷開閉器（PF 付 LBS）なので，**ハ**が正しい．この機器は，高圧限流ヒューズ（PF）と高圧交流負荷開閉器（LBS）を組み合わせたもので，短絡電流が流れたとき，高圧限流ヒューズが溶断することで，動作表示器（ストライカ）が突出して LBS を開放する機器である．

12

配線図

⑨で示す部分に使用する CVT ケーブルとして，**適切なものは．**

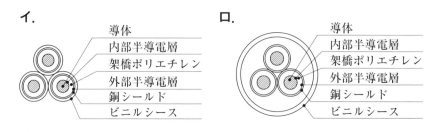

イ．

導体
内部半導電層
架橋ポリエチレン
外部半導電層
銅シールド
ビニルシース

ロ．

導体
内部半導電層
架橋ポリエチレン
外部半導電層
銅シールド
ビニルシース

ハ．

導体
ビニル絶縁体
ビニルシース

ニ．

導体
架橋ポリエチレン
ビニルシース

⑩で示す動力制御盤内から電動機に至る配線で，必要とする電線本数
（心線数）は．

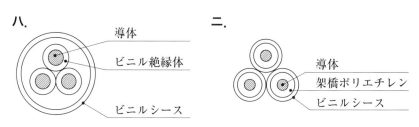

イ． 3　　　**ロ．** 4　　　**ハ．** 5　　　**ニ．** 6

A-9

答 二

⑨で示す部分は低圧部分の配線であるから，**二**の銅シールドのない，600 V 単心 3 個より（トリプレックス）形架橋ポリエチレン絶縁ビニルシースケーブル（600 V CVT）を使用する．なお，銅シールド（高圧用）のある**イ**は 6 600 V CVT ケーブル，**ロ**は 6 600 V 3 心 CV ケーブル，丸形で銅シールドがないので**ハ**は 600 V 3 心 VVR ケーブルである．

A-10

答 二

動力制御盤内の図記号 ⬚ はスターデルタ始動器であるから，⑩で示す部分で必要とする電線本数は次の図のように 6 本である．

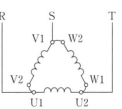

!解説図　**三相誘導電動機の結線（5.5 kW 以上）**

☆内部結線図

V1　W2
V2　W1
U1　U2

機内配線として，6 本の口出線がある．

☆スターデルタ始動器

・始動時（U2, V2, W2 を MCY で短絡）

R　S　T
V1　W2
V2　W1
U1　U2

・運転時（U2, V2, W2 を MCΔ で各相に接続）

R　S　T
V1　W2
V2　W1
U1　U2

12

配線図

　図は，高圧受電設備の単線結線図である．この図の矢印で示す10箇所に関する各問いには，4通りの答え（**イ，ロ，ハ，ニ**）が書いてある．それぞれの問いに対して，答えを1つ選びなさい．

　〔注〕図において，問いに直接関係のない部分等は，省略又は簡略化してある．

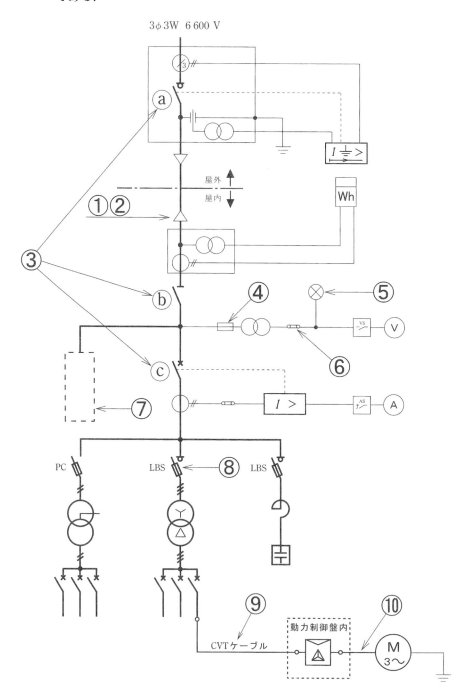

　図は，高圧受電設備の単線結線図である．この図の矢印で示す 5 箇所に
関する各問いには，4 通りの答え（**イ，ロ，ハ，ニ**）が書いてある．それ
ぞれの問いに対して，答えを 1 つ選びなさい．

　〔注〕図において，問いに直接関係のない部分等は，省略又は簡略化し
　　　てある．

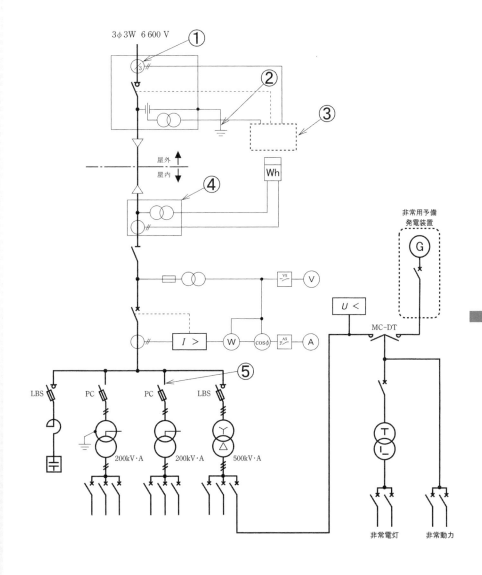

Q-1

出題年度
2022
PM
問 46

①で示す図記号の機器の名称は.

イ．零相変圧器

ロ．電力需給用変流器

ハ．計器用変流器

ニ．零相変流器

Q-2

出題年度
2022
PM
問 47

②の部分の接地工事に使用する保護管で，**適切なものは**.

ただし，接地線に人が触れるおそれがあるものとする.

イ．薄鋼電線管

ロ．厚鋼電線管

ハ．合成樹脂製可とう電線管（CD 管）

ニ．硬質ポリ塩化ビニル電線管

Q-3

出題年度
2022
PM
問 48

③に設置する機器の図記号は.

イ.　　　　　　ロ.　　　　　　ハ.　　　　　　ニ.

| $I \gtrless >$ | $I >$ | $I <$ | $I \gtrless >$ |

A-1
答 ニ

　①で示す図記号の機器は零相変流器（ZCT）である．ZCT は地絡事故時に発生する零相電流を検出し，零相電圧を検出するコンデンサ形接地電圧検出装置（ZPD）と組み合わせて地絡方向継電器を動作させるための装置である．

A-2
答 ニ

　②に示す部分は GR 付 PAS（地絡継電装置付高圧交流負荷開閉器）の金属製外箱の接地なので，A 種接地工事を施す．したがって，電技解釈第 17 条により，人が触れるおそれがある場所に施設する場合は，接地線の地下 75 cm から地表上 2 m までの部分は，電気用品安全法の適用を受ける合成樹脂管（厚さ 2 mm 未満の合成樹脂製電線管および CD 管を除く．）またはこれと同等以上の絶縁効力および強さのあるもので覆わなければならない．

12

配線図

A-3
答 ニ

　③の機器は，高圧交流負荷開閉器（LBS），零相変流器（ZCT），コンデンサ形接地電圧検出装置（ZPD）に接続されていることから，地絡方向継電器（DGR）である．地絡方向継電器は，事故電流を零相変流器とコンデンサ形接地電圧検出装置の組み合わせで検出し，その大きさと両者の位相関係で動作する継電器である．なお，**イ**は地絡継電器（GR），**ロ**は短絡方向継電器（DSR），**ハ**は不足電流継電器（UCR）である．

④に設置する機器は.

イ.

ロ.

ハ.

ニ.

⑤で示す部分の検電確認に用いるものは.

イ.

ロ.

ハ.

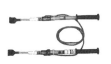

ニ.

拡大

A-4
答 イ

④の図記号は電力需給用計器用変成器（VCT）なので，**イ**が正しい．電力需給用計器用変成器とは，計器用変圧器と変流器を一つの箱に組み込んだもので，電力量計と組み合わせて，電力測定における変成装置として用いる機器のことである．

なお，**ロ**は計器用変圧器（VT），**ハ**は地絡継電装置付高圧交流負荷開閉器（GR付PAS），**ニ**はモールド型直列リアクトル（SR）である．

12

配線図

A-5
答 ニ

⑤で示す部分の検電確認に用いるものは，**ニ**の高圧・特別高圧用の検電器（風車式）である．**イ**は断路器，LBS，PF などの開閉操作に使用する操作用フック棒，**ロ**は放電用接地棒，**ハ**は高圧の検相器である．

Q-1

①で示す図記号の機器に関する記述として，**正しいものは**.

イ．零相電流を検出する.

ロ．零相電圧を検出する.

ハ．異常電圧を検出する.

ニ．短絡電流を検出する.

Q-2

②で示す機器の文字記号（略号）は.

イ．OVGR

ロ．DGR

ハ．OCR

ニ．OCGR

Q-3

③で示す部分に使用する CVT ケーブルとして，**適切なものは**.

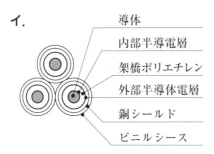

イ.
- 導体
- 内部半導電層
- 架橋ポリエチレン
- 外部半導体電層
- 銅シールド
- ビニルシース

ロ.
- 導体
- 内部半導電層
- 架橋ポリエチレン
- 外部半導体電層
- 銅シールド
- ビニルシース

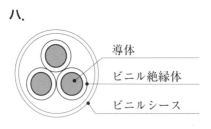

ハ.
- 導体
- ビニル絶縁体
- ビニルシース

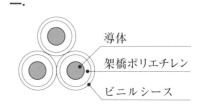

ニ.
- 導体
- 架橋ポリエチレン
- ビニルシース

A-1
答 ロ

　①で示す機器は零相基準入力装置（ZPD）である．地絡事故が発生したときに零相電圧 V_0 を検出し，零相変流器（ZCT）と組み合わせて地絡方向継電器（DGR）を動作させる機器である．

A-2
答 ロ

　②で示す機器は地絡方向継電器なので，略号（文字記号）は，DGR である．地絡方向継電器は，地絡事故によって整定値以上の地絡電流と零相電圧が発生したときに動作する継電器である．なお，OVGR は地絡過電圧継電器，OCR は過電流継電器，OCGR は地絡過電流継電器の略号である．

A-3
答 イ

　③で示す部分は，6 600 V の高圧電路なので，銅シールドのある単心の CV ケーブル 3 本をより合わせた，**イ**の 6 600 V CVT ケーブルを使用する．なお，**ロ**は 6 600 V CV ケーブル（3 心）．**ハ**は 600 V VVR ケーブル（3 心）**ニ**は 600 V CVT ケーブルである．

12

配線図

Q-4

出題年度

2021
AM
問 44

④で示す部分に**使用されないものは**.

イ. 　　ロ. 　　ハ. 　　ニ.

Q-5

出題年度

2021
AM
問 45

⑤で示す機器の名称と制御器具番号の**正しいものは**.

イ. 不足電圧継電器 27
ロ. 不足電流継電器 37
ハ. 過電流継電器 51
ニ. 過電圧継電器 59

Q-6

出題年度

2021
AM
問 46

⑥に設置する機器は.

イ. 　　　　　ロ.

ハ. 　　　　　ニ.

A-4
答 ハ

④で示す部分の図記号はケーブルヘッドである．この部分で使用されるのは，**イ**のストレスコーン，**ロ**のゴムとう管形屋外終端接続部，**ニ**のケーブルブラケットとゴムスペーサである．この部分に，**ハ**の避雷器は使用されない．

A-5
答 イ

⑤で示す機器の名称は不足電圧継電器で，制御器具番号は 27 である．問題の配線図では，停電時に非常用予備発電装置を運転するため，低圧側の電圧低下を検出する役割がある．なお，不足電流継電器（37）は $I<$，過電流継電器（51）は $I>$，過電圧継電器（59）は $U>$ の図記号で示される（高圧受電設備規程 1140–6 図（その 1），JEM 1090，JIS C 0617）．

A-6
答 ロ

⑥に設置する機器は図記号から，**ロ**の断路器（DS）である．なお，**イ**は高圧カットアウト（PC），**ハ**は真空遮断器（VCB），**ニ**は絶縁バリア付の限流ヒューズ付高圧交流負荷開閉器（PF 付 LBS）である．

12

配線図

⑦で示す機器の接地線（軟銅線）の太さの最小太さは.

イ. 5.5 mm² **ロ.** 8 mm² **ハ.** 14 mm² **ニ.** 22 mm²

⑧に設置する機器の組合せは.

イ. **ロ.** **ハ.** **ニ.**

⑨に入る**正しい図記号は**.

イ. **ロ.** **ハ.** **ニ.**

⑩で示す機器の役割として，**誤っているものは**.

イ. コンデンサ回路の突入電流を抑制する.

ロ. 電圧波形のひずみを改善する.

ハ. 第5調波等の高調波障害の拡大を防止する.

ニ. コンデンサの残留電荷を放電する.

A-7

答 ハ

⑦に示す機器は高圧電路に設置する避雷器である．このため，避雷器には A 種接地工事を施し，接地線（軟銅線）の太さは 14 mm² 以上を用いることと定められている（電技解釈第 37 条，高圧受電設備規程 1160-2 表）．

A-8

答 ハ

⑧に示す部分に設置する機器は，計器用変圧器（VT）と計器用変流器（CT）の低圧側回路に接続されているので，電圧と電流要素を使用して計測する電力計（kW）と力率計（$\cos\theta$）が接続される．

A-9

答 イ

⑨に入る図記号は，一次側 6 600 V の高圧三相変圧器の金属製外箱に施される接地工事を示している．このため，電技解釈第 29 条により，A 種接地工事を施す．

機械器具の金属製外箱等の接地（電技解釈第 29 条）

機械器具の使用電圧の区分		接地工事
低圧	300 V 以下	D 種接地工事
	300 V 超過	C 種接地工事
高圧又は特別高圧		A 種接地工事

A-10

答 ニ

⑩で示す図記号の機器は直列リアクトルである．このため，ニの残留電荷の放電する役割としては設置されない．直列リアクトルは，進相コンデンサと直列に接続することで，コンデンサ回路の投入時に生じる突入電流を抑制し，電力系統の第 5 調波等の高調波障害の拡大を抑制することで，電圧波形のひずみを改善する効果がある（高圧受電設備規程 1150-9）．

12

配線図

　　　　図は，高圧受電設備の単線結線図である．この図の矢印で示す10箇所に関する各問いには，4通りの答え（**イ**，**ロ**，**ハ**，**ニ**）が書いてある．それぞれの問いに対して，答えを1つ選びなさい．

　　　〔注〕図において，問いに直接関係のない部分等は，省略又は簡略化してある．

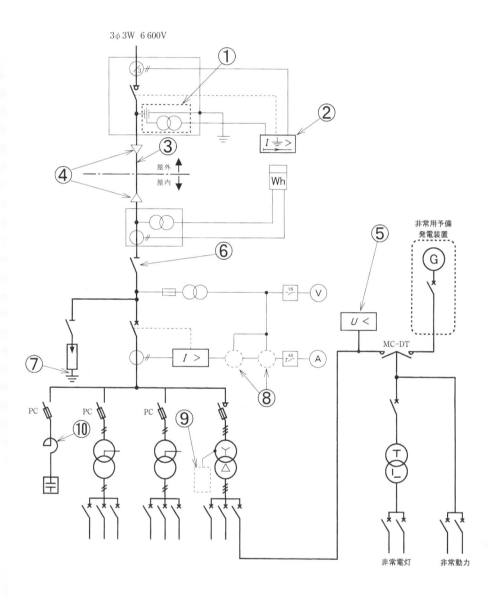

　図は，高圧受電設備の単線結線図である．この図の矢印で示す10箇所に関する各問いには，4通りの答え（**イ**，**ロ**，**ハ**，**ニ**）が書いてある．それぞれの問いに対して，答えを1つ選びなさい．

　〔注〕図において，問いに直接関係のない部分等は，省略又は簡略化してある．

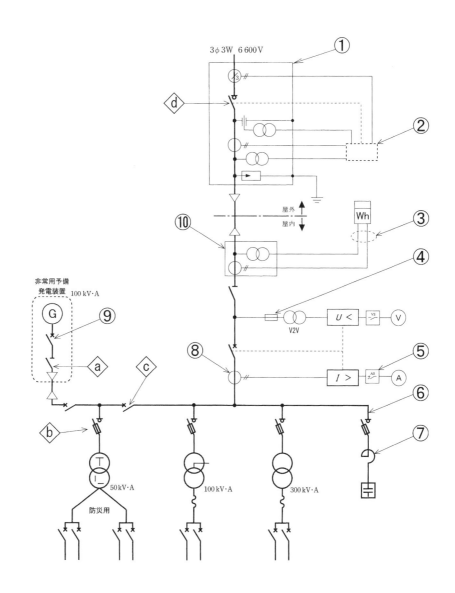

Q-1

出題年度

2021
PM

問 41

①に設置する機器は.

イ.

ロ.

ハ.

ニ.

Q-2

出題年度

2021
PM

問 42

②で示す部分に設置する機器の図記号と文字記号（略号）の組合せとして, 正しいものは.

イ.

OCGR

ロ.

DGR

ハ.

OCGR

ニ.

DGR

Q-3

出題年度

2021
PM

問 43

③の部分の電線本数（心線数）は.

イ. 2 又は 3

ロ. 4 又は 5

ハ. 6 又は 7

ニ. 8 又は 9

A-1
答 イ

①に設置する機器は図記号から，**イ**の地絡継電装置付高圧交流負荷開閉器 (GR 付 PAS) である．GR 付 PAS の役割は，地絡方向継電器 (DGR) と接続され，需要家側の地絡事故を検出し，自動的に開放することである．また，電路を開放することで，一般送配電事業者への波及事故防止を防止する役割ももっている．なお，**ロ**は柱上変圧器，**ハ**は電力需給用計器用変成器，**ニ**はモールド変圧器である．

A-2
答 ニ

②に設置する機器は，零相変流器 (ZCT)，零相基準入力装置 (ZPD) と地絡継電装置付高圧交流負荷開閉器 (GR 付 PAS) に接続されているので，**ニ**の地絡方向継電器 (DGR) である．地絡方向継電器は，事故電流を零相変流器と零相電圧検出装置の組み合わせで検出し，その大きさと両者の位相関係で動作する継電器である．なお，OCGR は地絡過電流継電器を示す文字記号 (略号) である．

12

配線図

A-3
答 ハ

③で示す部分の電線本数 (心線数) は，図に示すように，**ハ**の 6 または 7 本である．

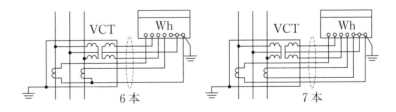

④の部分に施設する機器と使用する本数は.

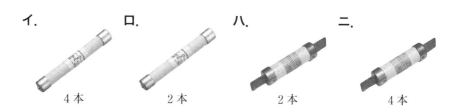

イ. 　　　ロ. 　　　ハ. 　　　ニ.

4本　　　　　2本　　　　　2本　　　　　4本

⑤に設置する機器の役割は.

イ. 電流計で電流を測定するために適切な電流値に変流する.

ロ. 1個の電流計で負荷電流と地絡電流を測定するために切り換える.

ハ. 1個の電流計で各相の電流を測定するために相を切り換える.

ニ. 大電流から電流計を保護する.

⑥で示す高圧絶縁電線（KIP）の構造は.

イ.

銅導体
半導電層
架橋ポリエチレン
半導電層テープ
銅遮へいテープ
押さえテープ
ビニルシース

ロ.

銅導体
セパレータ
架橋ポリエチレン
ビニルシース

ハ.

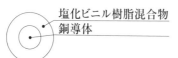

塩化ビニル樹脂混合物
銅導体

ニ.

銅導体
セパレータ
EP ゴム
（エチレンプロピレンゴム）

A-4

答 イ

④に示す部分に施設する機器は，高圧限流ヒューズである．高圧限流ヒューズは，内部短絡事故等の保護のため，計器用変圧器（VT）1 台に 2 本組み込まれており，計器用変圧器 2 台を V 接続して三相電圧を変成するので，必要本数は 4 本である．なお，**ハ**，**ニ**は低圧ヒューズである．

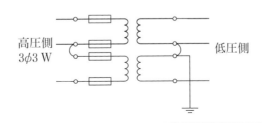

高圧側
3φ3 W
低圧側

A-5

答 ハ

⑤に設置する機器は図記号から，電流計切替スイッチなので，**ハ**が正しい．この切替スイッチは，1 個の電流計で各相の電流を測定するために相を切り換えるスイッチである．

12

配線図

A-6

答 ニ

⑥で示す高圧絶縁電線（KIP）は，銅導体を耐熱性・耐寒性が高い EP ゴム（エチレンプロピレンゴム）絶縁体で被覆した構造になっている．また，EP ゴム（エチレンプロピレンゴム）絶縁体には，セパレータ（半導電層）が設けられている．主に高圧電線路に用いられる電線のひとつで，可とう性が高く，耐熱性も高いため，高温になりやすいキュービクル式受変電設備の配電盤内配線として利用されている（JIS C 3611）．

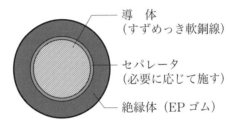

導　体
（すずめっき軟銅線）

セパレータ
（必要に応じて施す）

絶縁体（EP ゴム）

Q-7

⑦で示す直列リアクトルのリアクタンスとして，**適切なものは.**

イ. コンデンサリアクタンスの 3 %
ロ. コンデンサリアクタンスの 6 %
ハ. コンデンサリアクタンスの 18 %
ニ. コンデンサリアクタンスの 30 %

Q-8

⑧で示す部分に施設する機器の複線図として，**正しいものは.**

イ.

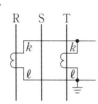

ロ.

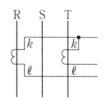

ハ.

ニ.

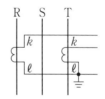

Q-9

⑨で示す機器とインタロックを施す機器は.
ただし，非常用予備電源と常用電源を電気的に接続しないものとする.

イ. **ロ.** **ハ.** **ニ.**

A-7 答 ロ

高圧受電設備規程 1150-9 により，進相コンデンサにはコンデンサリアクタンスの6％または13％のリアクタンスの直列リアクトルを施設しなくてはならない．これは，直列リアクトルを設置することで，高波電流による障害防止及びコンデンサ回路の開閉による突入電流抑制など，高調波被害の拡大を防止ためである（内線規程 3815-4，JIS C 4902）．

A-8 答 ニ

⑧に示す図記号を複線図で表すと図のようになるので，ニの変流器 (CT)，2 台の接続が正しい．なお，CT の ℓ 側は D 種接地工事を施さなくてはいけない．

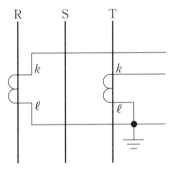

A-9 答 ハ

⑨で示す機器は非常用予備発電装置の遮断器なので，この装置とインタロックを施す機器は，Ⓒ の遮断器である．これは，電技省令 61 条にあるように，常用電源の停電時に使用する非常用予備電源は，常用電源側のものと電気的に接続しないように施設しなければならないためである．

⑩で示す機器の名称は.

イ. 計器用変圧器

ロ. 零相変圧器

ハ. コンデンサ形計器用変圧器

ニ. 電力需給用計器用変成器

A-10

答 ニ

　⑩で示す機器は電力需給用計器用変成器（VCT）である．電力需給用計器用変成器とは，計器用変圧器と変流器を一つの箱に組み込んだもので，電力量計と組み合わせて，電力測定における変成装置として用いる機器のことである．

12

配線図

Q-1

①で示す機器の役割は.

イ. 一般送配電事業者側の地絡事故を検出し, 高圧断路器を開放する.

ロ. 需要家側電気設備の地絡事故を検出し, 高圧交流負荷開閉器を開放する.

ハ. 一般送配電事業者側の地絡事故を検出し, 高圧交流遮断器を自動遮断する.

ニ. 需要家側電気設備の地絡事故を検出し, 高圧断路器を開放する.

Q-2

②で示す機器の定格一次電圧 ［kV］ と定格二次電圧 ［V］ は.

| イ. 6.6 kV | ロ. 6.6 kV | ハ. 6.9 kV | ニ. 6.9 kV |
| 105 V | 110 V | 105 V | 110 V |

Q-3

③で示す部分に設置する機器と個数は.

イ.

（1個）

ロ.

（2個）

ハ.

（1個）

ニ.

（2個）

A-1
答 ロ

①で示す機器は地絡継電器付高圧交流負荷開閉器（GR付PAS）である．この機器の役割は，需要家側電気設備の地絡事故を検出し，高圧交流負荷開閉器を開放することで，一般送配電事業者への波及事故を防止する．

A-2
答 ロ

②で示す図記号の機器は計器用変圧器（VT）である．高圧受電設備の受電電圧から，定格一次電圧は 6.6 kV，定格二次電圧は 110 V である（JIS C 1731-2）．

A-3
答 ニ

③で示す図記号の部分を複線図で表すと図のようになるので，**ニ**の変流器（CT），2個の組み合わせが正しい．なお，**イ**と**ロ**は零相変流器（ZCT）である．

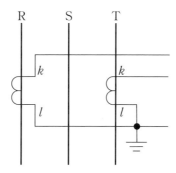

12

配線図

④に設置する機器と台数は.

イ.

(3台)

ロ.

(1台)

ハ.

(3台)

ニ.

(1台)

⑤で示す部分に使用できる変圧器の最大容量 [kV・A] は.

イ. 50　　**ロ.** 100　　**ハ.** 200　　**ニ.** 300

A-4
答 イ

④で示す図記号は，単相変圧器 3 台をデルターデルタ接続して三相交流を得ていることを示しているので，**イ**の単相変圧器，3 台の組み合わせが正しい．なお，**ハ**と**ニ**は三相変圧器である．

12

配線図

A-5
答 ニ

⑤で示す単相変圧器の最大容量は，一次側の開閉装置が PC（高圧カットアウト）なので，高圧受電設備規程 1150-2 表より $300\,\mathrm{kV\cdot A}$ である．

　図は，高圧受電設備の単線結線図である．この図の矢印で示す 5 箇所に関する各問いには，4 通りの答え（**イ，ロ，ハ，ニ**）が書いてある．それぞれの問いに対して，答えを 1 つ選びなさい．

　〔注〕図において，問いに直接関係のない部分等は，省略又は簡略化してある．

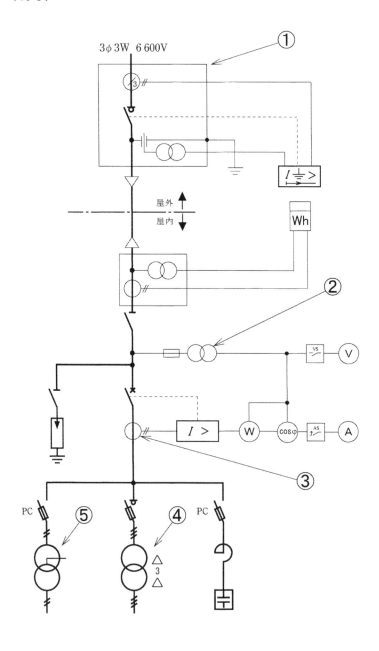

　図は，高圧受電設備の単線結線図である．この図の矢印で示す5箇所に関する各問いには，4通りの答え（**イ**，**ロ**，**ハ**，**ニ**）が書いてある．それぞれの問いに対して，答えを1つ選びなさい．

〔注〕図において，問いに直接関係のない部分等は，省略又は簡略化してある．

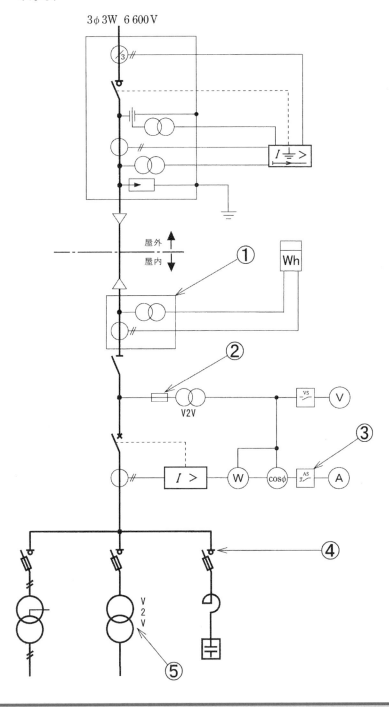

Q-1

①で示す機器の文字記号（略号）は.

イ．VCB

ロ．MCCB

ハ．OCB

ニ．VCT

Q-2

②で示す装置を使用する主な目的は.

イ．計器用変圧器の内部短絡事故が主回路に波及することを防止する.

ロ．計器用変圧器を雷サージから保護する.

ハ．計器用変圧器の過負荷を防止する.

ニ．計器用変圧器の欠相を防止する.

Q-3

③に設置する機器は.

イ.

ロ.

ハ.

ニ.

A-1
答 ニ

①で示す機器は電力需給用計器用変成器で，文字記号（略号）は VCT である．なお，VCB は真空遮断器，MCCB は配線用遮断器，OCB は油入遮断器の文字記号（略号）である．

A-2
答 イ

②に示す装置は高圧限流ヒューズである．計器用変圧器（VT）の内部短絡事故が主回路に波及することを防止するために施設される．

A-3
答 イ

③に設置する機器は図記号から，**イ**の電流計切換スイッチである．**ロ**は制御回路切換スイッチ，**ハ**は押しボタンスイッチ，**ニ**は電圧計切換スイッチである．

12

配線図

④で示す部分で停電時に放電接地を行うものは.

イ.

ロ.

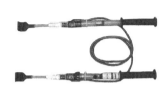

ハ.

ニ.

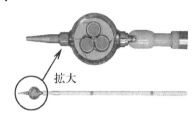

拡大

A-4

答 ハ

④で示す部分で停電時に放電接地を行うものは，ハの放電用接地棒である．イは低圧用の検相器，ロは高圧用の検相器，ニは，高圧・特別高圧用の検電器（風車式）である．

12

配線図

⑤で示す変圧器の結線図において，B種接地工事を施した図で，**正しい**
ものは．

イ.

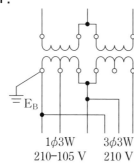

1φ3W
210-105 V

3φ3W
210 V

ロ.

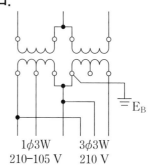

1φ3W
210-105 V

3φ3W
210 V

ハ.

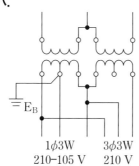

1φ3W
210-105 V

3φ3W
210 V

ニ.

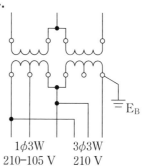

1φ3W
210-105 V

3φ3W
210 V

A-5
答 ハ

⑤で示す変圧器は，V–V 結線変圧器の二次側を電灯回路と動力回路に使用しているので，B 種接地工事は単相 3 線式回路の中性線に施さなくてはいけない．中性線以外の線に B 種接地工事を施すと，単相 3 線式回路の対地電圧が 150 V を超える配線が生じることになる．

12

配線図

Q-1

①で示す図記号の機器に関する記述として，**正しいものは**.

イ．零相電流を検出する.

ロ．短絡電流を検出する.

ハ．欠相電圧を検出する.

ニ．零相電圧を検出する.

Q-2

②で示す部分に使用されないものは.

イ.   **ロ.**   **ハ.**   **ニ.**

Q-3

図中の ③a ③b に入る図記号の組合せとして，**正しいものは**.

	イ	ロ	ハ	ニ
③a	$\perp E_A$	$\perp E_D$	$\perp E_D$	$\perp E_A$
③b	$\perp E_D$	$\perp E_A$	$\perp E_D$	$\perp E_B$

A-1 答 ニ

①で示す機器はコンデンサ形接地電圧検出装置（ZPD）である．地絡事故が発生したときに零相電圧 V_0 を検出し，零相変流器（ZCT）と組み合わせて地絡方向継電器（DGR）を動作させる機器である．

A-2 答 ハ

②で示す部分の図記号はケーブルヘッドである．この部分で使用されるのは，**イ**のストレスコーン，**ロ**のゴムとう管形屋外終端接続部，**ニ**のケーブルブラケットとゴムスペーサである．**ハ**の限流ヒューズは使用されない．

A-3 答 イ

③aで示す部分は，電力需給用計器用変成器（VCT）の金属製外箱の接地なので，電技解釈第 29 条により，A 種接地工事を施す．③bで示す部分は，計器用変圧器（VT）の二次側電路の接地なので，電技解釈第 28 条により，D 種接地工事を施す．

12

配線図

Q-4

出題年度

2018

問44

④に設置する単相機器の必要最少数量は.

イ. 1　　**ロ**. 2　　**ハ**. 3　　**ニ**. 4

Q-5

出題年度

2018

問45

⑤で示す機器の役割は.

イ．高圧電路の電流を変流する.

ロ．電路に侵入した過電圧を抑制する.

ハ．高電圧を低電圧に変圧する.

ニ．地絡電流を検出する.

Q-6

出題年度

2018

問46

⑥に設置する機器の組合せは.

イ.　　　　　**ロ**.　　　　　**ハ**.　　　　　**ニ**.

A-4
答 ロ

④に設置する単相機器は，計器用変圧器（VT）である．V−V 結線で三相電圧を変成できるので，必要最少数量は 2 台である．

A-5
答 イ

⑤で示す図記号は変流器（CT）である．計器用変流器の役割は，電流計などの指示計器や保護継電器と接続するため，大電流を扱いやすい小さな電流に変換（一般的には定格二次電流 5 A）する機器である（JIS C 1731-1）.

A-6
答 イ

⑥で示す部分に設置する機器は，計器用変圧器（VT）と変流器（CT）の低圧側に接続されているので，電圧要素と電流要素で計測する電力計 [kW] と力率計 [cos φ] である．

12

配線図

⑦で示す部分の相確認に用いるものは.

イ.

ロ.

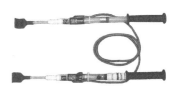

ハ.

ニ.

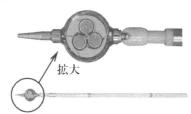

拡大

⑧で示す機器の役割として，**誤っているものは**.

イ．コンデンサ回路の突入電流を抑制する.

ロ．コンデンサの残留電荷を放電する.

ハ．電圧波形のひずみを改善する.

ニ．第5調波等の高調波障害の拡大を防止する.

⑨の部分に使用する軟銅線の直径の最小値 [mm] は.

イ．1.6

ロ．2.0

ハ．2.6

ニ．3.2

A-7
答 ロ

⑦の部分の相確認に用いるものは，**ロ**の高圧用の検相器である．**イ**は低圧用の検相器，**ハ**は放電用接地棒，**ニ**は高圧・特別高圧用で電池不要の検電器（風車式）である．

A-8
答 ロ

⑧で示す機器は，直列リアクトル（SR）である．この機器の役割は，コンデンサ回路の突入電流の抑制，電圧波形のひずみを改善，第5調波等の高調波障害拡大の防止などである．コンデンサの残留電荷を放電するのは，放電抵抗や放電コイルである．

A-9
答 ハ

⑨で示す部分は，高圧進相コンデンサの外箱に施す接地なので，電技解釈第29条により，A種接地工事を施す．電技解釈第17条により，接地線は直径 2.6 mm 以上の軟銅線を使用しなくてはならない．

12

配線図

⑩で示す動力制御盤内から電動機に至る配線で，必要とする電線本数
（心線数）は．

イ. 3

ロ. 4

ハ. 5

ニ. 6

A-10
答 二

　⑤で示す動力制御盤から電動機に至る配線は，動力制御盤にスターデルタ始動器の図記号があるので，下図のように6本となる．

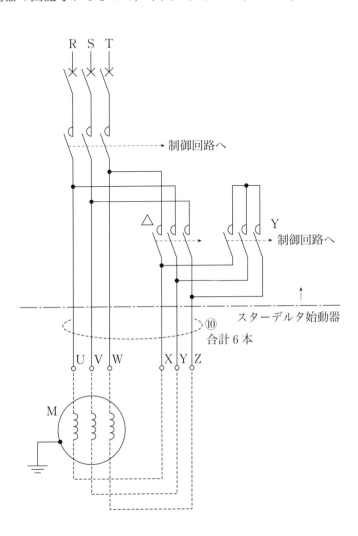

　図は，高圧受電設備の単線結線図である．この図の矢印で示す10箇所に関する各問いには，4通りの答え（**イ，ロ，ハ，ニ**）が書いてある．それぞれの問いに対して，答えを1つ選びなさい．

　〔注〕図において，問いに直接関係のない部分等は，省略又は簡略化してある．

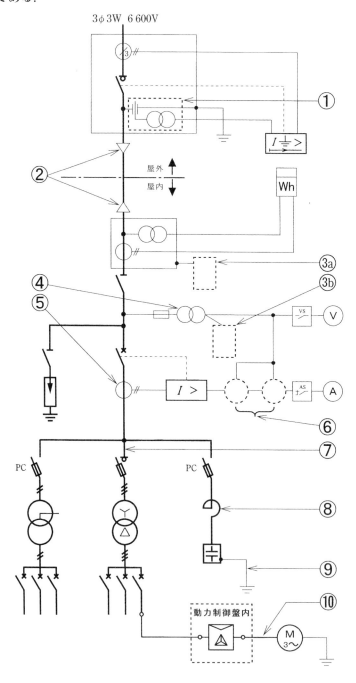

　図は，高圧受電設備の単線結線図である．この図の矢印で示す10箇所に
関する各問いには4通りの答え（**イ，ロ，ハ，ニ**）が書いてある．それぞ
れの問いに対して，答えを1つ選びなさい．

　〔注〕図において，問いに直接関係のない部分等は，省略又は簡略化し
　　てある．

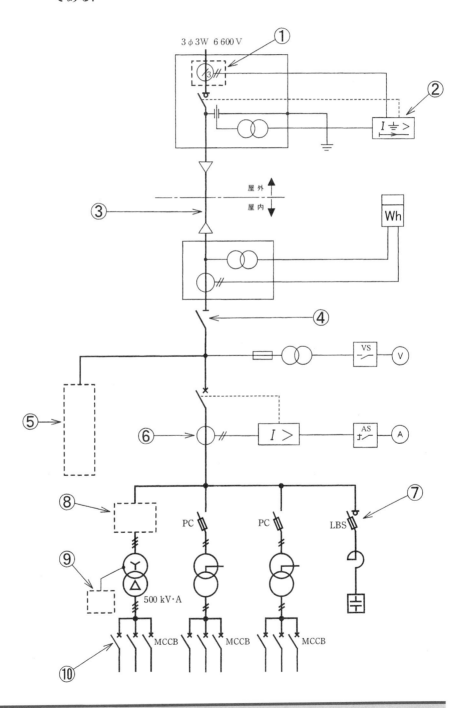

12

配線図

Q-1

出題年度

2017

問 41

①で示す機器に関する記述として, **正しいものは**.

イ. 零相電圧を検出する.

ロ. 異常電圧を検出する.

ハ. 短絡電流を検出する.

ニ. 零相電流を検出する.

Q-2

出題年度

2017

問 42

②で示す機器の略号（文字記号）は.

イ. ELR

ロ. DGR

ハ. OCR

ニ. OCGR

Q-3

出題年度

2017

問 43

③で示す部分に使用する CVT ケーブルとして, **適切なものは**.

イ.

ロ.

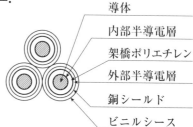

ハ.

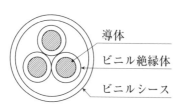

ニ.

A-1
答 ニ

①で示す機器は零相変流器（ZCT）である．地絡事故が発生したとき，零相電流を検出する機器である．

A-2
答 ロ

②で示す機器は地絡方向継電器なので，略号（文字記号）は，DGR（Directional Ground Relay）である．地絡方向継電器は，地絡事故によって整定値以上の地絡電流と零相電圧が発生したときに動作する継電器である．

A-3
答 ニ

③で示す部分に使用する CVT ケーブルは，銅シールドのある単心の CV ケーブル 3 本をより合わせた，ニの 6 600 V CVT ケーブルを使用する．なお，イは 600 V CVT ケーブル，ロは 6 600 V CV ケーブル（3 心），ハは 600 V VVR ケーブル（3 心）である．

12

配線図

Q-4

出題年度

2017

問44

④で示す機器に関する記述で，**正しいものは**.

イ． 負荷電流を遮断してはならない．

ロ． 過負荷電流及び短絡電流を自動的に遮断する．

ハ． 過負荷電流は遮断できるが，短絡電流は遮断できない．

ニ． 電路に地絡が生じた場合，電路を自動的に遮断する．

Q-5

出題年度

2017

問45

⑤に設置する機器と接地線の最小太さの組合せで，**適切なものは**.

イ．

ロ．

ハ．

ニ．

Q-6

出題年度

2017

問46

⑥で示す機器の端子記号を表したもので，**正しいものは**.

イ．

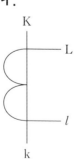

ロ．

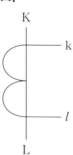

ハ．

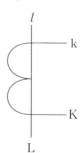

ニ．

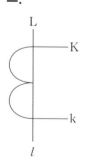

A-4

答 イ

④で示す機器は高圧断路器である．断路器には負荷電流を開閉する能力はなく，電気設備の点検や工事などを行うときに，電路や電気機器を無電圧にする目的で設置される．

A-5

答 ニ

⑤に設置する機器は断路器と避雷器なので（高圧受電設備規程 1150-10），ニの図記号（JIS C 0617-7）が正しい．また，高圧電路に設置する避雷器には A 種接地工事を施し，接地線の太さは 14 mm² 以上と定められている（電技解釈第 37 条，高圧受電設備規程 1160-2 表）．

12

配線図

A-6

答 ロ

⑥で示す図記号は変流器（CT）である．変流器の端子記号には，一次側を大文字の K，L，二次側を小文字の k，l で表す．また，K と k，L と l（負荷側）を合わせて接続する．

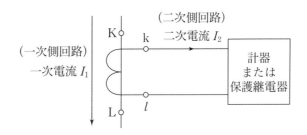

Q-7

出題年度

2017

問47

⑦に設置する機器は.

イ.

ロ.

ハ.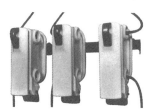

ニ.

Q-8

出題年度

2017

問48

⑧で示す部分に設置する機器の図記号として，**適切なものは**.

イ. 　　ロ. 　　ハ. 　　ニ.

Q-9

出題年度

2017

問59

⑨で示す部分の図記号で，**正しいものは**.

イ. 　　ロ. 　　ハ. 　　ニ.

Q-10

出題年度

2017

問50

⑩で示す機器の使用目的は.

イ．低圧電路の地絡電流を検出し，電路を遮断する.

ロ．低圧電路の過電圧を検出し，電路を遮断する.

ハ．低圧電路の過負荷及び短絡を検出し，電路を遮断する.

ニ．低圧電路の過負荷及び短絡を開閉器のヒューズにより遮断する.

A-7

答 イ

⑦に設置する機器は図記号から，**イ**の限流ヒューズ付高圧交流負荷開閉器（PF 付 LBS）である．写真上部に負荷開閉時のアークを消すアークシュートと限流ヒューズがあり，配線図のような進相コンデンサ回路の開閉などに使用される．なお，**ロ**は断路器（DS），**ハ**は高圧カットアウト（PC），**ニ**は真空遮断器（VCB）である．

A-8

答 ハ

⑧で示す部分には，電路の短絡電流を遮断できる開閉能力が必要なので，**ハ**の限流ヒューズ付高圧交流負荷開閉器（PF 付 LBS）を設置する．三相変圧器容量は 500 kV·A なので，高圧カットアウト（PC）は施設できない．なお，**イ**は断路器（DS），**ロ**は電磁接触器（MC），**ニ**は高圧カットアウト（PC）（変圧器容量が 300 kV·A 以下に施設できる）の図記号である．

A-9

答 イ

⑨で示す部分は，使用電圧 6.6 kV の三相変圧器の外箱に施す接地工事を示している．このため，電技解釈第 29 条により，図記号は**イ**の A 種接地工事を施さなくてはならない．

A-10

答 ハ

⑩で示す図記号は配線用遮断器（MCCB）である．配線用遮断器は電路の過負荷および短絡を検知し電路を自動的に遮断する．地絡電流を検出し電路を遮断するのは地絡継電器（GR），過電圧を検出し電路を遮断するのは過電圧継電器（OVR）である．

12

配線図

Q-1

出題年度
2016
問 46

①で示す機器を設置する目的として, **正しいものは.**

イ. 零相電流を検出する.

ロ. 零相電圧を検出する.

ハ. 計器用の電流を検出する.

ニ. 計器用の電圧を検出する.

Q-2

出題年度
2016
問 47

②に設置する機器の図記号は.

イ.　　　　　　　ロ.　　　　　　　ハ.　　　　　　　ニ.

Q-3

出題年度
2016
問 48

③に設置する機器は.

イ.

ロ.

ハ.

ニ.

A-1
答 ロ

①で示す図記号はコンデンサ形接地電圧検出装置（ZPD）で，零相電圧を検出するために使用する機器である．ZPDは，コンデンサで地絡故障時に発生する零相電圧を分圧して零相電圧に比例した電圧を取り出すことができ，地絡方向継電器と組み合わせて使用する．

A-2
答 ニ

②の機器は，高圧交流負荷開閉器（LBS），零相変流器（ZCT），コンデンサ形接地電圧検出装置（ZPD）に接続されていることから，地絡方向継電器（DGR）である．地絡方向継電器は，事故電流を零相変流器とコンデンサ形接地電圧検出装置の組み合わせで検出し，その大きさと両者の位相関係で動作する継電器である．なお，**イ**は地絡継電器（GR），**ロ**は短絡方向継電器（DSR），**ハ**は不足電流継電器（UCR）である．

A-3
答 イ

③の図記号は電力需給用計器用変成器（VCT）なので，**イ**が正しい．電力需給用計器用変成器とは，計器用変圧器と変流器を一つの箱に組み込んだもので，電力量計と組み合わせて，電力測定における変成装置として用いる機器のことである．

なお，**ロ**は計器用変圧器（VT），**ハ**は地絡継電装置付高圧交流負荷開閉器（GR付PAS），**ニ**はモールド型直列リアクトル（SR）である．

12

配線図

④で示す機器は.

イ. 不足電力継電器
ロ. 不足電圧継電器
ハ. 過電流継電器
ニ. 過電圧継電器

⑤で示す部分に設置する機器と個数は.

イ.

1 個

ロ.

1 個

ハ.

2 個

ニ.

2 個

A-4
答 ロ

④で示す図記号は不足電圧継電器（UVR）である．低圧側の電気的事故を電圧低下により検出するためのものである．キュービクルなどの受変電設備に設置され，停電を検出して非常用発電機を運転させたり，停電時に非常用照明を点灯させるなどの用途に利用される．

A-5
答 ニ

⑤で示す図記号は変流器（CT）である．また，配線図から個数が2個であることがわかる．**イ**，**ハ**は零相変流器であり，この部分では使用しない．なお，この部分の結線は図のようになる．

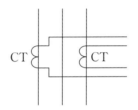

図は，高圧受電設備の単線結線図である．この図の矢印で示す5箇所に関する各問いには，4通りの答え（**イ**，**ロ**，**ハ**，**ニ**）が書いてある．それぞれの問いに対して，答えを1つ選びなさい．

〔注〕図において，問いに直接関係のない部分等は，省略又は簡略化してある．

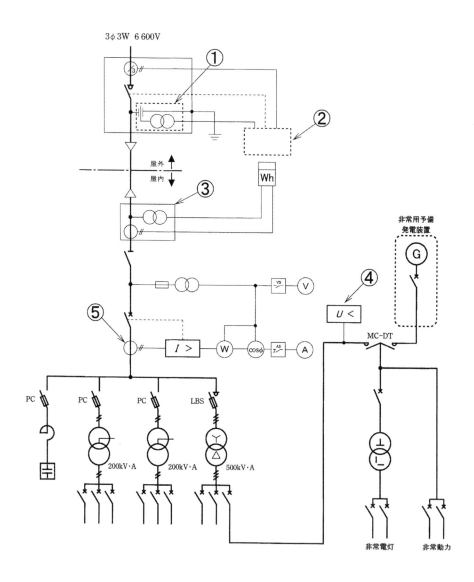

　図は，高圧受電設備の単線結線図である．この図の矢印で示す10箇所に関する各問いには，4通りの答え（**イ**，**ロ**，**ハ**，**ニ**）が書いてある．それぞれの問いに対して，答えを1つ選びなさい．

　〔注〕図において，問いに直接関係のない部分等は，省略又は簡略化してある．

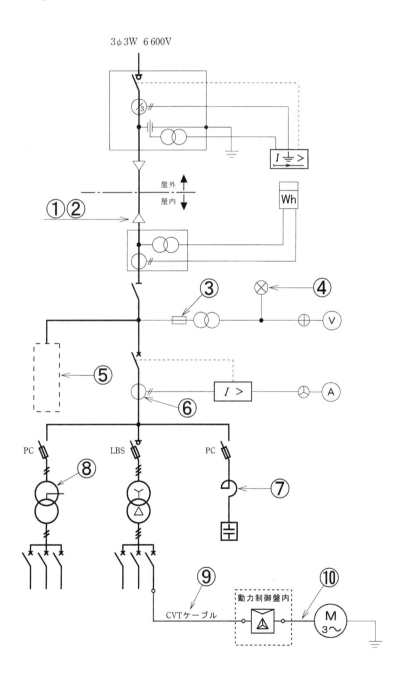

Q-1

①の端末処理の際に, 不要なものは.

イ.

ロ.

ハ.

ニ.

Q-2

②で示すストレスコーン部分の主な役割は.

イ. 機械的強度を補強する.

ロ. 遮へい端部の電位傾度を緩和する.

ハ. 電流の不平衡を防止する.

ニ. 高調波電流を吸収する.

A-1
答 ハ

　①はケーブル端末処理であるから，**イ**のケーブルカッタ，**ロ**の電工ナイフ，**ニ**のはんだごては施工に必要である．しかし，**ハ**の合成樹脂管用カッタは不要である．

A-2
答 ロ

12

配線図

　ストレスコーン部分の主な役割は遮へい端部の電位傾度を緩和するためである．
　ケーブルの絶縁部を段むきにした場合，図 a のように電気力線は切断部に集中し，耐電圧特性を低下させる．これを改善するため，図 b のようにストレスコーン部を設けて電気力線の集中を緩和させている．

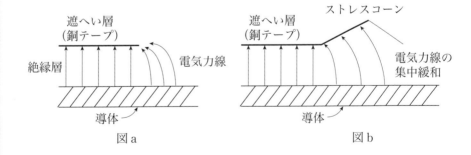

図 a　　　　　　　　　　図 b

Q-3

出題年度

2015

問 43

③で示す装置を使用する主な目的は.

イ. 計器用変圧器を雷サージから保護する.

ロ. 計器用変圧器の内部短絡事故が主回路に波及することを防止する.

ハ. 計器用変圧器の過負荷を防止する.

ニ. 計器用変圧器の欠相を防止する.

Q-4

出題年度

2015

問 44

④に設置する機器は.

イ.  **ロ.**

ハ.  **ニ.**

Q-5

出題年度

2015

問 45

⑤に設置する機器として, 一般的に使用されるものの図記号は.

イ. **ロ.** **ハ.** **ニ.**

A-3
答 ロ

　③で示す装置は計器用変圧器の限流ヒューズである．使用する主な目的は，計器用変圧器の内部短絡事故が主回路に波及することを防止するためである．

A-4
答 イ

　④に設置する機器の図記号 ⊗ は表示灯（パイロットランプ）であるから，**イ**を設置する．なお，**ロ**は電圧計切換開閉器，**ハ**はブザー，**ニ**は押しボタンスイッチである．

12

配線図

A-5
答 ハ

　⑤に設置する機器は，一般的に断路器と避雷器であるから，図記号は次に示すとおりである．

⑥で示す部分に施設する機器の複線図として，**正しいものは**.

イ.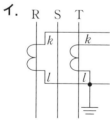

ロ.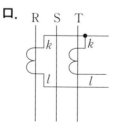

ハ.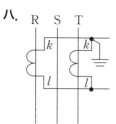

ニ.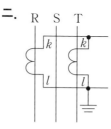

⑦で示す機器の役割として，**誤っているものは**.

イ. コンデンサ回路の突入電流を抑制する.

ロ. 第5調波等の高調波障害の拡大を防止する.

ハ. 電圧波形のひずみを改善する.

ニ. コンデンサの残留電荷を放電する.

⑧で示す部分に使用できる変圧器の最大容量 [kV・A] は.

イ. 100　　　ロ. 200　　　ハ. 300　　　ニ. 500

A-6

答 イ

⑥で示す部分に施設する機器の単線図記号 ⌽# は変流器であるから，複線図は**イ**が正しい．

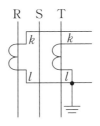

A-7

答 二

⑦で示す機器の図記号 ⌐ は直列リアクトルであるから，役割として，**イ**のコンデンサ回路の突入電流の抑制，**ロ**の第 5 調波障害の拡大防止，**ハ**の電圧波形のひずみの改善はそれぞれ正しい．なお，コンデンサの残留電荷の放電は放電抵抗であり，一般的にコンデンサに内蔵されている．また，別置の放電機器として，放電コイルがある．

A-8

答 ハ

⑧で示す部分は単相変圧器で一次側の開閉装置が PC（高圧カットアウト）であるから，使用できる変圧器の最大容量は，高圧受電設備規程 1150-8 より 300 kV・A である．

12

配線図

⑨で示す部分に使用する CVT ケーブルとして，適切なものは．

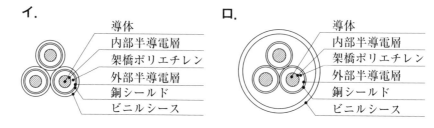

イ.
導体
内部半導電層
架橋ポリエチレン
外部半導電層
銅シールド
ビニルシース

ロ.
導体
内部半導電層
架橋ポリエチレン
外部半導電層
銅シールド
ビニルシース

ハ.
導体
ビニル絶縁体
ビニルシース

ニ.
導体
架橋ポリエチレン
ビニルシース

⑩で示す動力制御盤内から電動機に至る配線で，必要とする電線本数（心線数）は．

イ. 3 **ロ.** 4 **ハ.** 5 **ニ.** 6

488

A-9
答 ニ

⑨で示す部分は低圧部分の配線であるから，**ニ**の銅シールドのない，600 V 単心 3 個より（トリプレックス）形架橋ポリエチレン絶縁ビニルシースケーブル（600 V CVT）を使用する．なお，銅シールド（高圧用）のある**イ**は 6 600 V CVT ケーブル，**ロ**は 6 600 V 3 心 CV ケーブル，丸形で銅シールドがないので**ハ**は 600 V 3 心 VVR ケーブルである．

A-10
答 ニ

動力制御盤内の図記号 はスターデルタ始動器であるから，⑩で示す部分で必要とする電線本数は次の図のように 6 本である．

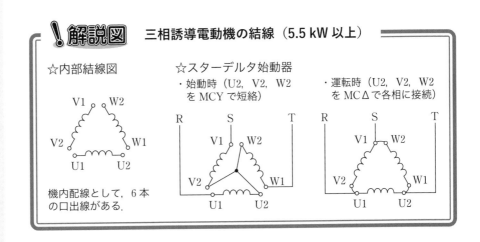

解説図 三相誘導電動機の結線（5.5 kW 以上）

☆内部結線図

V1　W2
V2　W1
U1　U2

機内配線として，6 本の口出線がある．

☆スターデルタ始動器

・始動時（U2, V2, W2 を MCY で短絡）

R　S　T
V1　W2
V2　W1
U1　U2

・運転時（U2, V2, W2 を MCΔ で各相に接続）

R　S　T
V1　W2
V2　W1
U1　U2

12

配線図

Q-1

①で示す機器の役割は.

イ．需要家側電気設備の地絡事故を検出し，高圧交流負荷開閉器を開放する.

ロ．電気事業者側の地絡事故を検出し，高圧断路器を開放する.

ハ．需要家側電気設備の地絡事故を検出し，高圧断路器を開放する.

ニ．電気事業者側の地絡事故を検出し，高圧交流遮断器を自動遮断する.

Q-2

②の部分に施設する機器と使用する本数は.

イ.

（2 本）

ロ.

（4 本）

ハ.

（2 本）

ニ.

（4 本）

Q-3

③で示す部分に設置する機器の図記号と略号（文字記号）の組合せは.

イ.

OCGR

ロ.

OCGR

ハ.

OCR

ニ.

OCR

A-1
答 イ

　①で示す機器は，地絡方向継電器と接続された高圧交流負荷開閉器であるから，役割は需要家側電気設備の地絡事故を検出し，高圧交流負荷開閉器を開放することである.

A-2
答 ロ

　②の部分の図記号 ─═─ は高圧限流ヒューズで，計器用変圧器 1 台に 2 本組み込まれ，内部の短絡事故等の保護を行う．計器用変圧器 2 台を V−V 接続して三相電圧の変成を行い，図のように接続する.

　したがって，高圧限流ヒューズの必要数は 4 本である.

　なお，**ハ**，**ニ**は低圧ヒューズである.

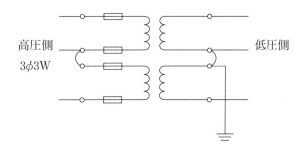

A-3
答 ニ

　③で示す部分は，遮断器と変流器に接続されているので，設置する機器は過電流継電器（OCR）であることがわかる.

　したがって，図記号と文字記号の組合せは $\boxed{I >}$ である.
OCR

12

配線図

④に設置する機器と台数は.

イ.

（3台）

ロ.

（3台）

ハ.

（1台）

ニ.

（1台）

⑤で示す機器の二次側電路に施す接地工事の種類は.

イ．A 種接地工事

ロ．B 種接地工事

ハ．C 種接地工事

ニ．D 種接地工事

A-4
答 イ

④に設置する機器は，図記号に△3△の記入があるので，単相変圧器3台をデルター デルタ接続して三相電圧を得るので，**イ**の単相変圧器3台を必要とする．

なお，**イ**と**ハ**は奥の高圧端子が2ヵ所なので，単相変圧器である．また，**ロ**と**ニ**は奥の高圧端子が3ヵ所なので，三相変圧器である．

12

配線図

A-5
答 ニ

⑤で示す機器の図記号 φ# は変流器である．高圧計器用変成器（計器用変圧器，変流器）の二次側電路は電技解釈第28条により，D種接地工事を施す．

　図は，高圧受電設備の単線結線図である．この図の矢印で示す 5 箇所に関する各問いには，4 通りの答え（**イ**，**ロ**，**ハ**，**ニ**）が書いてある．それぞれの問いに対して，答えを 1 つ選びなさい．

　〔注〕図において，問いに直接関係のない部分等は，省略又は簡略化してある．

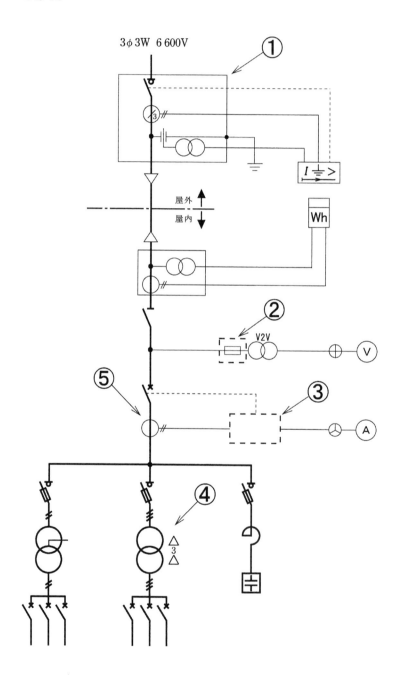

開閉能力を表す図記号

図記号	名称（略号）	機　　能
	断路器（DS）	負荷電流の開閉ができない. 誤操作防止のため主遮断器投入時は操作できない.
	ヒューズ付断路器 （PF 付 DS）	過負荷電流，短絡電流はヒューズで遮断する.
	負荷開閉器（S）	負荷電流やコンデンサ電流は開閉できるが，短絡電流は遮断できない．高圧受電設備の責任分界点の開閉器として「気中交流負荷開閉器（AS）」が使用される.
	ヒューズ付負荷開閉器 （PF 付 LBS）	配電用変圧器の一次側やコンデンサ回路用に使用される. 定格負荷電流は開閉できるが，開閉寿命が短い.
	遮断器（CB）	短絡電流の投入・遮断能力がある. 油入遮断器（OCB）・磁気遮断器（MBB）・真空遮断器（VCB）・ガス遮断器（GCB）などがある.
	配線用遮断器 （MCCB）	低圧回路の過電流・短絡保護用．過電流検出装置，引外し装置，開閉機構などをモールドケース内に一体に組み立ててある.
	電磁接触器 （MC）	電磁石の吸引力を利用して接触部を動作させるもので，定格電流の数倍の電流を多頻度開閉可能である. 高圧電動機の運転や変圧器の一次開閉用に使用される.

保護装置や制御装置の図記号

図記号	名称（略号）	機　　能
	避雷器（LA）	雷サージや開閉サージのような異常電圧を大地に放電させる．異常電圧を低下させるとともに続いて流れる放電電流（続流）を遮断する能力がある.
	直列リアクトル （SR）	電力用コンデンサに直列に接続して，電路の電圧の波形改善，電力用コンデンサ投入時の突入電流抑制のために用いる.
	電力用コンデンサ （SC）	負荷力率を改善するために使用．コンデンサを切り離した場合に残留する電荷を放電させるため，放電抵抗または放電リアクトルなどの放電装置が内蔵されている.
	電動機始動器	電動機の始動装置である.
	スターデルタ始動器	三相誘導電動機の Y－△始動用の装置.

12

配線図

!参考 計測装置・保護継電器の図記号

図記号	名称（略号）	機　能
◯	計器	◯の中に種類を示す記号を記入する． V 電圧計，A 電流計，W 電力計
▭	積算計	□の中に種類を示す記号を記入する． Wh 電力量計
⊗	ランプ	電圧計切換スイッチと混同しないように注意．
⊘#	変流器（CT）	主回路の大電流を小電流に変成し，計器や継電器に供給する．一般には二次定格電流 5 A．
⊘/3#	零相変流器（ZCT）	地絡事故時の地絡電流を検出する．出力を地絡継電器（GR），方向地絡継電器（DGR）に供給する．
⧈	計器用変圧器（VT）	主回路の高電圧を低電圧に変成し，電圧計や継電器に供給する．一般には，二次定格電圧 110 V．
$I >$	過電流継電器（OCR）	CT 二次回路に接続，回路電流が整定値を超えたときに動作する．過負荷・短絡保護用に一般に使用される．
$I \doteqdot >$	地絡過電流継電器（OCGR）	ZCT 二次回路に接続，地絡電流が流れたときに動作する．
$I \doteqdot \geq$	地絡方向継電器（DGR）	ZCT より電流を，ZPC より電圧を入力し，両者の位相を判定して地絡の位置を区別して地絡回線を選択遮断する．
$U <$	不足電圧継電器（UVR）	VT 二次に接続され，回路電圧が整定値以下で動作する． 停電時の電動機停止やコンデンサ回路の切離しに使用．
$U >$	過電圧継電器（OVR）	VT 二次に接続され，回路電圧が整定値以上で動作する．地絡事故時の過電圧，力率の過補償などのときに並列機器保護に使用される．
VS AS	計器用切換スイッチ（VS, AS）	⊡VS は，電圧計切換スイッチ（VS） ⊡AS は，電流計切換スイッチ（AS）

©電気書院 2024

2024年版 第一種電気工事士項目別過去問題集 学科試験

2024年 4月19日　第1版第1刷発行

編 者　電　気　書　院
発行者　田　中　　　聡

発 行 所
株式会社 電 気 書 院
ホームページ　www.denkishoin.co.jp
（振替口座　00190-5-18837）
〒101-0051　東京都千代田区神田神保町1-3ミヤタビル2F
電話(03)5259-9160／FAX(03)5259-9162

印刷　精文堂印刷株式会社
Printed in Japan／ISBN978-4-485-20795-6

[本書の正誤に関するお問い合せ方法は，最終ページをご覧ください]

書籍の正誤について

万一，内容に誤りと思われる箇所がございましたら，以下の方法でご確認いただきますようお願いいたします．

なお，正誤のお問合せ以外の書籍の内容に関する解説や受験指導などは**行っておりません**．このようなお問合せにつきましては，お答えいたしかねますので，予めご了承ください．

正誤表の確認方法

最新の正誤表は，弊社Webページに掲載しております．書籍検索で「正誤表あり」や「キーワード検索」などを用いて，書籍詳細ページをご覧ください．

正誤表があるものに関しましては，書影の下の方に正誤表をダウンロードできるリンクが表示されます．表示されないものに関しましては，正誤表がございません．

弊社Webページアドレス
https://www.denkishoin.co.jp/

正誤のお問合せ方法

正誤表がない場合，あるいは当該箇所が掲載されていない場合は，書名，版刷，発行年月日，お客様のお名前，ご連絡先を明記の上，具体的な記載場所とお問合せの内容を添えて，下記のいずれかの方法でお問合せください．

回答まで，時間がかかる場合もございますので，予めご了承ください．

郵送先
〒101-0051
東京都千代田区神田神保町1-3
ミヤタビル2F
㈱電気書院　編集部　正誤問合せ係

FAXで問い合わせる
ファクス番号
03-5259-9162

弊社Webページ右上の「**お問い合わせ**」から
https://www.denkishoin.co.jp/

お電話でのお問合せは，承れません

(2022年5月現在)

2024年版

無料で差し上げます

第一種電気工事士
学科試験 －筆記方式－
模擬試験（申込書）

※筆記試験模擬試験は（問題）と（解答）のセットです

申込受付期限：**2024**年**9**月**6**日（金）

※在庫がなくなり次第、終了させていただきます

模擬試験・解答をご希望の方は、こちらの申込用紙にご記入の上、**FAX・郵送にてお申し込み下さい。**
発送は（9月中旬頃）から順次行う予定です。
※お申し込み頂く時期によっては、試験日までにお届けできない場合がございますのでご注意下さい

数に限りがあるため、筆記試験模擬試験（問題と解答）は、「お一人様1部」とさせていただきます

— **FAX(075)221-7817** 第一種電気工事士学科試験［模擬試験］無料プレゼント —

ご送付先 いずれかに ✓ □ ご自宅 □ 勤務先	〒□□□-□□□□	都道府県	市区郡
（ご送付先が、勤務先・法人宛の場合のみご記入下さい） **貴社名／部署名**			
ふりがな **お名前**			
電 話		（内線　　　　　　）	

模擬試験のお申し込みは、郵便またはFAXにてお送りください。
また、発送のお問い合わせにつきましては、下記までご連絡ください。

〒604-8214
京都市中京区百足屋町 385-3
TEL(03)5259-9160(代表)
FAX(075)221-7817
https://www.denkishoin.co.jp/

電気書院
DENKISHOIN